CAMBRIDGE LIBRARY COLLECTION

Books of enduring scholarly value

Mathematics

From its pre-historic roots in simple counting to the algorithms powering modern desktop computers, from the genius of Archimedes to the genius of Einstein, advances in mathematical understanding and numerical techniques have been directly responsible for creating the modern world as we know it. This series will provide a library of the most influential publications and writers on mathematics in its broadest sense. As such, it will show not only the deep roots from which modern science and technology have grown, but also the astonishing breadth of application of mathematical techniques in the humanities and social sciences, and in everyday life.

Niels-Henrik Abel

Few men in modern mathematics have had as great an impact as the Norwegian Niels Henrik Abel (1802–29), whose discoveries paved the way for several new branches of nineteenth-century mathematics. Tragically, Abel's short life was dominated by poverty and his scientific achievements were not fully recognised until after his death. This work, written by Carl Anton Bjerknes (1825–1903), was the first full biography of Abel. Originally published in 1880 and translated into French in 1885, it became a valuable resource for later Abel biographers and scholars of the history of mathematics. With insight and understanding, Bjerknes charts the progress of the talented young mathematician and gives a detailed account of Abel's work and his correspondence with other contemporary mathematicians. In particular, he examines in depth (from Abel's point of view) the dispute between Abel and his rival Jacobi relating to their discoveries of elliptic functions in the 1820s.

Cambridge University Press has long been a pioneer in the reissuing of out-of-print titles from its own backlist, producing digital reprints of books that are still sought after by scholars and students but could not be reprinted economically using traditional technology. The Cambridge Library Collection extends this activity to a wider range of books which are still of importance to researchers and professionals, either for the source material they contain, or as landmarks in the history of their academic discipline.

Drawing from the world-renowned collections in the Cambridge University Library and other partner libraries, and guided by the advice of experts in each subject area, Cambridge University Press is using state-of-the-art scanning machines in its own Printing House to capture the content of each book selected for inclusion. The files are processed to give a consistently clear, crisp image, and the books finished to the high quality standard for which the Press is recognised around the world. The latest print-on-demand technology ensures that the books will remain available indefinitely, and that orders for single or multiple copies can quickly be supplied.

The Cambridge Library Collection brings back to life books of enduring scholarly value (including out-of-copyright works originally issued by other publishers) across a wide range of disciplines in the humanities and social sciences and in science and technology.

Niels-Henrik Abel

Tableau de sa vie et de son action scientifique

Carl Anton Bjerknes

CAMBRIDGE
UNIVERSITY PRESS

CAMBRIDGE UNIVERSITY PRESS

Cambridge, New York, Melbourne, Madrid, Cape Town,
Singapore, São Paolo, Delhi, Mexico City

Published in the United States of America by Cambridge University Press, New York

www.cambridge.org
Information on this title: www.cambridge.org/9781108050555

This edition first published 1885
This digitally printed version 2012

ISBN 978-1-108-05055-5 Paperback

NIELS-HENRIK ABEL

TABLEAU

DE SA VIE ET DE SON ACTION SCIENTIFIQUE

Extrait des *Mémoires de la Société des Sciences physiques et naturelles de Bordeaux*, t. I (3e Série).

Bordeaux, — Imp. G. Gounouilhou, rue Guiraude, 11.

N. H. Abel

LJUSTRYCK AF J. JAEGER, STOCKHOLM.

NIELS-HENRIK ABEL

TABLEAU

DE SA VIE ET DE SON ACTION SCIENTIFIQUE

PAR

C.-A. BJERKNES

PROFESSEUR A L'UNIVERSITÉ DE CHRISTIANIA

TRADUCTION FRANÇAISE

Revue et considérablement augmentée par l'auteur

ORNÉ D'UN PORTRAIT D'ABEL

PARIS

GAUTHIER-VILLARS

IMPRIMEUR-LIBRAIRE DE L'ÉCOLE POLYTECHNIQUE, DU BUREAU DES LONGITUDES, SUCCESSEUR DE MALLET-BACHELIER,

Quai des Augustins, 55.

1885

PRÉFACE

Les notices suivantes ont été publiées pour la plus grande partie dans plusieurs livraisons de la *Revue scandinave pour les sciences, les arts et l'industrie*, éditée à Stockholm (1). De prime abord cependant, je n'ai pu compter qu'une description circonstanciée de la vie et des œuvres d'Abel, en supposant qu'à un degré quelconque elle pût satisfaire les hommes spéciaux, présentât aussi à la longue un intérêt durable à la plupart des lecteurs d'une telle Revue. Je me réservais donc d'interrompre ma narration — ou plutôt ma série d'esquisses détachées, paraissant à des intervalles irréguliers, — aussitôt que cela paraîtrait commandé par les circonstances. Mais j'espérais en tous cas, lors même que je me bornerais à présenter quelques fragments, que ce serait aux yeux d'un public scandinave une entreprise méritant d'être tentée que d'essayer à éclaircir ce qu'avait fait Abel et quelles furent les circonstances de sa vie. Dans la mesure où je réussirais, il en ressortirait une idée plus ou moins claire des plans et des efforts de notre mathématicien, ou que du moins j'éveillerais chez le lecteur le sentiment de leur importance, et, quoi qu'il en soit, les circonstances de sa vie ont été assez remarquables pour donner à réfléchir à tous les amis de la science.

D'après le plan primitif, les articles devaient, autant que possible, former chacun un ensemble indépendant. Souvent aussi, ils s'étaient suivis à des intervalles assez considérables. Le tout n'était pas fait d'avance. A différentes reprises je fus donc amené, pendant la publication, à entreprendre des recherches nouvelles, puisant à des sources connues et aussi à d'autres jusqu'à présent inexplorées.

---

(1) *Nordisk Tidskrift för vetenskap, konst och industri utgifven af letterstedska Föreningen*, 1880.

Peu à peu, je fus conduit de la sorte à des conclusions contraires sur tous les points aux notions générales, c'est-à-dire à celles que j'avais admises au commencement. Mais les difficultés qui étaient déjà assez grandes d'avance, lorsqu'en décrivant la vie d'un personnage on devait parler de progrès accomplis dans une science abstraite, ces difficultés croissaient maintenant d'une manière notable. Il fallait entrer dans la discussion des questions délicates sur l'origine de certaines découvertes analytiques, qui, par un hasard singulier, devaient avoir été faites presque simultanément, et d'une manière pleinement indépendante, par Abel et par son éminent émule, Jacobi. Mais le changement qui s'opérait ainsi au milieu de mon travail, dans la conception des faits, ne pouvait aussi être sans influence sur la composition dans les parties suivantes de la biographie; et il fallait surtout donner plus d'extension aux explications mathématiques, tout en gardant une forme suffisamment populaire.

De cette façon, lorsque les parties abstraites de cet essai durent prendre relativement un très grand développement sans être toujours facilement compréhensibles en tous les points capitaux pour la pluralité de ces lecteurs, il fut évident qu'en voulant continuer la biographie sur la même échelle jusqu'au bout, je finirais par me mettre en conflit avec les intérêts de la *Revue* elle-même.

Dès lors il valait mieux s'adresser aux seuls mathématiciens ou essayer de faire paraître la biographie comme un livre indépendant, destiné à ceux qui s'intéressaient spécialement à la vie et au sort d'Abel ou à ce que son génie avait su créer

Je dus ainsi me décider, après quelques réflexions, à ne pas m'arrêter trop longtemps aux choses purement biographiques, et sous ce rapport, il fallait s'en tenir à une narration des derniers jours. Pour pouvoir expliquer avec les détails nécessaires au moins ce qui a été d'une importance historique, il fallait renoncer à donner ce qui n'était que des traits intéressants de sa vie privée. De cette façon, il est arrivé que la narration a été un peu brusquement interrompue quand je suis arrivé au moment où Abel avec ses camarades quittait Dresde pour faire son voyage à Vienne et en Italie. Pareillement, il fallait renoncer, en conséquence, à reproduire les mêmes détails de sa vie à Paris et à expliquer pour les lecteurs quelle était là sa position parmi les savants. Je ne pouvais même qu'effleurer la question de ses études et des œuvres importantes qu'il y accomplit, bien qu'avec celles-ci commence un épisode d'un bien haut intérêt dans l'histoire des mathématiques. Il retourna dans son pays, et de graves événements le forcèrent à s'arrêter en même temps que s'ouvrait l'époque de la grande découverte des fonctions elliptiques. Sur tout ce temps et celui qui suivit, il aurait certainement été d'un grand intérêt de s'étendre avec un peu plus de détails sur la connexion des faits et des découvertes qui se succédèrent ; et pour cela il serait bon et instructif de présenter les choses dans leur ordre chronologique, en présentant pendant la narration les personnages eux-mêmes qui ont agi. Mais au lieu de cela, pour abréger, il faudrait maintenant se restreindre à une exposition résumée.

C'est sous la pression de ce manque de liberté, dû au changement des circonstances, que les dernières parties de la biographie ont été composées. Mais la rédaction étant finie, à cause de la grande étendue qu'avaient prise ces esquisses, il fut décidé que cette partie finale ne devrait plus être publiée dans la *Revue* même ; en revanche, la biographie paraîtrait, comme faisant un ensemble, aux frais de l'association, et serait distribuée ainsi aux abonnés. En conséquence, la biographie paraîtra en volume dans l'année 1884.

C'est de cette biographie qu'il a été donné dans ce qui suit une traduction. Le savant mathématicien francais qui, avec tant de zèle et de sacrifice de temps, s'est mis à l'œuvre pour cette entreprise, a pensé qu'en dépit de ses défauts visibles, ces esquisses et ces explications pouvaient trouver de bienveillants lecteurs parmi ses compatriotes et même dans toute l'Europe savante. Et alors, bien que le temps m'ait manqué pour refaire le travail en entier, j'ai consenti à ce que la traduction fût publiée. Sur quelques points cependant j'ai corrigé le texte primitif, et surtout dans les dernières parties, où j'ai fait aussi quelques additions.

Pour remplir quelques lacunes trop fortes dans la narration et pour pouvoir expliquer aussi avec plus de détails d'autres choses de quelque importance dans l'histoire de la science, j'ajouterai ici, d'après le désir de mon collaborateur, quelques chapitres supplémentaires.

C.-A. BJERKNES.

NIELS-HENRIK ABEL

I.

L'entrée à l'école et les quatre premières années d'étudiant, jusqu'au départ de Christiania en 1825.

> Avant tout, je pense que, si l'on veut faire des progrès en Mathématiques, il faut étudier les maîtres et non les élèves.
>
> ABEL.

Niels-Henrik Abel est né au presbytère de Findö, diocèse de Christiansand, le 5 août 1802. Son père avait nom Sören-Georg Abel; sa mère, fille d'un marchand de Risör, s'appelait Ane-Marie, née Simonsen. Dans l'année 1803, le père fut nommé pasteur à Gjerrestad, où il éleva son fils et lui donna la première éducation, en même temps qu'à son frère aîné, jusqu'à son entrée, en novembre 1815, comme élève à l'École cathédrale de Christiania.

Dans les premières années de son séjour à l'école, il n'attira pas particulièrement l'attention; il semble que l'étude même des mathématiques lui ait au premier abord présenté peu d'attraits. Mais, dans l'été de 1818, B. Holmboe, nommé au commencement de cette année lecteur à l'École cathédrale, eut l'idée de consacrer deux heures par semaine, dans la classe où se trouvait Abel, à exercer les élèves à résoudre par eux-mêmes de petits problèmes d'algèbre et de géométrie; à partir de ce moment, les aptitudes mathématiques du jeune écolier commencèrent à se révéler, et bientôt le maître fut obligé de choisir exprès pour Abel des questions spéciales. Dès lors, Abel se consacra aux mathématiques « avec la passion la plus ardente, et il fit dans cette science des progrès rapides, dont le génie seul est capable. » En peu de temps il acquit la connaissance des mathématiques élémentaires, et, suivant son désir, Holmboe lui donna régulièrement des leçons particulières de hautes mathématiques. Après avoir, avec l'aide de son maître, jeté un coup d'œil rapide sur les principes préliminaires, il lut avec lui l'*Introductio* d'Euler, les *Institutiones calculi differentialis,* ainsi que les *Institutiones calculi integralis.* Après l'étude de ces ouvrages d'Euler, il continua ses lectures sans le secours de son guide. Il prit connaissance des écrits de Lacroix, de Francœur, de Poisson, de Gauss, de Garnier, mais surtout de ceux de Lagrange, et « il commença déjà à traiter par lui-même différentes parties des mathématiques (1). »

Muni de ce fonds de connaissances, Abel quitta l'école pour entrer, en juillet 1821, à l'Université.

Un savoir aussi étendu ne pouvait toutefois être acquis sans porter tort à l'instruction dans les autres branches, et sa prédilection exclusive pour une science spéciale devait parfois l'entraîner à négliger ses autres devoirs.

Un jour on trouva sur le siège du mathématicien récalcitrant un billet portant ces mots d'un style dégagé : « Riddervold s'imagine que j'ai écrit ma composition de style latin; mais il se trompe joliment! ABEL. » Cette anecdote, recueillie de la bouche même de l'éminent homme d'État qui avait été le maître du jeune homme pour l'étude des classiques, est certainement un trait caractéristique de la vie d'écolier d'Abel.

Néanmoins, il n'était en aucune façon un étudiant aussi mal préparé qu'on a bien voulu le dire; il n'est pas plus exact de prétendre, comme on l'a fait, qu'il débuta par un échec dans sa science favorite. En dépit de tout ce qui, à l'école, l'avait détourné de ses autres devoirs, il ne lui manqua qu'un simple demi-point pour obtenir la mention *laudabilis;* c'est seulement l'histoire qui le fit descendre jusqu'au chiffre 4. Il soutint brillamment ses

(1) Voir la Notice nécrologique publiée par Holmboe dans le *Magazin for Naturvidenskaberne,* année 1829, et la préface des Œuvres complètes de N.-H. Abel, 1re édition; Christiania, 1839.

examens pour la partie mathématique, en arithmétique et en géométrie, et le fait est mentionné dans les registres de l'Université, où la note est accentuée par l'addition d'un long *serpent* (1).

En considération de la situation gênée de son père, le jeune homme avait à l'école obtenu une bourse, avec l'enseignement gratuit. Le père mourut vers cette époque (1820), avant que l'écolier fût devenu étudiant, et sa mère, qui survivait, n'était nullement en état de faire la dépense nécessaire pour son entretien à l'Université. Aussi n'est-il pas étonnant que les professeurs de l'Université aient porté leur attention sur le pauvre et studieux élève que Holmboe avait eu le grand mérite d'avoir découvert et encouragé. Ajoutons que c'est par son excellente méthode d'enseignement, en conduisant graduellement et dans un ordre judicieux son disciple à travers l'étude des auteurs les plus clairs et les plus classiques, qu'il a préparé le brillant avenir de son élève.

En septembre, aussitôt après avoir soutenu l'*examen artium*, Abel obtint une des places vacantes à la fondation universitaire (Regentsen), faveur dont il continua à jouir jusqu'à l'année 1825, où il entreprit son grand voyage à l'étranger. Et comme ce secours, ainsi qu'il résulte d'une lettre des membres du Sénat de l'Université, insérée dans le *Morgenblad* du 16 décembre 1829, ne pouvait être suffisant pour un jeune homme dépourvu de tout, plusieurs des professeurs de l'Université se cotisèrent pour constituer de leurs propres deniers une pension « en vue de conserver ce rare talent à la science, faveur dont son zèle soutenu et sa bonne conduite le rendaient plus que digne. »

Pour juger de l'état de gêne contre lequel le futur mathématicien avait eu à lutter jusque-là, au commencement de ses études à l'Université, il suffira de lire le récit d'un de ses camarades à cette époque, récit navrant, mais caractéristique. Abel était si pauvre, raconte le professeur Rasch, — qui occupait en même temps que lui un logement au Regentsen, — et si dénué de tout ce qui répond aux

(1) C'est-à-dire d'un trait de plume ondulé, au moyen duquel, en Norvège, on a coutume de faire ressortir la note la plus excellente. Ici ce signe était particulièrement bien marqué. (B.)

premières nécessités de la vie, que lui et son frère ne possédaient à eux deux qu'*une* paire de draps pour leur lit. Quand cette paire, par hasard, était à la lessive, les deux frères couchaient sans draps.

Cependant, grâce au secours qui lui vint, il put dès lors poursuivre ses études universitaires et terminer la préparation de l'*examen philosophicum,* qu'il soutint l'année suivante, en juin 1822.

Le jeune étudiant était toutefois trop rempli d'idées pour pouvoir toujours consacrer son attention tout entière aux leçons des professeurs de l'Université. C'est ainsi que pendant une leçon de Sverdrup, à ce que dit la tradition, il se leva brusquement de sa place, au grand étonnement de l'auditoire, et se précipita vers la porte, en répétant à haute voix : *Jeg har det!* (1).

A l'examen de mathématiques subi devant Rasmussen, tout se passa, cela va sans dire, comme d'habitude, c'est-à-dire d'une manière *excellente.* Hansteen a dû cependant être mécontent de ce que son éminent élève en astronomie n'atteignait que le chiffre 2 (2), tandis que la note de physique se partageait en deux autres: *remarquablement bien* pour les démonstrations mathématiques, *bien* seulement pour la partie expérimentale. Abel obtint cependant cette fois, comme pour l'*examen artium,* la mention médiocre *haud illaudabilis,* bien que, d'après le mode actuel de compter les points dans l'*examen philosophicum,* il eût dû obtenir la mention la plus favorable (3).

---

(1) J'y suis!

(2) A l'Université de Norvège, les notes obtenues aux examens s'expriment ordinairement de la façon suivante :

1 = remarquablement bien = *laudabilis præ ceteris;*

2 = très bien = *laudabilis;*

3 = bien = *haud illaudabilis;*

4 = passable = *non contemnendus,* etc.

Ainsi Abel obtenait la note la plus excellente 1 pour les démonstrations, mais seulement la note médiocre 3 pour la partie expérimentale. Ce qui était assez extraordinaire, c'est qu'on dédoublât la note de physique. (B.)

(3) C'est-à-dire la mention *laudabilis.* En effet, pour certains examens, il était si rare qu'on obtînt comme moyenne générale des épreuves, la mention *laudabilis præ ceteris* qu'on s'est accoutumé à dire « la meilleure note » *(bedste Karakter)* pour désigner le simple *laudabilis.* (B.)

Ces détails, en apparence insignifiants, ont un certain intérêt, en mettant d'abord à même de juger de l'état des connaissances d'Abel, et aussi, comme nous le verrons, en considération de ce qui se passa dans la suite.

Dès son séjour à l'école, animé par la lecture des maîtres classiques, il avait commencé à traiter par lui-même différentes parties de sa science d'adoption. Il conçut entre autres l'idée hardie d'attaquer le problème de la résolution de l'équation générale du cinquième degré. Comme son futur rival Jacobi, Abel avait, ainsi que nous l'avons vu tout à l'heure, étudié pendant son temps d'école l'*Introductio* d'Euler. Comme Abel, Jacobi avait aussi, à cet âge précoce, dirigé ses regards et sa puissante intelligence vers l'étude de ce difficile problème, dont la solution sous la forme proposée dépassait de si loin, comme on l'a démontré depuis, les forces de l'Analyse à cette époque. « C'est là un problème », dit Lejeune-Dirichlet, « où plus d'un géomètre, parmi ceux qui se sont fait un grand nom, a trouvé le premier exercice de ses forces, et l'on conçoit aisément, en effet, l'attrait spécial que ce problème devait offrir à un talent naissant, alors que l'impossibilité de la solution telle qu'on la cherchait » — savoir, au moyen des radicaux seulement — « n'était pas encore démontrée. A la célébrité », ajoute-t-il, « que tant d'efforts infructueux avaient donnée à cette question, se joignait cette circonstance particulière, que le problème, appartenant à une branche qui confine aux éléments, semblait pouvoir être abordé sans une grande somme de connaissances acquises ».

Étant encore à l'école, Abel crut avoir découvert la solution du problème. Par l'intermédiaire du professeur Hansteen le résultat trouvé fut envoyé au professeur Degen, à Copenhague, avec prière, s'il était possible, de le présenter à la Société Royale des Sciences de Danemark. Dans sa réponse à Hansteen, datée du 21 mai 1821, Degen écrit qu'il communiquera avec plaisir ce Mémoire à la Société Royale. « Ce travail, lors même que le but proposé ne serait pas atteint, prouve une intelligence et une perspicacité peu communes, surtout à cet âge. J'ajouterai cependant une condition, en priant M. Abel de m'envoyer une démonstration détaillée de son résultat, et en même temps un *exemple numérique*, choisi parmi les équations telles que celle-ci.... Cette addition sera, j'en suis convaincu, un *lapis lydius* très utile pour lui-même; car on sait ce qui est advenu à Meier Hirsch avec son εὕρηκα. »

Plus tard, dans sa correspondance, le mathématicien danois, auquel les connaissances extraordinaires du « brave Abel » et sa tentative hardie avaient inspiré une haute admiration, écrit ces remarquables paroles, que l'on peut regarder comme ayant exercé une influence décisive sur les études et les travaux futurs du jeune géomètre : « Je ne puis m'empêcher, à cette occasion », dit-il, « d'émettre le vœu que le temps et les forces intellectuelles, consacrés par un esprit comme M. Abel à une question que je regarde comme stérile, soient dirigés vers un sujet dont le perfectionnement aura les plus importantes conséquences pour l'Analyse entière et son application à la dynamique; je veux dire les *transcendantes elliptiques*. Avec des dispositions convenables pour ce genre de recherches, le travailleur ne s'arrêtera pas aux nombreuses et belles propriétés de ces fonctions, quelque remarquables qu'elles soient par elles-mêmes, mais », ajoute-t-il — et cette prédiction, Abel et Jacobi en ont fait une réalité — « il découvrira des détroits de Magellan, conduisant à de vastes régions d'un seul et immense océan analytique. »

Le mathématicien danois termine sa lettre par l'exposition d'un théorème, découvert par lui quelque temps auparavant, et qui eût constitué une généralisation du théorème d'addition des fonctions elliptiques, si par malheur il ne se fût pas trouvé complètement faux en dehors du cas particulier.

Il va sans dire que l'éminent élève de l'École cathédrale de Christiania reconnut bientôt que son raisonnement était insoutenable, et subit ainsi son premier échec.

Une année n'était pas encore écoulée depuis la soutenance de son *examen philosophicum,* lorsqu'il publia un travail mathématique, imprimé dans le *Magazin for Naturvidenskaberne,* année 1823, 1er semestre, 2e cahier. Cet article, qui parut précédé d'un avertissement du professeur Hansteen, s'excusant de ce qu'on avait admis un mémoire de mathématiques dans un recueil consacré aux sciences naturelles, avait pour titre : « Méthode générale de trouver des fonctions d'une seule quantité variable, lorsqu'une propriété de ces fonctions est exprimée par une équation entre deux variables indépendantes; par N.-H. Abel, étudiant. » Il fut suivi, dans le cours de la même année, d'un autre mémoire, imprimé dans les deux cahiers suivants : « Sur la résolution de quelques problèmes à l'aide d'intégrales définies ».

D'autre part, c'est probablement à cette période, peut-être dès l'époque où il était élève de l'École latine, qu'il écrivit, mais sans les publier, la plus grande partie des petits mémoires, que, d'après les indications de Holmboe, il avait rédigés en langue norvégienne, et qui figurent en tête du tome second de ses *Œuvres complètes.* Un autre de ces mémoires, composé originairement dans la même langue, appartient au plus tôt à la fin de l'année 1825, et a été publié par Abel lui-même dans le *Magazin,* sans doute immédiatement avant son départ pour l'étranger.

Bien que les travaux que nous venons de mentionner contiennent déjà des choses remarquables, ils appartiennent toutefois, pour la plupart, à la catégorie des moins importants, surtout lorsqu'on les compare à ceux qui ont suivi; ils ne révèlent pas encore l'auteur éminent, ni à plus forte raison le grand géomètre. Pendant quelque temps encore, dans tous ses essais de débutant, on continue à remarquer, à côté de l'influence des grands maîtres classiques, quelques traces de méthodes mathématiques surannées dans certaines directions et dont il dut épurer les conceptions avant de parvenir à dominer son sujet et à se mouvoir à l'aise sur les hauteurs où il devait s'élever graduellement.

Peu à peu il commença, d'abord pour son usage personnel, à

se servir de la langue *française*, dans ses travaux, dont il sentait l'importance toujours croissante. A quelle époque remonte cette habitude? c'est une question qui, à ce moment, n'est pas encore pleinement élucidée, mais dont la solution ne serait pas sans intérêt.

Nous ferons observer ici que son mémoire intitulé : « *Propriétés remarquables, etc.* », est désigné dans l'édition de Holmboe, comme s'il eût été le premier de ses travaux posthumes dans lequel il eût employé la langue française. On sait d'ailleurs avec certitude que ce mémoire a été écrit, ainsi que plusieurs autres, *avant* ses voyages, ce qui semblerait ne pouvoir s'entendre que de son plus grand et dernier voyage en Allemagne et en France dans l'année 1825. Mais d'après ce qui a été éclairci plus tard, il paraîtrait au contraire que ce mémoire—petit travail extrêmement remarquable, bien qu'entaché des défauts mêmes que nous signalions tout à l'heure — serait précisément celui dont parle Abel dans une lettre écrite de Copenhague au lecteur Holmboe. Il résulterait de là que ce travail était déjà terminé à l'époque dont nous nous occupons maintenant, c'est-à-dire dans la première moitié de l'année 1823.

Pour renforcer encore la probabilité de nos conjectures, qui nous intéressent au point de vue historique, comme éclairant la première manifestation indécise d'une idée féconde, nous pourrons par anticipation faire remarquer que, dans les six mois qui ont suivi l'époque où nous sommes, Abel a certainement employé le français, puisque dans une lettre du Sénat de l'Université, en date du 11 janvier 1824, il est question d'un mémoire écrit dans cette langue et différent de celui que nous venons de citer.

Dans l'été de 1823, et par suite à l'époque où il recevait encore les secours des professeurs de l'Université, il entreprit, comme il résulte déjà de ce que nous venons de dire, son premier voyage, pour visiter Copenhague. D'après le récit de Hansteen, « le généreux professeur Rasmussen avait envoyé à Abel, dans une lettre amicale, cent *speciedaler* (1), pour le mettre en état de visiter cette ville, et, pendant son séjour, de faire la connaissance des mathématiciens célèbres, les professeurs Degen et v. Schmidten. »

A son arrivée, Abel écrit sur-le-champ, suivant sa promesse, à son maître, « son cher ami », le lecteur Holmboe. La lettre est datée du 15 juin 1823. En général, la cordiale intimité entre Holmboe et l'éminent élève qui, à peine deux ans auparavant, se trouvait encore sous sa direction à l'École cathédrale, se montre dans toutes les lettres où le disciple s'adresse à son maître ou parle de lui. Quelques passages de cette correspondance, croyons-nous, ont un certain intérêt, comme peinture du temps auquel Abel appartenait, et aussi par la lumière qu'ils répandent sur sa personne et sur ses différentes relations.

« Le premier jour », dit-il, « nous n'avons pu avancer que de trois milles. Le lendemain nous arrivions à Dröbak, où nous avons été retenus deux jours et où je me suis trouvé en compagnie chez Z..., qui a trois filles très jolies. — Le jour d'après, nous avons eu bon vent et nous sommes sortis de la baie de Christiania; les deux jours suivants, tout a été à merveille. Je suis arrivé vendredi à Copenhague, et je me suis précipité immédiatement chez la sœur de Mme Hansteen, Mme Fredriksen, où j'ai été extrêmement bien reçu... » Il parle ensuite des mathématiciens de Copenhague, de l'état des bibliothèques, et de l'opinion des savants sur la Norvège. Au sujet de Thune, il dit que c'est « un homme excessivement bienveillant et affable, mais, à mon avis, un peu pédant. Il m'a reçu de la manière la plus courtoise. — Aujourd'hui, je suis allé chez le professeur Degen, le plus drôle de corps que tu puisses imaginer; il m'a fait beaucoup de compliments, entre autres en me disant qu'il aurait beaucoup à apprendre de moi, ce qui m'a mis dans un cruel embarras, comme tu peux croire. Il a une jolie bibliothèque.... Je n'ai pas encore visité les bibliothèques de cette ville; mais, d'après ce qu'on m'en a dit, elles ne doivent pas être bien fournies d'ouvrages de mathématiques, ce qui est fâcheux. »

(1) Environ 555 francs.

— « Les hommes de science ici, » ajoute-t-il plus loin, « sont persuadés qu'il n'y a que des barbares en Norvège; je me débats de toutes mes forces pour leur prouver le contraire. »

Pendant son séjour à Copenhague, il habita chez son oncle, le capitaine Tuxen, où il se trouvait extrêmement bien. Cet oncle lui avait offert l'hospitalité gratuite pour tout le temps de son séjour. Sa famille était nombreuse et intéressante; il avait huit enfants; aussi Abel se promettait-il beaucoup d'agrément de son voyage. « Les dames de cette ville », écrit-il avec une étourderie très peu galante, « sont affreusement laides ». Mais, comme d'habitude, cédant à son bon naturel, il s'efforce aussitôt de réparer son impertinence en ajoutant : « elles sont pourtant gracieuses ».

Dans sa lettre suivante à Holmboe, datée du 24 juin 1823, ou, comme il s'exprime en tête de son épître, de l'année « $\sqrt[3]{6064321219}$ (tiens compte des décimales) », — ce qui donne, suivant le calcul écrit au-dessous par Holmboe, 1823,567 = 24 juin 1823 (¹), — il entre maintenant dans le détail de ses études et de ses travaux. Il se plaint de ce que les mathématiques ne soient pas précisément florissantes à Copenhague, et il n'est pas encore parvenu « à dépister parmi les étudiants quelque garçon un peu solide ». Cependant pour Degen il professe une haute estime : « Il est fort en diable; il m'a montré plusieurs de ses petits travaux qui témoignent d'une grande finesse. »

La lettre d'Abel contient un passage particulièrement remarquable, auquel nous faisions tout à l'heure allusion. « Le petit Mémoire qui traitait des *fonctions inverses des transcendantes elliptiques* (²), et où j'avais prouvé une chose impossible, je l'ai prié (Degen) de le lire d'un bout à l'autre; mais il n'a pu y découvrir aucune fausse conclusion, ni comprendre où était l'erreur. Dieu sait comment je m'en tirerai! ».

(¹) Le calcul de Holmboe est doublement inexact. L'extraction de la racine cubique donne 1823,591 = 3 août 1823. Il est singulier que cette erreur ait été commise par celui qui a reçu la lettre.

(²) Il est à remarquer qu'Abel se sert ici des mots français.

On voit par là que, dès avant son départ pour Copenhague, il avait rédigé un petit mémoire, auquel il avait donné en partie un titre français, et dans lequel l'idée de l'*inversion des intégrales elliptiques* s'était fait jour. Cette idée fondamentale, qui devait se montrer si fructueuse, existait donc déjà dans son premier germe, bien que sous une forme, à ce qu'il semble, défectueuse. C'est grâce à cette idée que, peu de temps après, les découvertes capitales faites par Legendre quarante ans auparavant et peu appréciées de ses compatriotes, trouvèrent enfin leur voie féconde.

Parmi les mémoires qu'Abel n'a jamais publiés lui-même, sans doute à cause des fautes qu'il y avait reconnues, et que Holmboe a désignés, d'après ce que nous avons dit plus haut, comme au moins rédigés avant qu'il entreprît son grand voyage, celui dont nous parlons est précisément le huitième du tome second (1). Ce mémoire est aussi très court, écrit en français, et inséré comme le premier de la série de ses mémoires composés dans cette langue, C'est là que l'idée de l'inversion a été formulée; mais elle y est appliquée à des fonctions d'un degré trop haut de généralité, plus haut que celui des *transcendantes elliptiques,* ce qui rend le résultat de l'inversion illégitime et inexact en dehors du cas restreint de ces transcendantes. Il est vraisemblable, malgré l'emploi d'une dénomination particulière ne concordant pas avec le titre « Propriétés remarquables, etc. », que c'est bien ce mémoire qui est en cause. Dans le cas contraire, il faudrait que le travail désigné comme mémoire n'eût pas été plus tard admis par Holmboe dans les Œuvres complètes, bien que le mémoire cité avec son résultat défectueux, traitant essentiellement du même objet, y ait été inséré. Il est bien naturel aussi d'admettre que, dans une lettre à un ami un peu au courant de ces choses, l'auteur se serve d'une dénomination abrégée et contenant l'essentiel, *transcendantes elliptiques,* au lieu d'employer une expression complètement exacte, mais très longue et très incommode. Il lui aurait fallu, en effet, pour cela se servir des formules mêmes,

---

(1) Il a conservé ce numéro dans la nouvelle édition

et encore ajouter les conditions limitatives. Il ne possédait pas le mot commode de *transcendantes abéliennes*. Donc la non-concordance des titres n'entraîne pas ici la non-identité des ouvrages. Cette désignation abrégée a sans doute été pour Holmboe suffisamment intelligible, la partie essentielle de cette communication ne pouvant être que ce qui concernait les *transcendantes elliptiques* de Legendre.

Si maintenant les choses se sont passées ainsi, il faut non seulement qu'Abel à cette époque soit parvenu, ou du moins ait été très près de parvenir à l'*inversion des transcendantes elliptiques*, — qui lui ouvrait une vue sur un vaste domaine de fonctions, non encore exploré, et comprenant les fonctions connues, trigonométriques et exponentielles, comme de simples cas particuliers, — mais il doit aussi avoir découvert la belle propriété de ces fonctions, la double *périodicité*, bien que dans l'ensemble il lui restât encore quelque chose d'inexpliqué. En tout cas, cette découverte d'Abel et cette heureuse idée sous sa forme encore imparfaite appartiennent à une époque antérieure à son départ pour son grand voyage; l'idée était déjà à sa première période de formation avant l'été de 1823.

Il est extrêmement probable qu'en poursuivant maintenant son résultat, il n'a fait que s'agiter autour de cette obscure énigme qui, plus tard, plusieurs années même après sa mort, arrêta tout progrès sur ce point, et présenta quelque temps encore un obstacle insurmontable à la découverte ultérieure des *fonctions abéliennes*, — même longtemps après la découverte de son grand théorème. La lutte pour l'*inversion des intégrales abéliennes* pouvait avoir déjà commencé dans le silence, bien que les moyens de triompher sûrement ne fussent pas encore prêts.

Le fait de la périodicité, qu'il avait constaté dans ce mémoire, devait en réalité amener promptement un génie aussi pénétrant à se heurter contre les difficultés les plus insolubles : l'impossibilité d'une périodicité plus élevée que la périodicité double, et, d'autre part, l'existence vraisemblable de cette périodicité, déduite d'un raisonnement exact en apparence. Il est difficile d'admettre qu'Abel ne se soit pas arrêté à ces difficultés, bien que ses mémoires postérieurs ne contiennent là-dessus aucune indication; on a seulement connaissance par la lettre précédente de son embarras d'avoir, dans son petit mémoire sur l'inversion, démontré une chose impossible. D'ailleurs, le résultat obtenu était d'un intérêt trop grand et trop évident, il était trop beau et en apparence trop simple et trop fécond, pour que l'on puisse admettre qu'Abel ait abandonné ses méditations sur ce point.

L'inexactitude du raisonnement, qui avec une grande probabilité doit être celui du petit mémoire, et qui avait bien pu le mettre dans l'embarras, en lui arrachant son exclamation désolée, « Dieu sait comment je m'en tirerai! » dépendait, comme nous croyons et comme nous l'avons aussi indiqué plus haut, de l'imperfection et d'une certaine incorrection des mathématiques de cette époque, et de la manière dont les géomètres concevaient certaines notions, manière qui, dans la direction que l'on avait suivie jusque-là, n'avait pas encore fait sentir assez clairement et assez généralement son insuffisance.

Abel avait eu l'avantage de s'être livré de bonne heure à l'étude approfondie des ouvrages classiques. Euler, Lagrange et Legendre avaient été les premiers maîtres de sa jeunesse, et avaient développé devant lui leurs riches et lumineuses pensées. De nouvelles voies semblaient s'ouvrir vers des régions inconnues, et cependant les barrières étaient encore pour lui infranchissables. — Il fallait revenir en arrière pour jeter dans les profondeurs de la science un coup d'œil réformateur. Il fallait les éclairer d'une plus vive lumière, et cela exigeait un génie puissant, pénétrant et exempt de préjugés, qui ne se laissât pas ébranler par ce qui était affirmé, enseigné et admis depuis les anciens temps. Abel était un génie de cette trempe.

A l'époque dont nous parlons, il ne s'était pas encore élevé à ces hauteurs. Il reculait souvent en face d'insurmontables difficultés. Comment arriva-t-il dans la suite, en se limitant plus sagement et en tournant les obstacles jusqu'à ce qu'il eût trouvé un passage pour les franchir, c'est ce que nous exposerons plus tard en mentionnant aussi la part prise par Jacobi dans ce travail de découverte.

Après un court séjour à Copenhague, dont il estima avoir tiré bon profit, Abel se remit à travailler sans relâche dans sa science d'adoption. C'étaient les grands travaux qui maintenant se préparaient en silence, tandis que sur d'autres points il luttait encore contre les difficultés.

Amené malgré lui sur un terrain qui lui était étranger, nous le verrons éprouver un nouveau et sensible désagrément — qui ne fut peut-être pas sans compensation pour le jeune géomètre. Cette déception, comme celles qu'il avait déjà subies auparavant, l'obligea à l'avenir d'observer, dans ses raisonnements comme aussi dans la publication de ses travaux, la prudente réserve qui est la marque du véritable savant, et qui est doublement nécessaire chez celui que ses larges vues et ses idées hardies portent à soulever des problèmes qui ouvrent une ère nouvelle.

L'attention des savants de Christiania fut en particulier attirée sur un mémoire écrit en français, « sur l'intégration des formules différentielles ». Ce mémoire, dont l'existence, d'ailleurs, a été jusqu'à présent complètement ignorée du monde mathématique, et qui lui servit de recommandation pour le secours qu'on lui accorda, et de preuve à l'appui de la noble démarche faite auprès de l'Université, ce mémoire fut jugé très favorablement par Rasmussen et Hansteen. A cette occasion, les deux professeurs, « dans la conviction que c'est un devoir pour les directeurs de l'Université, lorsqu'ils rencontrent de rares dispositions naturelles pour telle ou telle science, de contribuer de toutes leurs forces à en favoriser le complet développement », intervinrent en sa faveur, pour lui obtenir de l'État un secours que l'Université se trouvait hors d'état de lui fournir de ses propres ressources.

Le mémoire d'Abel obtint le rare honneur que le Sénat de l'Université « l'envoya au gouvernement », en appelant son attention sur l'utilité pour le jeune géomètre d'un séjour à l'étranger afin d'y compléter ses études [1]. Il proposa en conséquence, dans sa lettre au Ministère des cultes et de l'instruction publique, en date du 11 janvier 1824, qu'il fût accordé à Abel une indemnité de voyage de 50 *speciedaler* argent [2] par mois pour dix-huit mois; qu'à partir du 1er janvier 1824, et « jusqu'au moment où il pourrait partir pour son voyage, on voulût bien lui allouer un un secours mensuel de 20 spd. [3] », et enfin qu'on y ajoutât une somme de 150 spd. [4] pour son équipement ». Le Sénat terminait en exprimant sa conviction que « par ce moyen on gagnerait un homme remarquable pour la science, une gloire pour sa patrie, et un citoyen qui, par son talent hors ligne dans sa profession, paierait avec usure l'aide qu'on lui accorderait aujourd'hui. »

Le Ministère des cultes, auquel le mémoire d'Abel avait été soumis avec la lettre dont nous venons de parler, demanda, le 19 février suivant, au Sénat son avis, pour savoir jusqu'à quel point il ne serait pas bon que, avant d'obtenir l'indemnité de voyage, Abel commençât « par demeurer encore une couple d'années à l'Université, avec un secours suffisant, fourni par l'État, afin de se perfectionner davantage dans les langues et dans d'autres connaissances accessoires, dans lesquelles, vu son jeune âge, on aurait lieu de penser qu'il n'a pas encore fait des progrès suffisants. »

Le Sénat répondit, le 23 du même mois, que, bien qu'Abel eût acquis dans les humanités un bon fonds de connaissances, il ne lui serait cependant pas inutile de passer encore une année à l'Université, pour étendre son développement scientifique, et « peut-être pour se perfectionner dans les langues savantes. »

Après ces concessions de l'Université, le ministère céda de son côté, sans toutefois s'avancer aussi loin que les membres du Sénat. Le 29 mars 1824, une décision royale accorde à Abel une

---

(1) On ignore ce qu'est devenu depuis lors ce mémoire. Il aura sans doute été retiré, car les recherches faites plus tard au Ministère des cultes ont été sans résultat.

(2) Environ 264 francs.

(3) 106 francs.

(4) 792 francs.

pension annuelle de 200 spd. [1] pendant la durée de deux années, pour continuer ses études à l'Université de Norvège et pour se perfectionner dans les langues savantes et les autres sciences utiles à ses études spéciales, les Mathématiques.

Vers l'époque où ces questions concernant la pension de secours étaient en discussion entre le Sénat et le Ministère des cultes, Abel entreprit, sur le conseil du professeur Hansteen, des recherches au sujet de l'influence de la Lune sur le pendule, principalement pour déterminer la variation d'intensité de la pesanteur et l'inégalité qui en résulterait dans la marche du pendule. « Les intéressantes recherches d'Abel, » dit Hansteen, « ont démontré que cette inégalité est si petite, que le plus souvent on n'a pas à en tenir compte; mais, au contraire, la variation de la direction est tellement sensible que, dans l'état actuel de perfection des instruments astronomiques, on ne pourra plus la négliger. »

Abel cependant, par ce mémoire, imprimé dans le *Magazin for Naturvidenskaberne* (1824, 1er semestre, fascicule 2), se préparait, comme nous l'avons annoncé plus haut, un sérieux échec, qui, à cause de la célébrité acquise plus tard par l'auteur, a eu un certain retentissement.

Hansteen envoya le mémoire d'Abel à Schumacher, à Altona, pour qu'il fût inséré dans les *Astronomische Nachrichten.* Le 2 août 1824, Schumacher répondait à Hansteen : « Je n'imprimerai pas le mémoire d'Abel. Il a oublié que la Lune attire aussi le centre de la Terre, et qu'ainsi on n'a pas à considérer l'attraction absolue de la Lune sur le pendule, mais seulement la différence des attractions exercées sur celui-ci et sur le centre de la Terre. Par là les actions qu'il a calculées deviennent soixante fois moindres, c'est-à-dire tout à fait insensibles. D'après ses formules, le Soleil devrait dévier le fil à plomb de plusieurs minutes. Ainsi, pour son honneur, n'en parlons plus. »

---

(1) 1060 francs.

Abel reconnut, cela va sans dire, son erreur, et envoya au *Magazin*, une rectification, qui fut insérée aussitôt dans le numéro suivant (2e semestre, N° 1). Il reconnaît dans cet article que, « par inadvertance, il n'a pas tenu compte d'une circonstance essentielle qui rend le résultat inexact. Le raisonnement développé dans le mémoire n'est valable que dans le cas où la Terre serait supposée immobile. Si, au contraire, la Terre est mobile, comme elle l'est en effet, la Lune n'attire pas seulement le pendule, mais aussi la Terre tout entière, cette dernière attraction pouvant être considérée comme agissant uniquement sur le centre terrestre, où l'on supposerait la masse entière de la Terre réunie.... De là résulte aussi que l'influence de la Lune sur l'intensité et la direction de la pesanteur est tout à fait insensible. »

Quelques années plus tard, un an après la mort d'Abel, alors qu'il n'était plus pour Schumacher un étudiant inconnu, mais un géomètre de premier ordre, l'astronome d'Altona revint de nouveau sur le même incident. Un Anglais, nommé Hardy, semble avoir suivi la même route que celle où Abel avait été entraîné par son inexpérience en traitant cette question. En date du 7 mai 1830, Schumacher écrit à Gauss, à ce propos (1) : « Hardy paraît avoir commis la même faute qu'avait commise Abel, dont j'ai mis au rebut un mémoire destiné aux *Astronomische Nachrichten* (je crois vous en avoir parlé dans le temps), et où il oublie, comme Hardy, que c'est seulement la différence des attractions qu'indiquent les instruments. Il trouve pour la Lune une action très sensible, mais pour le Soleil une action très faible. Dans ce dernier cas, vérification faite, il avait oublié de multiplier par 206265. Celui qui aurait alors jugé les talents d'Abel d'après ce mémoire, s'en serait fait une opinion bien fausse! »

On a remarqué d'ailleurs, à propos de ce malencontreux travail, une particularité assez curieuse. Si Hansteen, à l'occasion des résultats d'Abel, avait entrepris des expériences avec un pendule suffisamment long, il aurait très bien pu faire la belle

(1) Briefwechsel zwischen Gauss und Schumacher, Bd. II. S. 249.

découverte de la variation du plan d'oscillation, et devancer ainsi Foucault dans la démonstration expérimentale de la rotation de la Terre autour de son axe.

Maintenant Abel avait à partager son temps entre les mathématiques et les langues savantes, le latin et le grec, et aussi avec d'autres objets qui, à côté de ces deux langues, avaient été jugés importants pour ses études mathématiques. Parmi ces connaissances accessoires, il en est une qui lui a été de la plus grande utilité, l'étude de la langue française, qui cependant depuis longtemps déjà lui était familière; nous avons vu même qu'avant cette époque il s'était servi de cet idiome pour rédiger ses nouveaux travaux. Naturellement c'était, comme par le passé, sa science préférée qui absorbait toutes ses pensées et tout son intérêt, et la rareté relative de ses productions, qui se manifeste maintenant, n'est qu'un symptôme certain, annonçant les grandes choses qui se préparent.

Déjà, comme on peut s'en souvenir, Abel, encore élève de l'École cathédrale, s'était cru en possession de la résolution de l'équation générale du cinquième degré. La réponse de Degen lui fit voir, s'il ne l'avait pas déjà vu par lui-même, qu'il s'était fourvoyé, et que son imposant édifice s'était écroulé. Au lieu de faire comme Jacobi et d'abandonner le dangereux problème, sur la résolution duquel tant d'hommes distingués avaient usé leurs forces, il continua avec acharnement la lutte, sans se laisser effrayer par les conclusions du géomètre danois, touchant la stérilité de ce sujet difficile.

Après un labeur, ou pour mieux dire, un combat de plusieurs années, il parvint enfin à trouver l'explication de l'impénétrable mystère, et en l'année 1824, dans un travail intitulé : « Mémoire sur les équations algébriques, où l'on démontre l'impossibilité de la résolution de l'équation générale du cinquième degré », il établit, par une déduction très ingénieuse et témoignant de la grande difficulté du sujet, bien qu'elle n'eût pas atteint une parfaite rigueur, que la résolution de *l'équation générale du cinquième degré* à l'aide des radicaux était impossible. Abel admet, en réalité, dans le cours de son raisonnement, une proposition qui n'est pas évidente par elle-même, et dont il ne donne pas la démonstration, mais qui heureusement est tout à fait exacte. S'élevant, en effet, à un point de vue plus général, il s'est assuré plus tard que cette proposition est vraie pour tous les nombres, et par suite pour le nombre 5; mais elle présente une exception quand on considère le nombre 6.

Ce résultat, obtenu enfin après tant d'efforts, surtout lorsqu'Abel, complétant sa démonstration, l'eut établie avec la plus parfaite évidence, ce résultat, malgré sa forme négative, peut en réalité être regardé comme faisant époque. L'honneur de cette découverte est partagé entre un jeune Norvégien, de 22 ans, encore inconnu, et l'italien Ruffini. Pour mieux faire comprendre la portée de ces faits, je vais résumer en quelques mots l'historique de la question.

Le point de savoir si les équations générales de degré quelconque peuvent toujours admettre une solution n'était nullement d'une clarté aussi immédiate qu'on pouvait alors se le figurer. La question fit donc un pas considérable en avant, lorsque Gauss, dans la dernière année du siècle passé, démontra pour la première fois en toute rigueur qu'une telle solution était toujours possible, absolument parlant, c'est-à-dire, dans le même sens qu'on le dit de l'équation générale du second degré, ou suivant le langage adopté aujourd'hui, à l'aide des imaginaires. Plus tard, dans son beau travail sur la division du cercle, il alla plus loin, en établissant qu'il existe des classes entières d'équations de degré supérieur, pour lesquelles cette résolution pouvait aussi s'effectuer en réalité, et cela avec le seul secours des radicaux. Mais la généralité des équations considérées était supposée restreinte par certaines conditions. On était, au contraire, dans l'incertitude en ce qui concernait les équations générales, et c'est là que gisait la difficulté capitale. Dans ses *Disquisitiones,* l'illustre géomètre de Göttingue avait cependant, chose remarquable, exprimé déjà ses doutes sur la possibilité de la résolution par cette voie, lorsque les restrictions apportées au cas général n'existent plus.

Tandis que sur ce point, des difficultés et des complications extraordinaires semblaient devoir arrêter tout progrès en avant — ce que confirmaient encore les tentatives faites par Lagrange, — c'est sur ce même point que Ruffini et surtout Abel apportèrent la clarté, ce dernier, comme nous l'avons dit, ayant démontré l'impossibilité relative, c'est-à-dire l'impossibilité avec les moyens restreints que nous avons indiqués, d'effectuer la résolution de l'équation tout à fait générale d'un degré supérieur au quatrième.

Mais de là résulte avec une clarté réelle, ce que la suite a fait voir de plus en plus distinctement, l'existence jusque là ignorée d'une construction harmonieuse de formes grandioses dans les hautes régions de la théorie des équations. On peut alors plonger tout d'un coup ses regards bien au-delà des limites qui jusque là bornaient l'horizon mathématique.

A la découverte de cette loi cachée ont contribué depuis lors les beaux travaux d'Abel lui-même, et en outre ceux de nouveaux chercheurs, tels que Galois, Betti, Kronecker, Hermite et Jordan, qui ont fait dans ce champ d'importantes trouvailles. A l'aide des *fonctions elliptiques,* une nouvelle création du génie d'Abel et de Jacobi, dont le premier germe, comme on l'a vu, s'était déjà montré dans les travaux préparatoires d'Abel, deux géomètres contemporains, Hermite et Kronecker, sont parvenus cinquante ans plus tard à résoudre dans toute sa généralité le problème que s'était posé à dix-neuf ans le disciple de l'École cathédrale de Christiania : la résolution de *l'équation générale* du cinquième degré. On peut maintenant s'attendre à ce que l'étude des *fonctions abéliennes,* transportée sur ce terrain, conduise plus tard les géomètres à des résultats encore plus élevés.

Le mémoire d'Abel, de mince volume, mais important par ses conséquences, parut sous une forme matérielle plus que modeste, dans l'année 1824, c'est-à-dire il y a plus de cinquante ans, sortant des presses de l'imprimerie Gröndahl. Il peut être regardé comme le premier de ses travaux publiés par lui-même dans lequel apparaisse le *grand* inventeur. Pour épargner les frais d'impression, le mémoire entier, d'après les renseignements fournis par Hansteen dans l'*Illustreret Nyhedsblad*, 1862, fut réduit à une demi-feuille, et il s'ensuivit que certaines propositions intermédiaires restèrent inédites, et que l'ensemble du travail en devint assez difficile à comprendre. Il n'est pas impossible qu'il se trouvât encore dans la démonstration une lacune grave, celle-là même dont il a été parlé plus haut, lacune qui a peut-être échappé à l'attention d'Abel, et qui a rendu impossible au monde scientifique, autant qu'il pouvait en juger par cette publication, de considérer l'antique et ardu problème comme résolu.

Après tant d'essais avortés des plus éminents géomètres de l'époque et des temps passés, on n'avait guère de raison de croire que la solution fût enfin donnée *par un jeune étudiant norvégien.* D'autre part on n'a pas le droit de s'étonner si de sérieux adeptes de la science, dont le coup d'œil clair et droit leur révèle les difficultés d'un sujet, ne se hâtent pas aussitôt de quitter leurs importants travaux, et d'accorder toute leur attention aux idées, trop ambitieuses en apparence, émises par le premier auteur venu, et qui, sauf des cas heureux, mais bien rares, ne méritent pas qu'on s'y arrête.

D'une lettre de Schumacher à Gauss du 23 juillet 1824, il résulte que Schumacher a reçu le mémoire d'Abel. L'astronome d'Altona le fit parvenir, par l'entremise d'Olbers, à Gauss, dans la bibliothèque duquel on l'a retrouvé plus tard. Depuis cet envoi, on ne retrouve dans la Correspondance rien qui indique que le grand maître, le *Princeps mathematicorum*, ait constaté la justesse ou la fausseté de la démonstration d'Abel. Ce silence absolu semble signifier que la démonstration a été accueillie avec défiance.

D'après une communication du professeur Hansteen, dans le *Nyhedsblad* du 2 mars 1862, Gauss serait allé jusqu'à dire que lui-même avait voulu démontrer la possibilité de la résolution, mais que depuis il avait dû reconnaître qu'Abel avait raison.

Comme il ne se trouve aucune mention de ce propos dans la correspondance de Hansteen soit avec Schumacher, soit avec Gauss, et que d'autre part il concorde mal avec les autres déclarations de ce dernier, ce récit pourrait bien s'appuyer sur une communication verbale, directe ou non, et dans ces conditions, rien n'est plus facile que de commettre un malentendu, le véritable sens de l'idée n'étant pas toujours saisissable sous une expression trop concise, comme on en emploie tous les jours. On sait que Gauss ne s'exprimait jamais qu'avec une extrême circonspection, et vraisemblablement la seule opinion qu'il ait pu manifester, c'est que le raisonnement d'Abel, sous sa forme actuelle, n'était pas complètement satisfaisant, tandis que celui qui a paru à une époque plus récente est irréprochable.

Peut-être aussi prévit-il que, à l'aide des moyens qui étaient à sa disposition, la résolution complète des équations en question pourrait être réalisée par l'emploi de fonctions d'ordre plus élevé que les radicaux. La nouvelle voie dans laquelle Abel s'était déjà engagé et qui devait conduire à la découverte de puissants procédés d'investigation, l'illustre géomètre de Göttingue y était entré lui-même longtemps auparavant, sans toutefois avoir rien publié des résultats obtenus depuis un grand nombre d'années. « Abel, » écrivait-il plus tard, « m'a devancé, et dès lors je me trouve dispensé de rédiger mes propres recherches. »

En désignant ici Abel comme celui qui, dans l'analyse algébrique, a résolu une question d'une importante capitale pour la science, bien que cette solution renferme encore une lacune, trop considérable peut-être pour qu'on puisse immédiatement la combler, et qu'ainsi elle ne se présente pas jusqu'alors sous une forme assez parfaite pour être admise en toute sécurité, nous ne pouvons nous dispenser de rappeler que, longtemps auparavant, le géomètre italien Ruffini, déjà cité plus haut, avait exprimé la même idée et cherché à démontrer le même théorème fondamental. Il est certain que ces travaux étaient restés inconnus d'Abel, non seulement à l'époque qui nous occupe, mais encore quelque temps après, lorsqu'il travailla pour la première fois à perfectionner sa démonstration.

Beaucoup plus tard même, lorsqu'il reprend pour la troisième fois la même question, mais comme faisant partie d'un problème beaucoup plus étendu, il s'exprime ainsi : « Le premier, et, si je ne me trompe, le seul qui avant moi ait cherché à démontrer l'impossibilité de la résolution algébrique des équations générales est le géomètre Ruffini; mais son Mémoire est tellement compliqué qu'il est très difficile de juger de la justesse de son raisonnement. Il me paraît que ce raisonnement n'est pas toujours satisfaisant. Je crois que la démonstration que j'ai donnée du théorème ne laisse rien à désirer du côté de la rigueur; mais elle n'a pas encore toute la simplicité dont elle est susceptible. Je suis parvenu à une autre démonstration, fondée sur les mêmes principes, mais plus simple, en cherchant à résoudre un problème plus général. »

Bien que la démonstration de Ruffini puisse être entachée de défauts plus ou moins graves, et même que l'on soit en droit d'admettre qu'elle ait voulu trop prouver, il est toutefois absolument juste, à propos de cette question, de la citer en première ligne, d'abord parce qu'elle est la première en date, ensuite parce que dans tous les cas, elle est exacte dans sa marche générale, bien qu'une lacune, d'une autre nature que celle de la première démonstration d'Abel, rende la conclusion incertaine. En un seul point la démonstration de Ruffini a même la supériorité sur celle d'Abel, c'est par sa plus grande simplicité. On n'a pas de motif, selon moi, d'enlever au géomètre italien l'honneur d'avoir fait le premier pas important dans cette voie, à moins qu'on ne veuille avec le même droit refuser à beaucoup d'autres chercheurs leurs titres à la célébrité, toutes les fois que la postérité, plus clairvoyante, a pu signaler dans leurs découvertes quelques imperfections.

Le mérite d'Abel a été d'avoir, indépendamment de Ruffini et par une autre voie, bien qu'à une date postérieure, résolu dans ses grands traits généraux la même question difficile, et cela par une nouvelle démonstration plus complète, et d'une manière qui écarte en dernier lieu et *définitivement* toute espèce de doute sur la légitimité du raisonnement.

La difficulté du sujet et peut-être ce que le résultat offrait d'inattendu pour beaucoup de personnes empêchèrent pendant longtemps les travaux de Ruffini, ainsi que ceux d'Abel, d'être appréciés comme ils l'ont été plus tard.

Outre cet important Mémoire, non inséré dans le recueil de ses *Œuvres*, il existe encore d'autres essais d'Abel appartenant à cette période et particulièrement remarquables. Comme, à une seule exception près, ils n'ont pas été publiés par lui-même, mais qu'ils ont vu le jour pour la première fois par les soins de Holmboe, après la mort de l'auteur devenu depuis si illustre, il faut par conséquent, en les appréciant, tenir compte de ces circonstances. Parmi ces écrits, on doit surtout remarquer ceux qui portent les numéros IX et X du tome II (1), et qui ont pour titres : « Sur une propriété remarquable d'une classe très étendue de transcendantes » et « Extension de la théorie précédente »; puis les Mémoires XI et VIII du même tome (2) : « Sur la comparaison des fonctions transcendantes », et celui dont il a été déjà question, « Propriétés, etc. ». Tous ces Mémoires, d'après ce que nous apprend l'éditeur dans la préface du tome II, ont été rédigés *avant* le départ d'Abel pour son voyage à l'étranger, Il faut cependant remarquer, à l'égard des numéros IX et X, que ces écrits ne représentent guère autre chose que le contenu d'une rédaction plus abrégée du même sujet, adressée à la Société des Sciences de Trondhjem, et envoyée peut-être de Christiania, où Abel, pendant son absence, avait laissé plusieurs de ses manuscrits. Ce travail fut imprimé en 1827; les Mémoires développés appartiennent à une époque postérieure.

Il résulte de là avec certitude un fait, en contradiction, il est vrai, avec les idées qu'on se fait ordinairement, en n'accordant pas assez d'attention aux modestes essais, précurseurs des travaux

---

(1) Nos VIII et IX du tome II de la nouvelle édition.

(2) Nos X et VII du même tome de la nouvelle édition.

plus parfaits, où les mêmes idées se sont plus tard reproduites. Ce fait est qu'Abel, avant son voyage d'Allemagne, en 1825, avait déjà fait ou du moins était sur le point de faire plusieurs de ses plus éclatantes découvertes.

Ici, parmi ces essais des quatre premières années d'études d'Abel, on rencontre par exemple une généralisation très étendue du beau théorème de l'échange du paramètre et de l'argument dans les transcendantes elliptiques de troisième espèce (IX et X). Ici se présente, bien qu'énoncé sous une forme incomplète et renfermé dans un résultat d'une trop grande généralité, le théorème connu sous le nom d'*inversion des intégrales elliptiques,* ainsi que la remarquable propriété de la *double périodicité* qui en résulte pour les nouvelles fonctions, découverte qui, ainsi qu'il a été prouvé plus haut, existait déjà dans son premier germe dès l'été de 1823 (VIII). Ici enfin le *théorème* d'Abel, le célèbre théorème d'addition, le *monumentum œre perennius,* comme l'appelait le vieux maître, l'octogénaire Legendre, avec son admiration et son enthousiasme juvéniles, ici ce théorème était déjà trouvé, bien que le temps ne fût pas encore venu d'en apprécier l'immense portée et de savoir en tirer un parti utile.

Ainsi, à une époque plus ancienne qu'on ne serait disposé à le croire — bien que le développement de la pensée doive être calme et lent, lorsqu'il s'agit de créations grandes et durables — et dans un pays écarté comme Christiania, la capitale naissante d'un petit état, encore mal pourvue de toutes les ressources, ont été posés pour la première fois les fondements, alors peu encouragés et peu appréciés, de travaux d'une importance considérable et de branches tout entières de la science mathématique. Aucune réaction d'influence mutuelle de la part du public scientifique ne s'était encore fait sentir, et aucun autre contact extérieur n'avait eu lieu, si ce n'est par l'étude des traités classiques d'Euler et de Lagrange. La direction d'un maître doué d'un talent ordinaire, mais consciencieux, et étudiant lui-même avec son élève, avait heureusement et en temps voulu conduit celui-ci dans cette voie féconde. Les encouragements efficaces de Hansteen et de Rasmussen, le succès et de petits échecs, l'idée lancée par Degen comme une prophétie, et aussi l'étude de Legendre et toujours celle de Lagrange : tels sont les aiguillons qui, avec l'ardeur des recherches, inséparable du génie, ont poussé Abel en avant, — vers un but lointain et élevé, mais aussi vers un avenir plein de soucis.

C'est ainsi que, dans ces conditions et au milieu de ces circonstances, peu remarquables en apparence, mais, en réalité, exceptionnellement favorables, il conçut dans leur premier jet les idées fondamentales qui, plus tard, ont définitivement renouvelé l'aspect des sciences mathématiques sur une si vaste étendue.

Mais plusieurs causes, à cette époque, rendaient impossible l'introduction de ces idées dans la science. Aussi furent-elles en partie reléguées à l'arrière-plan, pour être améliorées ou remaniées. Bien plus, comme nous l'avons déjà dit, Abel lui-même tout en annonçant, un peu plus tard, la publication de travaux incomparablement plus importants que ses Mémoires imprimés jusqu'alors, ne se rendait pas clairement compte de l'immensité du pays où il venait d'aborder.

Enfin arriva pour Abel, — et cela au moment même le plus propice — l'heure de la délivrance. Dès lors on n'eut plus à craindre que son génie extraordinaire, encore à l'état de croissance et de développement, restât étouffé dans l'étroit horizon de son pays natal et prît une fausse voie. Un autre sujet de sérieuse appréhension était l'incertitude où l'on pouvait être à l'égard des résultats si importants, obtenus déjà en tout ou en partie, et qui risquaient plus ou moins d'être perdus pour la science. Dans le monde mathématique, qu'il ne connaissait encore que de loin, un souffle réformateur commençait à s'élever ; Abel devait trouver à l'étranger des esprits capables de le comprendre, de nouveaux amis, et un champ d'activité plus vaste et plus favorable pour son génie créateur.

Peu de temps avant l'expiration de la pension qu'on lui avait accordée, il adressa au Roi une demande afin d'obtenir une allocation pour les frais d'un voyage et d'un séjour de deux ans à l'étranger. Cette demande, dont on possède encore une copie, ainsi que celle d'une recommandation du professeur Hansteen, est un témoignage, entre beaucoup d'autres, de cette simplicité sans prétention qui lui était propre, et dont même ses grandioses travaux scientifiques montrent partout l'empreinte.

« Dès mes premières années d'école », dit-il, « j'ai commencé à cultiver avec grand plaisir les Mathématiques, et j'ai continué à m'en occuper durant les deux premières années de mes études académiques. Mes progrès assez satisfaisants ont engagé le Sénat de l'Université à me recommander pour une subvention, que Votre Majesté a bien voulu m'accorder, pour me permettre de continuer pendant deux autres années mes études auprès de l'Université de Norvège, et aussi pour me perfectionner dans les langues savantes. Pendant ce temps, dans la mesure de mes forces, j'ai joint à l'étude des mathématiques celle des langues anciennes et modernes, et parmi ces dernières celle du français principalement. Après avoir dans ma patrie fait mes efforts, en profitant des secours que j'y ai rencontrés, pour me rapprocher du but que je désire atteindre, il me serait très avantageux, par un séjour à l'étranger auprès des différentes Universités, et particulièrement à Paris, où se trouvent en ce moment tant d'éminents mathématiciens, de prendre connaissance des récents progrès de la science, et de profiter de la direction des hommes qui à notre époque ont porté les connaissances mathématiques à une si grande hauteur. En m'appuyant sur les raisons que je viens d'exposer et sur les attestations ci-jointes de mes supérieurs, j'ose supplier humblement Votre Majesté qu'elle daigne m'accorder une indemnité de voyage de 600 *sölvspecies* (1) par an, pour continuer encore pendant deux années *à Paris* et *à Göttingue*, l'étude des sciences mathématiques. »

Dans la recommandation mise en tête de cette supplique par

---

(1) 3168 francs.

le professeur Hansteen, se trouve un court paragraphe qui mérite particulièrement l'attention. « A l'époque où il était soutenu ainsi » (c'est-à-dire par une cotisation de plusieurs professeurs de l'Université), « et surtout par les secours que Votre Majesté daignait lui accorder, Abel, dans plusieurs Mémoires, publiés ici dans le *Magazin for Naturvidenskaberne,* et surtout dans un travail plus étendu, encore inédit « Sur une méthode perfectionnée de » calcul intégral », a donné des preuves d'une activité et d'une persévérance rares, ainsi que d'aptitudes extraordinaires. Il ne mérite pas moins d'éloges par son caractère et ses qualités morales, comme j'ai pu m'en convaincre en vivant constamment avec lui. Les simples indications données par des hommes illustres dans la science étant souvent plus profitables que de longues heures employées à la lecture des livres, je crois qu'un séjour de deux années auprès des géomètres les plus éminents de notre époque serait extrêmement fructueux pour M. le candidat Abel, et que notre patrie, dans ces circonstances, a les meilleures raisons d'espérer qu'elle trouvera en lui un homme de science qui lui apportera honneur et profit. »

Par ordonnance du 27 août 1825, Abel, en considération de sa pétition chaudement appuyée par le Sénat, obtint l'indemnité demandée de 600 spd. par an, pour deux années, comptées à partir du jour où cessait la pension dont il avait joui jusque là.

Abel part, et maintenant s'ouvre une nouvelle période de sa carrière si digne d'intérêt.

Je vais essayer ici, malgré les graves difficultés que ce sujet présente, de tracer le portrait du *candidatus philosophiæ* qui s'embarque en ce moment, et qui bientôt — mais toutefois après la fin prématurée de sa courte vie — devait acquérir une si glorieuse renommée; c'est une simple et légère esquisse de sa personne, de ce qu'il était, et des circonstances extérieures au milieu desquelles il a vécu.

Abel avait des traits réguliers, on peut même dire vraiment agréables; son regard et ses yeux étaient d'une beauté peu commune; mais un teint pâle, sans fraîcheur et sans éclat, ternissait un peu l'agrémcnt de sa figure. On était frappé de la conformation particulière de la tête avec son ovale saillant; le crâne fortement développé semblait témoigner d'une intelligence extraordinaire. Sur son front haut et large, caché en partie par ses cheveux tombants, régnait une expression méditative. Un sentiment de bienveillance était empreint sur son visage.

L'aspect général de Niels Abel n'avait rien de remarquable. D'une taille moyenne, d'une complexion délicate, simple et négligé dans sa toilette, c'est seulement en pénétrant dans son intimité qu'on pouvait l'apprécier à sa juste valeur. Mais, malgré tel ou tel détail choquant, surtout dans ses jeunes années, sa personne n'en était pas moins, en somme, très sympathique.

Dans la société de ses amis — quand il ne s'enfermait pas toute la journée dans sa chambre pour travailler solitairement, — surtout de ceux qui ne faisaient pas immédiatement partie du cercle qu'il fréquentait d'habitude, il se montrait gai et enjoué, bien que par tempérament il fût plutôt mélancolique. Souvent sa gaieté n'était pas l'expression fidèle de l'état de son esprit; peu de gens pouvaient pénétrer dans sa confidence. Il était très aimé de ses camarades, ainsi que des personnes plus âgées qui s'intéressaient à lui. Avec les premiers, il y avait certainement de temps en temps des étourderies commises; mais son amabilité était proclamée de toutes parts avec une rare unanimité. Il se faisait des amis partout, et rien que des amis.

Pauvre comme il l'était — son père étant mort et sa mère restant dans la gêne, — n'ayant pour parvenir que l'appui de ses concitoyens, et dépendant de la générosité d'autrui, il lui était impossible de se maintenir dans toutes les occasions au niveau de ses camarades plus favorisés de la fortune. Ses vêtements étaient vieux et négligés, et il ne prenait pas non plus beaucoup de soin de ce qui tenait à l'extérieur. De tout ce qui se rapportait au cérémonial il faisait généralement peu de cas, absorbé qu'il était par ses méditations.

Une certaine négligence s'était emparée de lui, non seulement en ce qui concernait le soin de sa personne, mais aussi, surtout à l'origine, dans ses communications écrites. Son style était facile et animé; sa façon de s'exprimer, lorsqu'il se trouvait en dehors des frontières des mathématiques, était parfois abondante et folâtre, parfois brusque, souvent, au contraire, juste et frappante à un haut degré.

La ponctuation n'était pas précisément son côté brillant; il usait des virgules avec une grande parcimonie, « pas du tout » même, a-t-on dit de lui en plaisantant; sans règle et non sans effet, il introduit çà et là un gros point et virgule. Avec tous ces défauts, il possédait cependant beaucoup des qualités qui font l'écrivain distingué, et quelques-uns de ses derniers travaux, dont il a aussi soigné convenablement la forme, pourraient, même au point de vue du style, être considérés comme classiques.

Skrædder-Niels (1) était le surnom qu'il portait parmi ses joyeux camarades, et ce fut aux grands éclats de rire de l'auditoire que fut accueillie la nouvelle, donnée comme sérieuse (à une époque postérieure à celle qui nous occupe), qu'Abel à Paris s'était promené en gants glacés.

Le soir on pouvait parfois le rencontrer à *l'Asile,* où se réunissaient plusieurs jeunes gens, campés autour d'une longue table, économiquement éclairée par quelques chandelles. Là on fumait, on buvait sa bouteille de bière, le tout frugalement, sans aucune autre espèce de consommation. Chacun trouvait sa part de tabac dans un cornet, sur une tasse à thé, et l'on passait le temps à raconter ses prouesses et celles des autres. Abel était là le joyeux narrateur autour duquel on aimait à se grouper; mais bien souvent aussi il servait de cible à la gaieté des autres, surtout lorsqu'il fut fiancé et seul revêtu de cette dignité parmi les hôtes de *l'Asile.* On ne songeait plus à lui comme mathématicien, ou même on le connaissait à peine en cette qualité.

Abel prenait souvent part aux divertissements de la jeunesse, qui à cette époque pouvaient, sans faire scandale, aller beaucoup

(1) Nicolas-le-Tailleur.

plus loin que de notre temps. Naturellement il n'oublie pas de raconter, en décrivant à Copenhague le jubilé du Regentsen, que l'on y a bu vaillamment huit cents bouteilles de vin! A la table des cartes, là haut dans les galetas d'étudiants, occupé avec ardeur bien avant dans la nuit, — en costume léger, la chandelle à moitié brûlée dans le cou de la bouteille, — on n'aimait pas à le charger de faire les comptes; il se trompait dans ses opérations, et on le destituait alors de ses fonctions. Néanmoins, dans ses carnets de calculs, employés parfois à un autre usage, il y a des indications montrant qu'il a lui-même aussi exercé la présidence, et « Soliman II », qui s'y trouve souvent désigné, d'une manière à faire penser qu'Abel a dû en telle ou telle occasion interrompre ses grands travaux, est sans doute le nom de guerre d'un de ses compagnons de plaisir.

Mais s'il y avait des effervescences et des irrégularités de jeunesse dans la vie d'Abel — la nuit qui précéda sa déconfiture en astronomie, il l'avait passée, dit-on, dans un pique-nique, — s'il s'était bravement tenu à la hauteur de ses compagnons, les bruits qui ont couru d'autre part ont été fortement exagérés. « Il se faisait toujours pire qu'il n'était réellement », et sa gaieté n'était bien souvent qu'une apparence. Les témoignages fréquents et la concordance de tant de récits venant d'hommes qui se rapprochaient de lui par la similitude du caractère et qui ne lui imposaient qu'une légère contrainte, démontrent toutes les exagérations des traditions orales, auxquelles on se laisse entraîner si facilement, quand il s'agit de personnes qui ont acquis une célébrité et dont tout le monde parle, sans que la multitude puisse comprendre en quoi consiste leur grandeur. L'énorme travail de méditation du futur inventeur, sans trève ni repos, bien différent de l'action assidue et tranquille de l'énergique, mais vulgaire ouvrier, exige impérieusement une détente; et il n'y a pas sujet d'étonnement ni de blâme sévère, si dans ces temps moins rigides il a pu se produire quelques infractions à la régularité.

Comme ç'a été bien souvent le cas de ces hommes extraordinaires, qui poursuivent, en luttant contre des difficultés inouïes, les profondes et puissantes idées que leur vocation, souvent aux dépens de leur bonheur, les pousse à dévoiler et à produire dans le monde, souvent il faisait du jour la nuit et de la nuit le jour. Tantôt travaillant outre mesure pendant les heures de la nuit, tantôt épuisé de fatigue et poursuivant sa pénible tâche, étendu sur son lit bien avant dans la journée, enregistrant page sur page les idées de ce cerveau incapable de repos et actif à l'excès !

S'il passait ainsi quelques ombres légères sur sa vie, s'il a péché par des manques de forme extérieure, c'est qu'Abel au milieu de ses camarades était au vrai Abel comme son vêtement grossier et négligé était aux splendides qualités que cette enveloppe recouvrait. Il était modeste et sans prétention dans ses actes; exempt de toute jalousie, il reconnaissait avec joie ce qui se faisait de grand autour de lui; il rendait justice au mérite des autres Ce n'est pas sans raison qu'on disait encore de lui « qu'il était également distingué par les talents les plus extraordinaires et par la pureté de son caractère. »

Nous verrons avant qu'il soit longtemps, la dure épreuve à laquelle furent soumises ses amitiés, au milieu de sa grandeur, bien qu'il fût peu connu et mal apprécié, alors que l'avenir semblait pour toujours se fermer devant lui. Ce n'est pas sans émotion qu'on le verra, vers la fin de sa vie, en face de la perspective accablante d'être forcé peut-être à quitter le pays qui l'avait mis à si bas prix, et qui pour conclusion le laissait partir pour vivre honoré et sans souci de l'avenir au milieu des étrangers.

II.

Difficulté des relations. — Arrivée à Berlin, rencontre avec Crelle et fondation d'un journal mathématique.

A l'époque qu'embrasse notre récit, dans le premier quart du présent siècle, non seulement les relations entre les différentes provinces de notre pays vaste et peu populeux étaient partout difficiles et rares, comparées à ce qu'elles sont aujourd'hui ; mais plus encore peut-être les relations avec les pays étrangers et lointains, relations qui sont à un si haut degré la condition du développement d'une petite société dans toutes les directions. Un voyage en Danemark était alors pour un habitant de la capitale tout une affaire, qui demandait de grands préparatifs, et qui bien souvent, dans la saison la plus favorable, quand le vent se maintenait longtemps contraire, causait autant de difficultés et de perte de temps que ferait de nos jours un tour en Italie pour un habitant de nos côtes septentrionales. En hiver, naturellement, la captivité était encore plus dure. Nos navires restaient là emprisonnés par la gelée dans nos ports, et attendaient le printemps pour repartir, chargés de bois, à destination de la Hollande ou de la France, ou pour rapporter de Hambourg des ballots de marchandises et des denrées coloniales, et la flotte danoise pour le transport des grains, disparaissait peu à peu au retour de l'automne, et ne recommençait qu'en avril à se montrer dans nos eaux délivrées des glaces. Il ne restait plus alors au voyageur qui voulait aller vers le Sud ou revenir de l'étranger, d'autre route que le long trajet par terre à travers la Suède. Quant à un véritable transport de marchandises pendant l'hiver, si l'on excepte la ressource, peu employée à cause de sa cherté, d'envoyer les paquets par la poste ordinaire, ou le cas fortuit d'un voyageur pouvant prendre les envois avec son propre bagage, il ne pouvait en être question, vu l'état des moyens de communication dans cette saison. Les paquebots à vapeur, qui, vers la fin de la période en question, étaient en marche dans tout le reste de l'Europe, s'étaient bien approchés déjà jusqu'à notre contrée sœur le Danemark; mais jusqu'alors aucun steamer n'avait longé nos côtes si étendues, ni parcouru les fjords qui les pénétrent si profondément, ni entamé des relations avec les vastes pays étrangers.

Toutefois, — et cela datait déjà des anciens temps, où notre pays était « sous le joug du Danemark », — les échanges d'envois avec Copenhague étaient un peu plus réguliers. Quelques particuliers possédaient deux petits paquebots, deux grands yachts, pour le transport des paquets et des passagers. Mais la rapidité du voyage dépendait de toute espèce de circonstances. Souvent, le vent soufflant du large, il fallait attendre patiemment plusieurs jours dans le fjord que la bourrasque s'apaisât ou que le vent tournât, avant de continuer sa navigation. Aussi arrivait-il fréquemment que toute la société descendait à terre pour se divertir dans quelque village de la côte où le yacht avait jeté l'ancre.

Les paquets qui devaient être expédiés dans le pays, ou les livres étrangers, que l'on préférait faire venir de Cophenhague, — c'est plus tard seulement qu'on s'est adressé directement à Leipzig et à Paris, — arrivaient dans ces conditions irrégulièrement et au bout d'un temps plus ou moins long. Il n'existait pas, pour ainsi dire, de véritable commerce de librairie, et pour se procurer par l'intermédiaire des libraires tel ou tel ouvrage publié à l'étranger, il fallait faire une dépense considérable; le prix des livres à Christiania était juste le double du prix de Copenhague. De temps en temps chaque année, et, naturellement, jamais dans l'hiver, les paquebots qui correspondaient avec le Danemark apportaient une provision de livres pour la bibliothèque de notre Université, qui était très bien fournie, vu les circonstances, et nous mettaient ainsi en rapport avec les productions scientifiques et littéraires du temps présent et du temps passé. Un ou deux de ces envois entraient aussi tous les ans dans la collection de l'Observatoire, une petite échoppe octogonale, perchée sur le rempart de la forteresse et pourvue d'une partie des instruments nécessaires. — Depuis la construction d'un imposant édifice consacré à la même destination, l'échoppe a été transportée sur le Revieret, où elle a longtemps servi de *morgue* pour notre petite ville.

Les conditions n'étaient guère meilleures pour les lettres à destination lointaine. Elles coûtaient excessivement cher. Souvent, pour économiser le port, on les confiait à des marchands en voyage, connus ou inconnus, et ceux-ci pouvaient parfois en avoir des ballots entiers à distribuer dans les diverses villes où ils devaient passer, — à moins qu'ils ne préférassent s'épargner cette peine, en envoyant tout le chargement à la poste et laissant les frais aux destinataires. Chacun était, bon gré mal gré, le commissionnaire de tout le monde, et des masses considérables d'envois échappaient ainsi à la poste royale, pour être confiés « à l'occasion » ou « à la complaisance. » Il y avait en outre des difficultés pour les affranchissements; ils s'arrêtaient à Hambourg, et celui à qui la lettre était adressée devait payer le reste du port. Souvent aussi les lettres pour le dehors étaient d'une écriture si fine et si serrée, avec des lignes croisées dans tous les sens, qu'il fallait beaucoup de sagacité et d'efforts pour en déchiffrer le contenu. L'emploi du papier « ruine-poste » le plus léger et le plus mince, pour condenser encore plus de choses dans les limites les plus restreintes d'espace et de poids, n'était cependant pas encore inventé à cette époque, si ingénieux que l'on fût alors à se défendre contre la cherté des ports de lettre.

Dans un pareil état de choses, où naturellement tout échange d'idées fréquent et général était impossible, où le commerce personnel avec la science et les impulsions qu'il fait naître étaient généralement restreints aux rapports avec les compatriotes les plus rappprochés et les plus intimes; n'ayant, de plus, à cause de l'éloignement, que peu de relations avec les grands centres de culture, notre Université étant encore à sa période d'épreuve, — les conditions extérieures n'étaient guère propices, à tous les points de vue, pour une existence complètement scientifique. Tout au plus était-il possible à quelques favorisés du sort, par une heureuse exception, de prendre une part plus active à cet échange de pensées avec le monde extérieur, et de pouvoir suivre, depuis notre lointaine contrée, les derniers progrès de l'époque, et se mêler activement aux discussions scientifiques; et encore les mieux placés n'étaient-ils compétents que jusqu'à un certain point et avec de nombreuses restrictions. On eût été injuste, pour notre pays et notre Université à leurs débuts, de régler les exigences sur le niveau des pays riches et peuplés de l'autre côté des mers. Lorsque, malgré tout, ces exigences se trouvaient remplies — mieux peut-être qu'on aurait dû s'y attendre — c'était non seulement parce qu'une série d'hommes de valeur avait été amenée à notre Université nouvellement fondée, mais aussi parce qu'une position économique favorable leur avait permis de consacrer toutes leurs forces à leurs études. L'esprit de liberté, qui nous avait valu notre Université et notre indépendance, avait été aussi à cet égard l'appui le plus sûr de notre petite nation aspirant au progrès.

Les services que pouvaient rendre notre bibliothèque universitaire et nos établissements d'enseignement se réduisaient évidemment à créer un solide fondement scientifique, reposant sur les recherches des temps anciens et des temps plus voisins, mais en même temps sans prétendre introduire le futur investigateur dans les directions de recherches de l'époque moderne, qui sont aussi, pour la plupart, les plus fructueuses.

Dans les sciences abstraites, en particulier, pour lesquelles notre contrée et ses relations locales ne pouvaient être d'aucun secours — le travailleur confiné dans son pays devait nécessairement rester en arrière. Il ne lui était guère possible de produire autre chose que ce qui était déjà trouvé et connu par ceux qui travaillaient dans des conditions plus favorables et plus libres, qui avaient été initiés en temps convenable à ces directions d'idées et à ces nouveaux fondements, d'où l'on pouvait attendre un réel profit dans une suite d'études prolongées, — et qui jouissaient des avantages de la proximité des discussions savantes et de l'héritage scientifique des professeurs et des maîtres de l'époque.

Plus qu'heureux celui qui, dans un cercle aussi étroit, grâce à un meilleur concours de circonstances, comme il s'en produit bien rarement, a pu parvenir, par l'irrésistible puissance de son génie, à se frayer son chemin! Mais le besoin du contact avec la science contemporaine n'est pas moins impérieux pour l'homme qui a plus à communiquer de son propre fonds qu'à recevoir des autres. Seulement les difficultés se trouvent ainsi déplacées. Ce n'était pas chose facile alors, dans notre petit coin de terre peu remarqué, pour un penseur jeune et inconnu, suivant des voies à lui propres, de répandre ses idées dans le monde, d'en soumettre les résultats à la critique du dehors et au besoin à une épuration peut-être nécessaire, surtout lorsqu'il s'agit d'une étude plus approfondie et d'un développement plus vaste.

Telles étaient les circonstances dans lesquelles Abel grandit et se développa. Il allait maintenant parcourir le monde, et nous le suivrons dans sa route.

Dans les premiers jours de septembre il entreprit son voyage, en compagnie du candidat des mines Möller, depuis directeur des mines d'argent de Kongsberg, et du candidat en médecine Chr. Boeck, mort récemment, doyen de notre Université. Keilhau et Tank, avec qui il se rencontra depuis en Allemagne, étaient déjà partis, le premier pour continuer ses études à l'Académie des Mines de Freiberg, le second dans l'intérêt de son instruction philosophique, pour visiter notre compatriote Henrik Steffens, alors attaché à l'Université de Breslau.

« Nos jeunes savants voyageurs », comme les appelait le professeur Hansteen dans ses communications au *Magazin*, allaient maintenant chercher les moyens de se perfectionner chacun dans la carrière de son choix.

Avant son départ, Abel fit une échappée à Soon, une des petites villes de la côte orientale du fjord de Christiania, où demeurait sa fiancée. C'était une jeune danoise, Mlle Christine Kemp, mariée plus tard, après la mort prématurée d'Abel, avec le professeur Keilhau. Là, à une heure avancée de la nuit, il fut pris au passage par le yacht surchargé de voyageurs, et bientôt un bon vent les amena en pleine mer.

Le voyage ne fut que relativement agréable. Nous en reproduirons quelques incidents d'après la description de Boeck; ils caractérisent l'état des choses à cette époque, et rappelleront de nouveaux souvenirs.

D'abord, est-il dit, on dériva vers l'ouest, puis on resta quelque temps en place. Mais le troisième jour, vers le soir, à la hauteur de Marstrand, on retrouva une forte brise. Abel était agité; Möller allait s'étendre à fond de cale. Un des voyageurs, un vieux garçon misanthrope, qui allait se fixer à Copenhague, s'imagina dans ses angoisses qu'il allait mourir. Il se voyait déjà perdant tout ce qu'il possédait et jeté lui-même à la mer. Boeck, lui deuxième parmi tous les voyageurs, tenait bon; mais il eut besoin de tout son art médical auprès du contrôleur effaré, qui écrivit deux fois son testament, et qui suppliait le patron de faire rebrousser chemin au bateau.

Le cinquième jour, avant le lever du soleil, on était en vue du feu de Helsingör. Le temps s'était calmé; Abel et Boeck étaient déjà en haut depuis trois heures du matin, pour jouir de la traversée du Sund. Un grand nombre de navires étaient en rade. Les maisons blanches, les propriétés de plaisance isolées et les petits villages le long de la côte glissaient les uns après les autres devant eux et leur offraient un spectacle varié qui, malgré la fraîcheur, les attachait sur le pont. Mais de cette campagne fertile et des coteaux boisés qui dominent ces pays de plaine, leurs pensées se reportaient souvent vers les écueils et les rochers qu'il avaient quittés et vus disparaître dans la mer.

Copenhague montra bientôt ses hautes tours; l'Ermitage et Fredriksberg brillaient au soleil levant, « au milieu des verts bosquets », et après avoir été pendant cinq jours ballotés sur les vagues, on était arrivé.

Abel cette fois ne s'arrêta pas longtemps à Copenhague.

Cependant son séjour n'en eut pas moins d'importantes conséquences, en contribuant à lui faire modifier son plan de voyage primitif, et lui donnant pour la première fois l'occasion de faire la connaissance, si étroite et si profitable pour lui, du conseiller intime Crelle. D'après la description que lui en avait faite von Schmidten, comme d'un homme excellent sous tous les rapports, Abel se décida à l'aller voir aussitôt que possible, dès son arrivée à Berlin.

Degen était mort dans le courant de cette même année; sa bibliothèque était en vente. Juste au moment où Abel quittait Christiania, le professeur Thune avait envoyé quelques paquets et des catalogues des livres de Degen, avec prière de les distribuer au public norvégien. Ce fut une occasion pour Abel d'écrire à son ami et maître, le lecteur Holmboe, une lettre, peu importante sans doute à plusieurs égards, mais ne manquant pas d'intérêt, en tant qu'elle éclaire la situation immédiatement avant les événements qui devaient maintenant assombrir à un si haut degré les perspectives d'avenir d'Abel. Elle semblait déjà annoncer d'avance que tout se dénouerait tranquillement.

« Je suis maintenant ici », écrit-il, « et je dois te prier en conséquence. . . . . Tu auras peut-être aussi la complaisance de remplir les désirs du professeur Thune au sujet de ces paquets, en t'adressant au professeur Sverdrup pour les distribuer. » — (Sverdrup était alors membre du Sénat universitaire, où devait bientôt se décider en première instance la question de la nomination à la chaire de mathématiques à l'Université, laissée vacante par la retraite prochaine de Rasmussen). « Tu ne te fâcheras pas », ajoute-t-il, « de ce que je te charge de ces commissions. La chose est pour moi d'une importance énorme, par égard pour Thune. Fais-le aussi promptement que possible, car la vente aura lieu le 5 octobre.

» Le 13 » (septembre), dit-il plus loin, « j'irai à Soröe faire visite à la mère et à la sœur de Mme Hansteen, et j'y resterai deux ou trois jours. De vendredi en huit jours, je pars avec le bateau à vapeur pour Lübeck et de là pour Hambourg. — Salue pour moi

Mme Hansteen et sa sœur, si tu les rencontres. J'enverrai le mémoire par Petersen. — Une autre fois tu recevras de moi, une lettre plus ordonnée. Ton ami, Abel. »

Avant cette lettre, qui annonçait ainsi, en attendant, sa visite à la famille de Hansteen à Soröe, Boeck et Möller étaient partis avec le bateau à vapeur pour Lübeck, d'où ils continuèrent par terre leur voyage jusqu'à Hambourg, à travers des chemins détestables et remplis d'eau. Ils descendirent au *Grand Sauvage* (1), où ils attendirent leur compagnon de voyage, attardé par la prolongation de son séjour à Copenhague.

Après l'arrivée d'Abel, ils allèrent de compagnie à Altona, pour faire visite à Schumacher, l'éditeur des *Astronomische Nachrichten,* avec qui d'ailleurs le professeur Hansteen était en relations suivies. Schumacher, comme on s'en souvient, avait, quelque temps auparavant, refusé d'insérer le Mémoire d'Abel sur la Lune; il s'était aussi chargé de transmettre à Gauss, par l'intermédiaire d'Olbers, le Mémoire français sur l'impossibilité de résoudre algébriquement les équations du cinquième degré, travail avec lequel Abel allait se présenter pour la première fois devant le grand public, et dont on ignorait encore quel serait le succès auprès des savants.

Schumacher, bien que souffrant, accueillit les voyageurs et le jeune mathématicien inconnu avec beaucoup de prévenance. Il est probable que, pendant son séjour à Hambourg, Abel renouvela ses visites à l'astronome danois. En tous cas, il laissa la meilleure impression chez le savant étranger. Car, à diverses reprises, Schumacher le dépeint non seulement comme un mathématicien distingué, mais aussi comme le jeune homme le plus aimable.

Abel raconte — ce qui semble pareillement indiquer un séjou de quelque durée — qu'il avait fait à Hambourg la connaissance

(1) *Zum grossen wilden Mann.* Ajoutons que nous sommes portés à croire qu'il s'est glissé ici une erreur dans la tradition telle que la présente le récit de Boeck, et que celui-ci a fait confusion avec ce qui s'est passé plus tard à l'arrivée des voyageurs à Vienne. De pareilles inexactitudes, relatives aux échanges de lieu et de temps, sont à craindre dans tous les cas où le récit n'est pas appuyé sur des documents écrits. *(Note ajoutée par l'auteur.)*

d'un jeune et habile mathématicien, Thomas Clausen, attaché alors à l'Observatoire d'Altona. « Encke », dit-il, « qui est maintenant membre de l'Académie de Berlin, était aussi à Hambourg; mais je ne l'ai pas vu. Il est singulier qu'à Berlin on n'ait pas nommé un professeur d'Astronomie. Encke, dit-on, ne fait pas de leçons. »

Cette rencontre avec Schumacher, l'ami de Gauss et son correspondant assidu, a dû être la première source de la tradition, suivant laquelle — ainsi que nous l'avons rapporté d'après Hansteen — le grand géomètre de Göttingue aurait dit, à propos du Mémoire d'Abel, que lui-même se faisait fort de démontrer la possibilité de la résolution des équations du cinquième degré.

Nous nous sommes déjà permis d'émettre des doutes sur la parfaite exactitude de ce récit, parce qu'il est très possible, pour les raisons que nous avons développées plus haut, qu'il se soit produit un malentendu sur le sens de l'assertion, et cela d'autant mieux que le propos était parvenu après avoir passé par plusieurs bouches.

Es ist ja ein Gräuel sowas zusammen zu schreiben (1)! C'est en ces mots ou quelque chose d'approchant que, d'après la tradition, fut formulée la dure condamnation du jeune mathématicien de brillant avenir.

Une certaine antipathie contre Gauss, née spontanément dans l'esprit d'Abel ou inspirée par les entourages au milieu desquels il devait bientôt se trouver, semble s'être emparée de lui de bonne heure ou du moins pendant cette période de sa vie. Il n'est pas déraisonnable de supposer qu'il se soit senti blessé de ce que Gauss, ne soupçonnant pas tout ce qui était caché sous une forme peut-être imparfaite et dans des essais qu'il prenait pour des aspirations ambitieuses et insensées, eût plus ou moins directement repoussé son travail digne d'admiration, et qu'il l'eût passé sous silence comme une production de jeunesse, manquant de maturité.

(1) C'est vraiment une abomination d'écrire des choses pareilles

Tout semblait ainsi conspirer pour bouleverser d'une manière heureuse le plan de voyage primitif : la recommandation donnée par von Schmidten d'aller visiter à Berlin l'excellent Crelle; l'inaccessibilité, réelle ou supposée, de Gauss, peut-être aussi — surtout pour Abel, qui n'aimait pas la solitude — une agréable société pour le reste du voyage et le plaisir de vivre avec des camarades. Göttingue était le but désigné, vers lequel il devait tendre, Göttingue où Gauss, dans presque toutes les branches des mathématiques, répandait abondamment la lumière de son enseignement, et où Abel eût eu une magnifique bibliothèque à sa portée. Pourtant, dès le commencement de son voyage, il prit un autre chemin.

A plusieurs reprises, comme nous le verrons, Abel formera le dessein de s'y rendre. Mais chaque fois il reculera, et il décrira un cercle autour de la vieille ville universitaire.

A son arrivée à Berlin, il s'empressa de faire une visite aux deux mathématiciens Crelle et Dirksen. L'entrevue entre le premier, le conseiller intime étranger, et le boursier de l'état encore novice et embarrassé ne parut pas d'abord promettre un grand succès (1). Il fallut beaucoup de temps pour qu'Abel pût faire comprendre à son interlocuteur quel était au juste le but de sa visite, et il semblait que le tout aboutirait à une « conclusion fâcheuse » (2).

A la fin il prit courage lorsque Crelle lui demanda ce qu'il avait déjà lu en mathématiques. Quand il eut cité quelques-uns des plus célèbres ouvrages dans cette science, Crelle devint très affable avec lui, « et, comme il me le dit lui-même », raconte Abel, « réellement satisfait ». Il entama alors une longue conversation avec le jeune Norvégien sur « une grande variété de sujets difficiles, qui n'étaient pas encore traités à fond ». Quand on en

(1) D'après une tradition, Crelle croyait d'abord qu'il venait pour mendier. Cela m'a été raconté par un vieil ami d'Abel. (B.)

(2) Lettre d'Abel à Holmboe du 16 janvier 1826.

vint à parler de la théorie des équations de degrés supérieurs, Abel annonça qu'il avait démontré l'impossibilité de résoudre généralement l'équation du cinquième degré. Là-dessus Crelle répond que cela ne peut pas être vrai, et s'apprête aussitôt à combattre cette assertion. Abel lui présente alors un exemplaire de son Mémoire écrit en français sur ce sujet et dont nous avons parlé plus haut; mais Crelle dit qu'il ne peut pas apercevoir la raison de plusieurs conclusions contenues dans ce travail. « Plusieurs personnes m'ont dit aussi la même chose », écrit Abel, « et pour ce motif, je vais me mettre à le remanier ».

A partir de ce moment, Crelle lui donna une fois pour toutes ses entrées régulières pour chaque lundi soir. Aux réunions musicales qui avaient lieu dans le cercle de la famille du conseiller intime, il s'amusait beaucoup, bien que malheureusement, en dépit de la réputation de chanteur d'airs joyeux dont il jouissait parmi ses camarades, il ne fût pas grand connaisseur en musique. Mais il trouvait toujours, pour se dédommager, quelques jeunes mathématiciens avec lesquels il s'entretenait pendant ces réunions « de sujets monstrueusement intéressants ». De cette manière il acquit promptement l'usage de la langue allemande, dont le défaut lui avait été si gênant dans les premiers temps.

Avec les dames de la famille, il était, dit-on, toujours dans les meilleurs rapports; on avait pour lui des ménagements, et il était très goûté. Mais il arrivait parfois qu'elles le prenaient à part dans un cabinet pour l'attifer un peu, avant l'arrivée des invités, quand tel ou tel détail de sa toilette lui allait mal ou était mis de travers.

Tous les vendredis à midi il allait faire une promenade de quelques heures avec Crelle. Alors il s'en donnait à cœur joie en parlant de mathématiques, « comme tu peux croire [1], et aussi rapidement que le permet ma langue mal façonnée à l'allemand. — Cependant je me tire d'affaire assez passablement. Il ne peut pas se mettre dans la tête que je puisse comprendre tout

[1] Lettre à Holmboe du 16 janvier 1826.

ce qu'il me dit, sans savoir moi-même parler correctement. » Steiner, un des fondateurs de la nouvelle géométrie synthétique, les accompagnait souvent dans ces promenades. Quand les passants les voyaient tous les trois, — raconte Geiser dans la biographie de Steiner, — ils se disaient : « Voilà Adam avec ses deux fils, Caïn et Abel. » Crelle avait, en effet, pour prénom Adam. Du reste, chacun des deux fils de son côté déplorait le peu d'aptitude de l'autre pour la vie mondaine.

Abel se félicite à maintes reprises d'avoir fait connaissance avec Crelle, « cet excellent homme ». « Tu ne pourrais croire », écrit-il à Holmboe, « quel homme remarquable c'est : juste l'homme tel que je le désirais pour moi, affable, sans être atteint de cette politesse rebutante avec laquelle tant d'hommes, d'ailleurs honorables, accueillent les gens. Je vis avec lui sans plus de gêne qu'avec toi et mes autres connaissances intimes. Il s'occupe beaucoup de mathématiques, ce qui est d'autant plus honorable pour lui que ses fonctions lui donnent beaucoup de travail. Dans ces dernières années il a publié plusieurs ouvrages mathématiques, qui me semblent très bons. » Abel indique les titres de plusieurs de ces livres qu'il a reçus en cadeau, et ceux d'autres ouvrages du même auteur qu'il s'est procurés lui-même, et qu'il enverra en Norvège au printemps pour les confier à la garde de Holmboe, ne pouvant naturellement les emporter avec lui dans son voyage. C'était à cause des qualités de la forme, sans doute, qu'il trouvait du plaisir à la lecture des travaux publiés par Crelle.

Dans la première entrevue — et dans celles qui se succédèrent fréquemment, et qui, au dire de Crelle, étaient devenues quotidiennes — Crelle parla beaucoup du triste état des mathématiques en Allemagne. Abel signala aussi de son côté les bibliothèques de Berlin comme laissant beaucoup à désirer; il ne semble pas non plus s'être soucié d'assister aux cours de mathématiques des professeurs de cette ville. La précédente tentative faite par Crelle d'introduire quelque vie dans la science par l'organisation de réunions scientifiques dans sa propre maison, avait complètement échoué, et cela, disait-on, par l'arrogance insupportable d'un seul des sociétaires, le physicien Ohm. Toutefois il semblait que dans un prochain avenir une période plus favorable allait commencer. Lorsqu'Abel exprima son étonnement de ce qu'il n'existât en Allemagne aucun journal mathématique, comme il en existait en France depuis plusieurs années, Crelle répondit que depuis longtemps il avait le dessein d'entreprendre la rédaction d'un semblable recueil; il songeait à mettre aussitôt que possible ce projet à exécution.

L'arrivée d'Abel, ainsi que celle de Steiner, et les nombreux travaux qu'Abel désirait voir publier étaient naturellement un secours très opportun pour la fondation d'un journal scientifique, et cette fondation fut décidée. L'existence de riches matériaux, que l'on devait s'empresser sans doute de mettre à la disposition des rédacteurs, fut un motif déterminant de la résolution qui fut prise de se lancer le plus tôt possible, et même immédiatement (au commencement de 1826) dans cette affaire. En tous cas, cela contribua à un haut degré à assurer la publication du journal dans les premiers temps. D'autre part, c'était pour Abel lui-même un événement d'une haute importance; il avait maintenant une position qui lui permettait en toute occasion de faire imprimer tel ou tel de ses travaux de moindre étendue, et pour les mémoires plus considérables, à mesure que son nom deviendrait de plus en plus connu, il pouvait espérer de leur trouver un éditeur.

Abel se mit aussitôt à l'œuvre pour la rédaction de ses matériaux. Dès le commencement de décembre 1825, il avait déjà mis au net quatre mémoires; au milieu de janvier de l'année suivante 1826, six mémoires étaient prêts, tous écrits en français. Mais Crelle eut « la galanterie » de les traduire pour lui. « Ainsi mes bribes de français m'ont rendu bon service. »

Crelle exprima d'ailleurs son opinion sur la forme de ces mémoires en disant qu'il les trouvait très clairs et très bien écrits, ce qui réjouit vivement le jeune auteur, qui appréhendait toujours de ne pouvoir sans difficulté exprimer ses pensées d'une manière convenable. Cependant Crelle lui conseilla de donner un peu plus de développemments, « surtout ici, en Allemagne.... Il m'a aussi offert, pour mes mémoires, des honoraires sur lesquels je n'avais naturellement pas compté, mais que je n'ai pas voulu recevoir; j'ai cru cependant remarquer qu'il eût mieux aimé que j'eusse accepté [1]. »

Abel ayant maintenant ses entrées dans un journal scientifique, parmi les travaux dont il s'occupa avec ardeur, il commença par revenir sur la question de l'impossibilité de la résolution (à l'aide des radicaux) des équations algébriques générales, d'un degré supérieur au quatrième.

Il reprit son ancien mémoire de Christiania, encore peu connu, pour le soumettre à un nouveau travail. Après les revers qu'il avait éprouvés et les jugements inadmissibles que ces revers avaient provoqués, il chercha maintenant à développer sa démonstration avec plus de détails qu'il n'avait dû se contenter de faire aux jours difficiles d'autrefois, quand il publia son travail dans son pays natal. La position de gêne économique où il se trouvait avait aussi contribué, d'après le récit de Hansteen, d'une manière très sensible à la forme malheureusement écourtée de cette note, Abel ayant dû supporter seul avec ses ressources si limitées, tous les frais qu'entraînait l'impression. Peut-être aussi dans le dessein que formait Abel de perfectionner ce travail, entrait pour une part le désir de combler une véritable lacune, qui pouvait très bien, comme nous l'avons dit plus haut, avoir autrefois échappé à son attention. Crelle avait dit de ce Mémoire qu'il faisait honneur à l'auteur; cependant il ne pouvait pas entièrement le comprendre. « Il m'est si difficile », écrit Abel, « de m'exprimer tout-à-fait intelligiblement dans cette matière, sur laquelle on a encore si peu travaillé à ma façon ! »

Depuis son arrivée à Berlin, il s'était déjà proposé encore un nouveau problème dans le même ordre d'idées, celui de déterminer toutes les équations, qui sont résolubles algébriquement.

---

(1) Lettre à Holmboe du 16 janvier 1826.

La manière heureuse dont il avait surmonté les difficultés dans la démonstration de l'impossibilité de résoudre algébriquement les équations de degrés supérieurs tout à fait générales — difficultés que les plus grands géomètres des temps passés s'étaient en vain efforcés d'écarter — l'avait ainsi amené de bonne heure à se poser un problème d'une nature plus positive, mais constituant d'ailleurs l'entreprise la plus audacieuse; et cela, il faut bien le remarquer, dans les circonstances où la possibilité, au moins partielle, de l'exécution n'était plus déjà une vaine imagination, où le travail dépensé à cette œuvre n'était plus un vain gaspillage de forces, mais où le terrain était soigneusement préparé, et les moyens d'action les plus puissants étaient mis en usage. La solution progressive de ce vaste problème, qui naturellement se rattache au précédent et le complète, est sans aucun doute de la plus haute importance pour les progrès ultérieurs de l'analyse mathématique.

« Je ne suis pas encore tout à fait prêt », écrit Abel à Holmboe; « mais, autant que je puis comprendre, cela ira bien. Tant que le degré de l'équation est un nombre premier, cela n'offre pas une bien grande difficulté; mais quand c'est un nombre composé, alors le diable s'en mêle. J'ai fait des applications à des équations du cinquième degré, et j'ai résolu heureusement le problème pour ce cas. J'ai trouvé un grand nombre d'équations, outre celles que l'on connaissait déjà, qui peuvent se résoudre. Quand j'aurai terminé le mémoire comme je le désire, je me flatte qu'il sera bon. Ce travail en tous cas est quelque chose de général; on y trouvera de la méthode, et c'est ce qui me paraît le plus important. »

En dehors des divers *problèmes* qu'Abel, à cette époque, s'était proposé de résoudre ou avait effectivement résolus, mais que nous nous dispensons de mentionner comme relativement moins essentiels, il est un autre travail d'une importance hors ligne, qui maintenant l'occupera longtemps. Et certainement, bien qu'il semble à première vue tenir une petite place dans ses écrits, ce travail spécial a exercé l'influence la plus considérable sur son œuvre scientifique. Un coup d'œil rétrospectif, auquel peu à peu il avait été forcément conduit par tant d'essais hardis, et pas toujours heureux, pour reculer les limites de la science, lui fit voir de plus en plus les points faibles du système tout entier des mathématiques de l'époque, surtout quand il s'agissait de pénétrer dans des régions plus élevées, jusque-là inaccessibles aux efforts des chercheurs et où les anciennes idées n'étaient pas toujours suffisantes. En maint endroit il fallait consolider les fondements et épurer les conceptions, si l'on voulait avec sûreté continuer l'édifice.

Il faut voir avec quelle rudesse il s'attaque aux extravagances de la science. « Les séries divergentes », dit-il avec sa manière originale et parfois un peu brutale, « sont en bloc une invention diabolique, et c'est une honte que l'on ose fonder là-dessus une démonstration quelconque. On peut, avec leur secours, établir tout ce qu'on voudra, et ce sont elles qui ont donné naissance à tant de déceptions et à tant de paradoxes. Peut-on imaginer quelque chose de plus affreux que de dire que.... Tout cela m'a fait lever les yeux avec une vraie consternation; car, si l'on excepte les cas les plus simples, tels que les séries géométriques, il n'existe, dans toutes les mathématiques, presque aucune série infinie dont la somme soit déterminée rigoureusement; en d'autres termes, ce qu'il y a de plus important en mathématiques ne repose sur aucun fondement. La plupart des résultats sont justes, il est vrai, et c'est un fait extrêmement étonnant. Je fais mes efforts pour en découvrir la raison. C'est un problème excessivement intéressant. — Je ne crois pas que l'on pût me proposer beaucoup d'énoncés où il entrerait des séries infinies, et dont la démonstration ne me fournît pas matière à des objections fondées. Fais-le, et je te répondrai. — La formule de binôme elle-même n'est pas encore démontrée rigoureusement. J'ai trouvé que, etc... Le théorème de Taylor, fondement de toutes les hautes mathématiques est tout aussi mal établi. Je n'en ai rencontré qu'une seule démonstration rigoureuse; c'est celle de Cauchy dans son *Résumé des leçons sur le Calcul infinitésimal.* »

Vers le même temps, Abel préparait aussi un mémoire très remarquable concernant la série du binôme. Il avait choisi comme objet d'une étude approfondie un des fondements les plus essentiels des hautes mathématiques. Ce mémoire est en outre un témoignage spécial de la sagacité et de la pénétration de l'auteur et de sa finesse critique. Là aussi il ouvre une campagne contre le manque de rigueur avec lequel on opère en toute sécurité au moyen des séries infinies, comme s'il s'agissait d'expressions finies, en même temps qu'on se sert des séries divergentes pour calculer des valeurs numériques, procédé, dit-il, « avec lequel on peut démontrer tout ce que l'on veut, l'impossible aussi bien que le possible. » Le principal mérite de ce travail réformateur sur le problème du binôme n'appartient pas cependant exclusivement à Abel; il n'y a même pas pris la part prédominante. Son mémoire s'appuie en réalité sur l'important ouvrage déjà cité de Cauchy, le *Cours d'Analyse,* publié à Paris quelques années auparavant, en 1821. Cauchy avait lui-même travaillé sur le même terrain, en devançant ainsi Abel, qui évidemment avait pris cette direction sous l'influence du grand géomètre français; il s'y était montré comme un réformateur de la science, établissant des règles pour la convergence des séries infinies, et proscrivant tout emploi des séries divergentes. Cauchy, bien qu'avec moins de détails et avec moins de profondeur et de pénétration que son successeur, ne se contente pas d'étudier encore généralement cette série fondamentale pour les valeurs réelles et imaginaires de la variable, mais il la considère encore pour les valeurs critiques, où sa détermination cesse définitivement d'exister.

Un autre objet non moins digne d'attention est une remarque, faite dans le même travail, et d'après laquelle Cauchy, dans son excellent ouvrage, énonce un théorème dont il semble que l'évidence soit *très facile* à saisir, mais qui n'en est pas moins *douteux;* ce théorème concerne la détermination de la continuité d'une fonction, lorsqu'elle se présente comme la somme d'une série, composée uniquement de fonctions partielles continues. Quand on sort du domaine algébrique, pour entrer dans un terrain complètement étranger, alors, comme on le constate par un exemple emprunté aux séries trigonométriques, on voit cesser en réalité cette généralité supposée. Et ce fait, qui, si invraisemblable qu'il pût alors paraître au premier abord, n'avait pourtant pas échappé à l'œil pénétrant du jeune mathématicien, devait aussi jouer un grand rôle dans les progrès de la science. Avant toutes choses, un résultat important, c'était que les recherches, qui jusqu'à cette époque ne s'étaient guère attachées à de pareilles propriétés des fonctions, transportassent leur action sur un terrain plus élevé. Cette transformation n'est pas due seulement aux travaux d'Abel et de ses successeurs, mais aussi aux études auxquelles a conduit le développement de la physique mathématique, et particulièrement la théorie de Fourier sur la propagation de la chaleur dans les corps solides conducteurs.

Dans une lettre postérieure, au professeur Hansteen, il revient sur ce sujet, en continuant ainsi son important travail de révision dont il s'était manifestement occupé depuis quelque temps, non seulement avec beaucoup d'ardeur, mais aussi avec un succès marqué; car déjà en janvier il écrit à Holmboe que cela va bien et « que cela l'intéresse énormément. » Dans la lettre de Dresde déjà citée, en date du 29 mars, il s'explique sur ce sujet pour la seconde fois, et il exprime ses idées en termes remarquables.

« Je me réjouis infiniment », dit-il, « de rentrer dans ma patrie et d'y trouver les moyens de travailler tranquillement. J'espère que cela finira par bien marcher. Les matériaux ne me feront pas défaut d'ici à plusieurs années; j'en récolterai bien quelques-uns en voyage; car juste en ce moment il y a beaucoup d'idées qui me trottent dans la tête. Les mathématiques dans leur plus pure acception devront faire à l'avenir mon seul sujet d'études. Toutes mes forces seront employées à porter la lumière dans la monstrueuse obscurité qui incontestablement règne aujourd'hui sur l'*Analyse*. Elle manque si complètement de plan et de système, qu'il est en vérité grandement surprenant que tant de gens puissent se livrer à son étude, et ce qu'il y a de pire ici, c'est qu'elle n'est nullement traitée avec rigueur. On trouve excessivement peu de propositions dans la haute Analyse qui soient démontrées d'une manière incontestablement rigoureuse. Partout on rencontre la déplorable coutume de conclure du particulier au général, et il est extrêmement remarquable que, d'après cette manière de procéder, on n'aboutit que rarement à ce qu'on appelle des paradoxes. Il est vraiment très intéressant de chercher la cause de ce résultat. — D'après mes idées, cela tient à ce que les fonctions dont l'Analyse s'est occupée jusqu'ici peuvent le plus souvent s'exprimer par des *puissances*. — Dès qu'il s'en présente parfois d'autres, cas, il est vrai, qui ne se rencontre pas souvent, les choses ordinairement ne vont plus bien, et les fausses conclusions font naître alors un enchaînement d'une multitude de propositions inexactes. — J'ai examiné à fond plusieurs de ces résultats, et j'ai été assez heureux pour tirer la chose au clair. Pour peu que l'on procède d'une manière générale, cela marche assez bien; mais j'ai dû être particulièrement circonspect; car les propositions une fois admises sans démonstration rigoureuse (c'est-à-dire sans démonstration) ont poussé dans mon cerveau de si profondes racines qu'à chaque instant je suis exposé à m'en servir sans examen suffisant. Ces petits travaux paraîtront dans le journal publié par Crelle.»

III.

Nomination de Holmboe. — La colonie norvégienne. Sombres dispositions.

Tout au commencement du séjour d'Abel à l'étranger, une chaire de Mathématiques devint vacante à l'Université, par suite de la retraite de Rasmussen. Le vendredi 6 décembre 1825, la Faculté de philosophie fut convoquée à ce sujet, et le doyen donna connaissance d'une lettre du Sénat en date de la veille, « invitant la Faculté à présenter une personne capable, pour occuper la chaire de Mathématiques vacante à l'Université ». On convint de proposer pour ce poste le lecteur de l'École cathédrale de Christiania, Bernt Holmboe; « mais en même temps de signaler l'étudiant N. Abel comme un homme qui par son talent pour les mathématiques et ses grandes connaissances scientifiques, pourraît être un candidat sérieux à cette chaire; que toutefois on ne pourrait, sans porter préjudice à ses études, le rappeler du voyage qu'il venait d'entreprendre à l'étranger, et qu'il ne semblait pas non plus aussi convenable de s'adresser à l'intelligence d'un jeune étudiant qu'à celle d'un maître plus exercé ».

Dans la lettre du Sénat au vice-chancelier de l'Université, datée du 16 décembre 1825, on lit, à propos de la même question, ce qui suit : « Conformément à l'avis émanant du département des affaires ecclésiastiques, en date du 28 du mois dernier, et invitant le Sénat à faire une proposition pour la nomination à la chaire de Mathématiques vacante dans l'Université, le Sénat, d'accord avec l'opinion émise par la Faculté de philosophie, a l'honneur d'appeler l'attention sur deux hommes que leurs connaissances rendent tout-à-fait dignes d'occuper ce poste, savoir, le lecteur de l'École supérieure de Christiania, Bernt-Michael Holmboe, et l'étudiant Niels Abel.

» Le premier, dans les huit années qu'il a passées comme lecteur de mathématiques à l'École supérieure, a fait preuve chaque jour d'une remarquable capacité, et en même temps il a montré, par les écrits qu'il a publiés, qu'il possède une connaissance étendue et profonde des mathématiques. De plus, ayant depuis dix ans servi d'aide (1) au professeur Hansteen, il est avantageusement connu dans l'Université par la solidité de ses connaissances et son habileté.

» Le Sénat a eu également l'occasion de connaître le rare talent de l'étudiant Abel pour les mathématiques et ses grands progrès dans cette science, tant par les cinq années d'études qu'il a faites ici que par les mémoires qu'il a publiés. On devra seulement remarquer qu'il est actuellement absent pour un voyage à l'étranger, qu'il a entrepris l'été dernier, et que l'on ne pourrait maintenant lui faire interrompre sans porter préjudice à l'avancement de ses études; et en même temps le Sénat croit pouvoir conclure de la nature d'esprit d'Abel qu'il lui serait difficile de savoir accommoder son enseignement à l'intelligence des jeunes étudiants, et par suite qu'il ne pourrait pas enseigner les éléments des mathématiques, qui font l'objet principal de cette chaire, avec le même fruit qu'un maître plus exercé, tandis qu'il serait, au contraire, préférable pour lui d'occuper une chaire de hautes mathématiques, que l'on peut espérer avec le temps voir fonder dans notre Université.

» Par ces raisons, le Sénat estime devoir recommander de préférence, pour la chaire vacante, la nomination du lecteur Holmboe; mais il considère aussi comme un devoir de faire observer combien, au point de vue de la science en général et de notre Université en particulier, il importerait que l'on ne perdît pas de vue l'étudiant Abel. »

Comment furent jugés plus tard, à un autre point de vue, les motifs allégués par le Sénat, lorsqu'ils furent connus du public, à la suite d'une explication du Sénat insérée dans le *Morgenblad*

(1) *Amanuensis.*

du 16 décembre 1829 et provoquée par une assertion de Boeck dans sa Note sur le nécrologe d'Abel rédigé par Holmboe, — on en pourra juger par les lignes suivantes envoyées par leur auteur au même journal le 15 février suivant.

Cet article, l'œuvre probablement d'un jeune étudiant, nous semble devoir être reproduit ici dans son entier, comme une image caractéristique de l'époque, servant à expliquer les relations qui régnaient dans notre Université. Cette pièce, seul témoignage, à côté de l'assertion de Boeck, qui constate que cette affaire ait alors ému l'opinion publique, mérite bien qu'on lui accorde une place dans un tableau de la vie d'Abel tracé pour ses compatriotes et pour le public scandinave.

L'article contient une attaque contre Holmboe, si toutefois elle ne s'adresse pas plutôt à Rasmussen; mais nous pourrons le transcrire ici, sans que l'honneur de Holmboe en soit atteint. Car une leçon bien réussie dans la chaire ne constitue pas tout le mérite de celui qui enseigne, et quand même nous n'aurions pas d'autres témoignages sur les services rendus comme professeur par cet homme consciencieux et honorable, il nous suffirait surabondamment d'invoquer le témoignage d'Abel lui-même, dont il avait dirigé l'éducation scientifique dans la bonne voie et avec un tact réel.

« Autant j'ai reconnu vraie », dit l'auteur anonyme, « la remarque du lecteur Boeck sur le nécrologe d'Abel par Holmboe, autant ma manière de voir sur ce sujet est peu d'accord avec l'article publié dernièrement par le Sénat dans le *Morgenblad* et la *Patrouille*.

» Ç'a été sans doute l'intention du Sénat de démontrer la fausseté de l'assertion de Boeck, qu' « Abel, après avoir complété » ses études, n'a pas rencontré dans l'Université de Norvège les » encouragements auxquels son talent extraordinaire lui donnait » droit de s'attendre » ; mais cette démonstration, à mon avis, n'est pas réussie.

» Que depuis l'époque où Abel était étudiant, il ait été fait beaucoup pour lui, tant par la générosité de quelques particuliers que par les secours de l'État, c'est ce qu'on ne peut contester. Mais quel pouvait être le but de ces encouragements, si l'on ne voulait pas arriver à une conclusion, en lui assurant à l'Université un traitement convenable, suivant le plan dressé autrefois? C'est certainement en grande partie à cause de ces encouragements qu'il s'était exclusivement consacré aux mathématiques, au lieu de se choisir un gagne-pain quelconque, et il s'est ainsi trouvé dans une très désagréable position, en se voyant déçu dans ses espérances légitimes.

» On n'a pourtant pu concevoir l'idée d'encourager Abel à perfectionner son instruction en vue d'occuper une chaire dans une Université étrangère! Il me semble d'ailleurs vraisemblable que notre Université est trop jeune et trop pauvre en génies aussi élevés qu'était Abel. C'est pousser trop loin la libéralité que de dépenser en cadeaux ce dont on devra bientôt manquer soi-même.

» Pourquoi Abel n'a-t-il pas été nommé professeur de mathématiques pures aussitôt après la retraite du professeur Rasmussen?

» 1° Parce qu'il était à l'étranger, et que l'on ne pouvait pas attendre son retour;

» 2° Parce qu'il n'aurait pas su se mettre à la portée de l'intelligence des jeunes étudiants. — Telles sont les raisons que l'on donne.

» Quand la chaire en question devint vacante, Abel était déjà depuis six mois à l'étranger, et la durée totale de son voyage a été environ d'une année et demie. On n'avait par conséquent qu'une année à attendre. N'aurait-on pas pu s'arranger de quelqu'autre manière jusqu'à son retour? Le seul professeur titulaire de Chimie de l'Université était bien resté déjà plus longtemps à l'étranger; depuis, il a été envoyé en Danemark pour régler des comptes touchant les caisses de veuves; et pourtant les deux fois on s'est tiré très bien d'affaire en son absence.

» Il en est encore de même aujourd'hui, pour ne pas parler des absences qui se sont produites dans l'intervalle. Le seul professeur titulaire de Mathématiques de l'Université est depuis plus d'un an en Sibérie, et l'on s'aide comme on peut pendant ce temps-là.

» Le premier motif ne paraît donc pas suffisant pour avoir

nommé un autre à la place d'Abel et avoir ainsi enlevé à celui-ci toute occasion d'occuper une chaire dans l'Université de son pays.

» L'autre motif était qu'il ne se serait pas mis à la portée de l'intelligence des jeunes étudiants.

» Et d'où savait-on cela, et quelle preuve avait-on à l'appui de ce jugement?

» Sans parler de plusieurs élèves qu'Abel a préparés à l'*examen artium* et à l'*examen philosophicum* et qui ont déclaré que son enseignement était très clair, j'en ai moi-même fait l'épreuve. Après avoir passé inutilement deux années à suivre sans profit les leçons *ex cathedra* d'un maître, qui, lui, était *médiocrement doué,* je m'adressai à Abel, en le priant de m'ôter, s'il se pouvait, l'aversion pour les mathématiques qui bien mal à propos s'était emparée de moi à la suite de mes longs et infructueux efforts. Abel s'y prit avec moi de telle manière que je parvins en trois mois à me mettre à un certain point dans la tête l'algèbre, la théorie des fonctions, les principes de la théorie des équations de degré supérieur, ainsi que le calcul différentiel et intégral; je prenais même beaucoup de plaisir en appliquant le calcul différentiel et intégral à la démonstration des théorèmes de stéréométrie et de trigonométrie.

» Dès lors je n'ai pas besoin de dire que je trouvais son enseignement très clair et sa méthode très pratique.

» Tu n'es plus parmi nous, mon pauvre ami, et tu n'as pas besoin de l'appui de mes faibles paroles. J'aurais volontiers consacré encore quelques lignes à ta mémoire; mais des voix plus puissantes que la mienne ont déjà depuis longtemps rendu hommage à ton souvenir, et je dois me contenter d'ajouter que je n'oublierai jamais la bonne humeur et la cordialité que tu as toujours montrées dans les nombreuses et diverses situations où nous nous sommes rencontrés. »

Les propositions de la Faculté de philosophie et du Sénat, de même que les raisons à l'appui, peuvent nous paraître singulières, et peut-être incompréhensibles. Pour ne pas nous laisser entraîner à un jugement injuste, il faut nous reporter un instant en arrière, à l'époque où la chose était en délibération.

Peut-être le choix de la bonne solution nous paraîtra bien autrement embarrassant alors qu'on ne serait disposé à le croire maintenant, avec notre nouvelle manière d'envisager les faits.

Bien des raisons, en effet, portaient à supposer qu'Abel, comme le plus jeune, devait céder le pas à son maître habile et érudit. Il n'était pas encore parvenu à fixer sur lui l'attention du public, et bien moins surtout à la célébrité. Ses travaux scientifiques, comme nous l'avons vu, n'étaient pas exempts de taches, bien que d'autre part de nombreux indices parussent indiquer que son œuvre promettait pour l'avenir, qu'elle serait même lumineuse. Chez le mathématicien juvénile on ne pouvait pas encore compter en toute sûreté que l'on rencontrerait cette prévoyante circonspection qui, quelque difficilement qu'elle se trouve unie avec l'audace et la fermeté inébranlable de conception, n'en est pas moins exigée des hommes de science comme une qualité essentielle. Car le génie sans frein n'aboutit souvent qu'à de longs et déplorables bouleversements.

Il avait, à cette époque, obtenu certainement un grand résultat, *un* au moins, ou il était sur le point d'y mettre la dernière main; mais nous avons vu que de tous côtés on l'accueillait avec méfiance. Hansteen même, le puissant protecteur d'Abel, chez qui l'échec du jeune débutant n'avait pas altéré l'opinion favorable qu'il avait conçue sur sa capacité mathématique, Hansteen, dans la lettre de recommandation qu'il avait écrite à l'occasion de la demande de la subvention de voyage, n'avait pas dit un seul mot de son remarquable mémoire sur l'équation du cinquième degré, qui aurait dû, au contraire, être cité comme le plus puissant titre en sa faveur, si Hansteen avait cru pouvoir garantir qu'Abel ne s'était pas trompé une fois de plus.

Parmi les objections qu'on avait faites à sa nomination, il en est une cependant qui mérite particulièrement d'être examinée de près : « On croyait avoir reconnu dans un côté de ses aptitudes, une répugnance à se mettre à la portée de l'intelligence des jeunes étudiants, d'où il s'ensuivait qu'il ne pourrait pas enseigner les éléments des mathématiques, qui font l'objet principal de cette chaire, avec le même fruit qu'un maître plus exercé. ». Il est possible que pendant quelque temps il n'eût pas su s'accommoder à l'état des connaissances de ses élèves, auxquels il aurait supposé plus de science qu'ils n'en avaient. Une telle illusion est souvent une pierre d'achoppement pour les esprits précisément les *mieux doués*, tant qu'ils n'ont pas acquis une pratique et une expérience suffisantes dans l'exercice même de leur enseignement. Une chose, en attendant, est absolument hors de doute, quoiqu'il allègue modestement sa timidité : c'est *précisément* la clarté limpide et « naïve » d'Abel, qui nous garantit que lui aussi, quand le temps serait venu, aurait rempli avec distinction ses fonctions de professeur. Toujours il avait soin de revenir sur les éléments quand les notions mathématiques étaient confuses, et de consulter les auteurs classiques quand il fallait éclaircir et creuser plus avant le sujet. Avec cette manière de voir relativement aux causes principales, qui font gaspiller tant de forces, et aux conditions du véritable progrès, il aurait rapidement appris l'art d'adapter son talent hors ligne au niveau intellectuel des étudiants. Plus tard, chargé de l'enseignement de l'Astronomie pendant le séjour de Hansteen en Sibérie, il ne faisait pas comme ceux qui accablent les étudiants de développements mathématiques; il en donnait le moins qu'il lui était possible.

Quant à Holmboe, il se trouvait dans la position fausse qu'avait causée la non-élection d'Abel, et aussi longtemps qu'il ne se voyait pas délié par la création d'une chaire en faveur de celui-ci, il y restait engagé malgré lui. Avec les liens d'amitié qui l'attachaient, après comme avant, à son illustre élève, il lui avait été certainement pénible d'obstruer pour l'avenir la carrière d'Abel. Mais Holmboe, il faut s'en souvenir, fut appelé par l'Université; c'est lui qui fut désigné, et non son disciple. Sans doute Hansteen, le bienveillant protecteur des deux concurrents, a fait valoir en faveur de son aide préféré l'idée avec laquelle plus tard il voulut encourager Abel — pour lui procurer un instant de consolation et d'espoir, — celle de la création, dans un avenir pas trop lointain, d'une nouvelle chaire de mathématiques. Cette idée avait été aussi indiquée expressément dans la proposition du Sénat pour la nomination à la chaire vacante.

La tradition raconte d'ailleurs, que cela soit vrai ou non — et cela confirmerait une fois de plus, s'il en était besoin, les relations si exceptionnellement amicales qui ne cessèrent jamais de subsister entre l'ancien élève et le professeur, — elle raconte, dis-je, que Holmboe aurait voulu renoncer à sa candidature au profit de celle d'Abel. Personne, sans aucun doute, à cette époque n'était mieux à même d'apprécier l'éminent talent scientifique de son disciple, bien que certainement il ne pût encore deviner quelle hauteur il avait atteinte déjà et devait encore dépasser plus tard. Homlboe n'aurait cédé que devant la menace qu'on aurait faite de s'adresser à un étranger. Ce dernier détail est peu croyable, et ce n'est probablement qu'un embellissement ajouté au récit. Car si l'on donnait la préférence à Holmboe, ce n'était pas certainement que, malgré la tournure malheureuse donnée par la Faculté et le Sénat aux motifs à l'appui de leur présentation, ces deux corps fussent inflexiblement opposés au choix du second candidat; on le trouvait seulement trop jeune et trop inexpérimenté.

C'était le 16 janvier 1826. Abel était précisément occupé à sa correspondance avec Holmboe. Il rédigeait pour celui-ci ses remarques critiques et d'une grande portée concernant les imperfections que présentait alors l'état des mathématiques, et les réformes fondamentales qui restaient à faire. Il était à l'instant même en train de choisir un exemple pour faire clairement voir quelle circonspection il faut apporter dans les raisonnements.

A ce moment entre un compatriote, qui lui apporte la nouvelle définitive, mais non imprévue, de la nomination faite à la chaire vacante du candidat proposé par l'Université, le lecteur Holmboe.

Les lignes suivantes, simples et naturelles, nous montrent

comment Abel accueillit la nouvelle, si peu propre à le réjouir, d'un événement qui semblait pour toujours lui fermer la carrière au profit de son ancien maître.

« J'en étais à ces mots », écrit-il en continuant sa lettre, « quand Maschmann est entré chez moi ; et comme je n'avais pas reçu depuis longtemps des lettres du pays, je me suis arrêté pour lui demander s'il n'avait pas quelque chose pour moi ; car c'est lui qui m'apporte toujours ma correspondance ; mais il n'y avait rien. C'était lui au contraire qui avait reçu une lettre, et entre autres nouvelles il m'a raconté que toi, mon ami, tu es nommé lecteur à la place de Rasmussen. Reçois mes plus sincères félicitations, et sois très certain qu'aucun de tes amis ne s'en réjouit plus que moi. Tu peux bien croire que j'ai souvent souhaité un changement dans ta situation ; car rester maître dans une école, c'eût été horrible pour quelqu'un qui s'intéresse si vivement à sa science.

» Et maintenant tu vas t'occuper sérieusement de te choisir une bien-aimée, n'est-ce pas ? »

Abel — après avoir envoyé des salutations à ses amis — reprend son exemple commencé. Cet exemple est d'ailleurs remarquable en ce qu'il a été particulièrement signalé (par Dirichlet) comme un témoignage de la finesse d'esprit de son auteur.

La lettre se termine par ces mots : « Je désirerais bien être à la maison ; car je m'ennuie terriblement. Écris-moi enfin une longue lettre sur toute espèce de choses. Dépêche-toi vite, aussitôt ma lettre reçue. — Demain j'irai au théâtre voir la *Belle Meunière*. Adieu, salue mes connaissances. Ton ami

» N.-H. Abel. »

La lettre suivante à Mme Hansteen est écrite du même jour qu'il envoya sa lettre de felicitation à Holmboe. C'est un petit billet, évidemment inséré dans une autre lettre, occupant la moitié d'une page in-octavo, et écrit en long et en travers.

« Je vous suis tellement attaché, chère Mme Hansteen, que je ne puis me dispenser de vous envoyer au moins quelques courtes lignes. Mais aussi soyez bonne pour moi. Je crains tellement que vous ayez cessé de l'être, car je n'ai encore reçu aucune nouvelle de vous, et je serais si heureux d'en recevoir! Cependant j'ai bon espoir; car ma bien-aimée m'a écrit que vous aviez l'intention de m'honorer d'une petite lettre. J'ai aussi une autre raison d'espérer : j'ai rêvé cette nuit que j'avais reçu une lettre de vous, et il m'est impossible de ne pas croire que mon rêve ne se réalise pas; il me semble que j'étais si content!

» Hier j'ai vu la favorite de votre mari, Mme Seidler, dans la *Belle Meunière,* et elle était vraiment charmante. — Quand vous écrirez à votre sœur, Mme Frederichsen, n'oubliez pas de la saluer de ma part. J'ai longtemps eu l'intention de lui écrire, car elle me l'avait permis; mais je ne sais trop si j'oserai le faire. — Elle est un peu difficile, et je me considère en vérité comme un grand lourdaud (1). N'oubliez pas non plus de saluer votre mère ainsi que Mlle Rosenstand. — Il me tarde beaucoup d'avoir des nouvelles de Norvège. Imaginez-vous que je n'ai pas reçu de réponse de ma bien-aimée à mes deux dernières lettres; aujourd'hui j'en écris une troisième. Je suis vraiment un peu inquiet, mais je rejette encore la faute sur la poste. — Aux fêtes de Noël je suis allé au bal chez le conseiller intime Crelle; mais je n'ai pas osé danser, bien que je fusse élégamment mis comme je ne l'avais jamais été. Me voyez-vous tout neuf de la tête aux pieds, avec un double gilet, un col empesé et des lunettes? Vous devez trouver que je commence à suivre les avis de votre sœur; j'espère être complet quand j'arriverai à Paris. Je voudrais bien y être allé et être de retour au pays! C'est pourtant si singulier de se trouver au milieu d'étrangers! Dieu sait comment je pourrai y tenir, lorsque je me trouverai séparé de mes compatriotes! Cela aura lieu au commencement du printemps. — Saluez enfin Charite bien cordialement, ainsi que ma sœur et mon frère. J'ai écrit à celui-ci il y a trois semaines par l'intermédiaire de ma bien-aimée. Il doit avoir reçu ma lettre. Je lui ai fait mes

---

(1) En stor Trompeter.

meilleures exhortations. Je veux espérer que tout ira pour le mieux. Il y a en lui un fond de bon naturel; mais il a honte. — En cela je lui ai bien ressemblé, mais je ne suis pas si roide.

» Adieu, chère madame, et deux petits mots de réponse, ou je n'oserai plus vous écrire.

» Votre

» N. ABEL. »

Le post-scriptum suivant est écrit en travers sur la première page :

« Dans ma lettre au professeur, Dieu sait que c'est bien involontairement, j'ai peut-être employé des expressions qui peuvent lui avoir déplu. Soyez mon avocat dans cette affaire, et excusez-moi le mieux que vous pourrez. Portez-vous bien et saluez Charite. »

Par un singulier effet du hasard, Abel, avec ses deux compagnons de voyage, était venu se loger dans la maison même habitée par Hegel. Son adresse était Kupfergraben, n° 4, dans le voisinage de la Sprée. Au-dessous d'eux, d'après les récits, était un débit de bière; à l'étage supérieur résidait le philosophe allemand. Cependant Abel lui-même ne dit rien de cette coïncidence dans ses lettres à Hansteen ou à Holmboe.

Les deux philosophes menaient là côte à côte, chacun dans sa direction spéciale, leur existence laborieuse : Abel tantôt lisant sans interruption et en masse les gros in-quarto qu'il était allé chercher dans les bibliothèques, et y découvrant des vices de déduction; d'autres fois, plongé dans ses méditations ou occupé sans relâche à les rédiger. Au-dessus de lui, un autre monde de pensées, construisant de vastes et obscurs systèmes, mais probablement n'ayant aucun soupçon que dans la même maison habitait un génie de la force du sien.

C'était à ce moment, d'après le récit de Boeck, qu'Abel se voyait arrêté tout à coup dans ses recherches — pendant ou peu de temps avant l'impression d'un de ses Mémoires pour le *Journal*. Une difficulté insoluble s'était rencontrée sur son chemin et le mettait au désespoir. Il est assez probable que c'était la lacune existant dans la démonstration de son mémoire sur l'équation du 5e degré, et dont il venait de s'apercevoir tardivement. Peut-être s'était-il encore trompé, et il ne restait plus de son édifice qu'un château en l'air !

Une nuit où il s'était mis au lit agité et incapable de dormir, toujours, toujours pensant, il lui vient tout à coup une idée : c'était le mot de l'énigme. Dans le transport de sa joie, il alla réveiller Boeck, qui dormait tranquillement, pour lui raconter son heureuse découverte nocturne. Toutefois il ne voulut pas suivre l'avis judicieux de son camarade, d'allumer une bougie pour coucher sur le papier la découverte qui venait le tirer de peine.

Ce qui confirme encore davantage notre conjecture au sujet de la difficulté, cause de l'effroi d'Abel, ce n'est pas seulement l'indication de Boeck, désignant cette direction, mais surtout la circonstance que le mémoire en question est le second dans l'ordre des travaux publiés à cette époque, tandis que ceux qui le précèdent et qui le suivent immédiatement ne semblent pas contenir de passages assez scabreux pour avoir arrêté si longtemps un Abel.

Il n'était pourtant pas absorbé exclusivement par ses méditations mathématiques et ses profondes études. Dans la colonie on s'égayait aussi par des causeries et des discussions. Tank étant venu pour manger, à la mode de Norvège, les crêpes de Noël [1] avec ses compatriotes présents à Berlin, les discussions prirent bientôt une tournure plus élevée et plus philosophique. Tank, assis sur un tabouret au milieu de l'appartement, développait des idées sur la philosophie naturelle qui lui avaient été sans doute inspirées par Steffens, auprès duquel il avait été les chercher à Breslau, et chez qui il était logé dans ce moment. Abel se promène autour de lui, souriant, mais silencieux. Bientôt il entreprend l'orateur, en le serrant de près par son inexorable logique, et le forçant à se retirer dans ses retranchements de plus

---

(1) Bouillie de gruau.

en plus étroits. — A l'étage au-dessus, le grand philosophe est assis, méditant.

Parfois cependant l'entretien devenait assez vif et assez bruyant pour gêner un peu le voisin d'en haut, qui envoya prendre des informations par sa femme de service. Il s'imaginait que les joyeux sauvages qui habitaient juste au-dessous de lui se prenaient aux cheveux. Un jour que le tapage était trop violent, il demanda à l'hôtesse quelle espèce de gens c'étaient qui logeaient au-dessous de lui. « Des étudiants danois », lui répondit-on. « Des Danois, non! des ours de Russie (1)! » répliqua le sage hors de ses gonds.

Souvent Abel était d'humeur triste, bien qu'il cherchât à le dissimuler, nous dit Boeck, par une gaieté affectée et par un extérieur indifférent. Peu de personnes étaient pleinement admises à sa confidence, et dans la manifestation de son véritable caractère, il se montrait extrêmement réservé; ceux qui l'approchaient de plus près le connaissaient ou le jugeaient mal. Bien que son voyage à l'étranger fût pour lui une grande distraction, et qu'il se trouvât, à Berlin, très satisfait de l'accueil aussi agréable que profitable qu'il recevait chez Crelle, il n'en éprouvait pas moins de fréquents et violents accès d'une sombre mélancolie.

Il restait parfois des journées entières immobile et silencieux, triste et inactif. Quand on lui demandait ce qui lui manquait et s'il était malade, il répondait seulement : « Je suis sombre ».

Déjà, peu de temps après son arrivée à Berlin, on avait été informé dans la colonie que Rasmussen serait nommé caissier public, et qu'il en résulterait une vacance des fonctions qu'il allait quitter. Naturellement, on s'intéressait pour Abel. Cependant Abel lui-même trouvait convenable et naturel que Holmboe passât avant lui. D'après une phrase d'une lettre d'Abel à Hansteen,

(1) Nicht Dänen; es sind russische Bären!

sur laquelle nous reviendrons plus tard, on peut du reste conclure que, dans la correspondance entre Boeck et ce dernier, il y a eu aussi sur ce sujet quelques mots échangés, dont le contenu, après un intervalle de tant d'années n'a pu laisser aucun souvenir précis.

Rarement, est-il dit dans les réflexions de Boeck dont nous avons déjà parlé ([1]), rarement Abel paraissait avoir une lueur d'espoir qu'on lui assurerait une position suffisante ; le plus souvent toutes les représentations qu'on lui faisait ne parvenaient pas à le ramener à la gaieté. A sa table de travail il cherchait l'oubli de ses pensées sur l'avenir; ensuite il se levait de bonne humeur et l'esprit content. La satisfaction d'avoir mis au net telle ou telle proposition sur laquelle il avait travaillé, lui faisait oublier pendant quelques instants le monde extérieur : il était parfaitement heureux.

Nous avons vu dans quelles conditions de gêne, il avait grandi et accompli ses études universitaires; au commencement de sa vie d'étudiant, il n'avait subsisté que par la bonté et la compassion d'autrui. Après la mort de son père, sa famille s'était dispersée; sa sœur Elisabeth avait été recueillie dans la maison du conseiller d'état Treschow, et auprès de cette excellente famille elle se trouvait bien sous tous les rapports.

Mais quant à sa mère et à ses frères, aussitôt qu'il fut en état de se suffire à lui-même, il eut, avec ses minces ressources, sinon à les entretenir, du moins à leur venir en aide dans leur malheureuse position. Il n'y a donc pas lieu de s'étonner qu'il ait contracté avec plusieurs amis des obligations et des dettes, surtout avec l'infatigable générosité de Holmboe et l'affection maternelle de Mme Hansteen.

L'époque où nous sommes a été certainement un de ces courts instants de bonheur relatif, et l'on n'entend plus pour le moment de plaintes directes; on saisit seulement un reste d'impressions du temps passé, qui se font jour dans ses lettres à ses plus

([1]) Note til Holmboes Nekrolog.

intimes amis. Mais dans la position difficile où il pouvait se retrouver encore, à son retour dans son pays, ce petit pays pauvre et nouvellement ouvert à la culture intellectuelle, où il n'y avait pas de place pour ses plans à haute portée et pour ses mathématiques transcendantales, ce soulagement, d'un instant peut-être, ne pouvait lui permettre d'écarter de son esprit les préoccupations de l'avenir.

Un motif qui ne contribuait pas peu à provoquer ces accès de tristesse, c'est qu'il était fiancé depuis 1824, année de son départ de Christiania. C'était nous l'avons dit, à une demoiselle danoise, Christine Kemp, qu'il avait lié son avenir incertain, et il lui était attaché, d'après ce que nous apprend Boeck, par une tendresse plus vive qu'il ne voulait le faire paraître devant la plupart de ses connaissances.

Pour se préparer un avenir plus tranquille, — en admettant toutefois que cela fût réellement compatible avec la tendance abstraite de son esprit et son puissant amour de l'étude, avec les promesses de son passé, avec son ensemble d'idées profondes et de plans pour l'avenir, — on ne devait pas non plus s'attendre à voir Abel se résoudre sans de violents combats à devenir infidèle à sa vocation. Jamais maintenant, malgré la misère et le besoin, il n'aurait pu abandonner entièrement la science pour laquelle il était créé et mis au monde, et renoncer à la passion qui avait pénétré dans toutes les profondeurs de son être.

Après une jeunesse passée dans l'extrême misère, il avait maintenant en perspective une vie de privations, pour lui et pour celle à qui, dans les illusions trompeuses de la jeunesse, il avait enchaîné sa destinée. Personne n'avait une juste idée de ce qu'il était et de ce qu'il pouvait créer. Peu de gens s'intéressaient à lui. Tout ce qu'il avait conçu et exécuté de grand trouvait à peine une petite place.

Comment alors pourrait-il produire son œuvre dans le monde, si pas une main ne se tend pour l'aider?

IV

Réflexions et soucis. — Les matériaux amassés. — L'esprit et la méthode des recherches d'Abel.

« Chère madame Hansteen,

» Par ma lettre au professeur, vous pourrez voir où en sont mes affaires. J'ai de plus une prière à vous adresser. Vous avez été toujours et à l'excès si bonne pour moi! Dieu vous bénisse! n'oubliez pas non plus mon frère. J'ai grand'peur qu'il ne tourne mal. S'il avait besoin que je lui donnasse davantage, j'oserais vous prier de lui remettre quelqu'argent de plus. Quand les cinquante spd. (1) seront finis, je ferai en sorte de vous en faire parvenir d'autres, si à l'avenir vous êtes assez bonne pour vous charger de lui administrer cette somme et de la lui distribuer comme vous le trouverez convenable.... Quand vous le verrez, faites-lui, je vous prie, mes amitiés et recommandez-lui de m'écrire; il pourra envoyer sa lettre par ma bien-aimée, qui en prendra soin; ou, ce qui vaut encore mieux, qu'il me l'envoie non affranchie. — ... Je vis d'ailleurs très tranquille et passablement occupé; mais je sens de temps à autre de terribles accès de mal du pays, qui sont encore empirés par la désolante rareté des nouvelles de chez nous. Ma chère sœur se trouve-t-elle bien? Je la salue de toute mon âme. Et la charmante, l'excellente Charite, je lui souhaite de tout cœur une bonne santé. Adieu, chère madame Hansteen. Je ne puis plus en écrire davantage; je suis tout à fait mélancolique.

» Adieu, et ne soyez pas fâchée contre moi; je dois vous sembler un peu singulier. »

C'est ainsi que s'exprimait le géomètre attristé, au mois de

(1) 277 francs.

décembre 1825, et le contenu de cette lettre nous donne un aperçu des embarras et de la position pénible, que nous ne pouvons pénétrer qu'imparfaitement, et qui l'enveloppait, lui et sa famille dispersée de tous côtés, et que, endetté lui-même, il s'efforçait de secourir avec ses minces ressources. La situation maintenant n'était rien moins que brillante, et il ne pouvait se distraire de ses tristes pensées que par les obligations de la vie en commun avec ses joyeux camarades, par un travail de spéculation opiniâtre, et avant tout par la fréquentation pleine de gaieté et d'instruction du cercle de la famille Crelle. Il éprouvait des alternatives de prostration complète et d'incapacité de tout acte intellectuel, auxquelles succédait une tension d'esprit soutenue et appliquée aux grands problèmes qui l'occupaient jour et nuit.

Nous allons aussi changer de sujet, et laisser là les soucis d'Abel pour entrer dans sa chambre de labeur.

Abel, tout triste et découragé qu'il soit, continue à travailler pour le Journal nouvellement fondé. Les matériaux qu'il a maintenant amassés, il les indique en quelques lignes, incluses dans une lettre de Keilhau au professeur Hansteen. Dans ce billet, daté du 30 janvier 1826, on lit ces mots : « Le Journal va bien. En avril vous recevrez le premier cahier. Vous verrez que je travaille de toutes mes forces; il y aura chaque fois trois ou quatre mémoires de moi. »

Il revient encore sur le même sujet, quelques jours plus tard, dans une lettre à Holmboe. Après avoir fait remarquer que ce premier cahier paraîtrait dans un mois (1), il ajoute qu'il a six mémoires tout prêts, parmi lesquels le mémoire précédemment remanié et rédigé à nouveau, sur l'impossibilité de résoudre algébriquement les équations générales d'un degré supérieur au quatrième.

Mais il ne s'agissait pas seulement de mémoires plus ou moins

---

(1) C'est-à-dire vers la fin de février, car en avril, à cause de l'interruption des communications avec notre pays, causées alors par le mauvais temps, aucune livraison de journal ne pouvait arriver jusqu'à Christiania.

étendus, prêts pour l'impression, ou n'attendant plus que la rédaction définitive. D'autres travaux considérables, auxquels il n'avait pas encore trouvé l'occasion de mettre la dernière main, étaient conçus déjà dans leurs principales parties, et il éprouvait un vif désir de les voir publiés; il ne s'agissait pas le moins du monde des recherches sur le calcul intégral, qui avaient été si hautement appréciées à Christiania et que Hansteen, entre autres, avait mentionnées honorablement dans la recommandation écrite par lui à propos de la demande pour Abel d'une subvention de voyage. Ces travaux perdus, sur lesquels, vers la fin de sa courte carrière — après avoir doté la science de tant de richesses d'une impérissable valeur — il se plaisait lui-même à revenir, il en parle déjà dans le même sens à l'époque où nous sommes, dans le billet de la lettre de Keilhau.

« Si je pouvais trouver un éditeur », dit-il, « je voudrais aussi faire imprimer mes recherches sur le calcul intégral; mais ce sera probablement assez difficile; car ces choses-là, surtout ici en Allemagne, sont peu recherchées. Cependant je vais voir ce que je pourrai obtenir avec l'aide de Crelle. Il m'a fait espérer que cela ira tout seul, aussitôt que j'aurai écrit divers articles dans le Journal. Je commence, à cause de cela, par mes meilleurs mémoires. Cela me permettra de ne pas craindre le manque de matière pour le moment. S'il m'était seulement possible de voir tout cela imprimé! Mais ce n'est pas, dit-on, chose facile. Si le Journal n'avait pas été fondé, ç'aurait été encore pis. »

Les recherches en question, trop volumineuses pour être admises dans le Journal de Mathématiques, concernaient, d'après Hansteen, « une exposition méthodique perfectionnée du calcul intégral », et coïncidaient entièrement, avec ce qu'Abel, longtemps après, indiquait lui-même (dans une Note (1) sur son grand mémoire posthume et inachevé. « Précis, etc. ») comme un des buts principaux de ses travaux. Il s'exprimait en ces termes : « J'ai fondé sur ce théorème une nouvelle théorie de l'intégration

(1) Page 355 du 1er volume de ses *Œuvres* (p. 550, t. I de la 2e édition).

des formules différentielles algébriques, mais que les circonstances ne m'ont pas permis de publier jusqu'à présent. Cette théorie dépasse de beaucoup les résultats connus ; elle a pour but d'opérer *toutes les réductions possibles* des intégrales des formules algébriques, à l'aide des fonctions algébriques et logarithmiques. On parviendra ainsi à réduire au plus petit nombre possible les intégrales nécessaires pour représenter sous forme finie toutes les intégrales qui appartiennent à une même classe. »

A côté de ce travail de l'avenir s'en plaçait encore un autre, qui devait être déjà bien avancé pour la partie essentielle, bien que, à ce moment, il n'en fût plus question dans ses lettres. Au milieu de ce labeur de rédaction sans relâche, il avait dû sans doute renvoyer aussi cette tâche à des temps meilleurs. C'était la *Théorie des transcendantes elliptiques*.

L'idée fondamentale d'Abel, l'inversion des transcendantes, a pu, comme nous l'avons montré, être suivie en remontant jusqu'à l'été de 1823, où elle se présente d'abord sous une forme imparfaite. Et c'est probablement vers l'époque qui nous occupe, mais en tous cas peu de temps après, que de nouveaux et importants progrès se sont accomplis. En effet, tandis qu'il est encore occupé, avec ardeur et patience dans d'autres régions de la science, et qu'il ne peut guère trouver de temps pour des recherches profondes, et par suite pour explorer ce domaine nouveau, on apprend tout à coup de Vienne, le 16 avril, — pendant qu'Abel *se repose*, — que lorsqu'il sera rendu à Paris, il « *achèvera ses affaires d'intégrales, ses fonctions elliptiques, etc.* »

Abel se disposait maintenant à quitter Berlin. C'était en partie pour ses travaux, afin de trouver plus de tranquillité qu'il n'en pouvait avoir au milieu d'un groupe si nombreux de compatriotes habitant ensemble; en partie aussi, certainement pour se distraire par le voyage et le changement de résidence des tristes pensées qui l'accablaient.

Vers la fin de février, Keilhau, qui était encore une fois revenu à Berlin, devait retourner à Freiberg, où il continuait, à l'Académie des Mines, ses études géologiques. Dans sa visite de Noël, il engagea Abel à venir avec lui, et ainsi le départ fut décidé. Après un petit détour en passant par Leipzig, les deux amis continuèrent leur route vers la ville des mines. Abel resta là un mois pour rendre à Keilhau sa visite, et principalement, d'après ce qu'il nous apprend, pour revoir un mémoire considérable, destiné à être imprimé dans le *Journal*. Il l'écrivit lui-même en allemand, ajoute-t-il, — passablement fier de ce premier essai, — il avait fait usage auparavant de la langue française, et Crelle lui servait de traducteur — « et cela fut imprimé comme il l'avait écrit. »

Probablement il s'agit ici du volumineux Mémoire n° VI du tome Ier (1) des *Œuvres complètes*. Il est, en ce qui touche la publication et aussi la rédaction définitive, d'une date antérieure au *problème du binôme*, dont nous avons déjà parlé à propos d'une circonstance précédente, parce que ses études avaient été dirigées de ce côté. Il n'est pas possible, du reste, de déterminer l'époque de la composition de ces mémoires avec plus de précision; peut-être appartiennent-ils tous les deux à la période de Freiberg; car le voyage de vacances qui suivit cette période ne permit pas le repos nécessaire pour un travail scientifique si important.

Dans les lignes suivantes, nous allons donner au lecteur une idée du contenu de ce travail de Freiberg, et en même temps nous indiquerons aussi quelles étaient à cette époque les autres questions dont Abel s'occupait. La nature de ses recherches ressortira de nos éclaircissements, bien que les détails mathématiques qui seront sous-entendus ne soient pas à la portée de tous les lecteurs. Les projets grandioses, la hardiesse du plan et l'habileté de l'exécution pénètreront peut-être, malgré l'obscurité de mainte expression, dans l'intelligence du lecteur attentif, et

(1) N° XI du tome 1er de la seconde édition.

c'est là le seul et unique but des développements que j'entreprends. Certainement aussi, dans ces recherches si lointaines et si spéciales, la vigueur de l'esprit scientifique et de la méthode pourra être clairement reconnue dans l'ensemble, par ceux-là mêmes qui ne peuvent prétendre à se trouver chez eux dans ces régions abstraites.

Dans ce paragraphe (et dans la première moitié du suivant) on trouvera de nombreux et longs développements, confinant à l'extrême limite de l'exposition populaire. Mais, par des motifs qui seront ensuite expliqués plus au long, nous nous voyons ici contraint, pour une partie relativement la plus considérable, d'interrompre la narration toute simple, et d'entrer dans des détails qui ne pourraient être compris dans toutes leurs parties que par un cercle étroit de lecteurs. Ce n'est pas une petite tâche, nous le savons, que nous imposons à la bienveillante patience de nos lecteurs étrangers aux mathématiques. A celui, du reste, qui préfèrera sauter par-dessus les parties trop abstraites, nous conseillerons de passer à la conclusion du paragraphe suivant qui traite des liaisons entre les recherches d'Abel et celles de Jacobi; ou mieux encore au tableau des relations entre Abel et Gauss, et à ce qui se passa lors de la dispersion de la colonie et du départ pour le voyage dans le Sud.

Dans ce Mémoire, le premier mentionné, il traite donc un vaste cas particulier appartenant aux travaux déjà commencés, mais jamais publiés en entier, sur le calcul intégral, qui était un des principaux objets de ses recherches. Il reprend, avec certaines restrictions et pour l'étudier dans une tout autre direction qu'auparavant, cette intégrale hyperelliptique d'autrefois, au moyen de laquelle il était parvenu à la périodicité double et plusieurs fois double, — travail important, bien qu'imparfait, sur lequel nous avons déjà plus haut appelé l'attention.

Cette intégrale n'était pas seulement une généralisation des intégrales élémentaires, savoir, des intégrales algébriques et logarithmo-circulaires, correspondant à des racines de polynômes d'un degré non supérieur à 2; c'était même une généralisation étendue des intégrales de la catégorie suivante, les intégrales elliptiques. Pour celles-ci, le degré du polynôme ne dépasse pas 4; mais elles peuvent aussi être considérées comme renfermant les précédentes comme cas particulier. Si l'on franchit maintenant ces limites, on entre dans un domaine extrêmement vaste, offrant une richesse infinie de formes, et qui a été désigné plus tard sous le nom collectif de transcendantes *hyperelliptiques*.

Ces transcendantes, à leur tour, sont comprises dans le domaine des intégrales *abéliennes*, intégrales dont Abel projetait d'étudier les réductions et les caractères avec détail, après avoir décrit leurs propriétés fondamentales dans son théorème d'addition, non encore publié (1). Ainsi ces transcendantes et plus encore les nouvelles intégrales de classes supérieures répondaient, dans un ordre parallèle, aux *équations* de degrés supérieurs de l'analyse algébrique, branche des mathématiques si peu cultivée jusque-là. Les fonctions elliptiques, au contraire, n'avaient pour termes de comparaison que les équations cubiques et biquadratiques, équations que, depuis le temps de la Renaissance, on avait appris à résoudre; et enfin, en tant qu'on pouvait les concevoir comme représentant les intégrales élémentaires qui en sont des cas particuliers, elles correspondaient également aux équations du premier et du second degré.

Pour entreprendre l'étude de ces intégrales ultraelliptiques, on dépassa ainsi de nouveau le nombre-limite habituel 4, au delà duquel on avait si rarement osé s'aventurer. Un Gauss et un Lagrange avaient déjà fait, dans cette contrée inconnue, des conquêtes pour la science, surtout le premier par sa belle théorie de la division du cercle; mais les plus heureux succès obtenus dans ces domaines et la découverte capitale des richesses qu'ils renferment appartiennent à Abel.

Cependant cette vaste généralisation exigeait encore des délimitations et un ordre fondé sur de nouveaux caractères de division et sur de nouveaux principes. Ceux-ci ne devaient pas

---

(1) T. II, n° X (2e édition); écrit avant le voyage d'Abel, et non publié par lui même, avec un seul grand théorème.

être établis d'après des relations exterieures et accessoires, mais d'après la nature et l'essence intime des choses, et reposaient nécessairement sur un examen poursuivi jusque dans les plus menus détails.

Ainsi, s'affranchir toujours de plus en plus de toutes les restrictions arbitraires, qui sont les instruments d'une science encore imparfaite; trouver les vraies lignes de démarcation et déterminer les limites avec le contenu qu'elles renferment, là où régnait auparavant une généralité sans nom : telle est la marche qui s'impose à un moindre degré, il est vrai, dans l'étude des problèmes ordinaires, mais qui devient une nécessité impérieuse pour celui qui s'attaque aux *grands* problèmes, aussi bien que pour le naturaliste établissant une classification rigoureuse. C'est en même temps un moyen fécond pour obtenir sûrement des résultats encore plus étendus.

Une telle délimitation du sujet, choisie pour une étude systématique des intégrales abéliennes, a consisté d'abord à considérer exclusivement les intégrales hyperelliptiques. En d'autres termes, Abel n'admettait aucune irrationnalité supérieure à un seul radical carré, tandis que la quantité soumise à ce radical pouvait être d'un degré quelconque. En outre, il étendait la restriction en exigeant que la fonction rationnelle contenue dans l'expression fût entière (¹).

De cette classe d'intégrales, qui restait encore extrêmement étendue, il détache maintenant toutes celles qui, par leur caractère exclusivement logarithmique, appartiennent en quelque sorte *improprement* à cette classe et qui continuent à en conserver la forme extérieure, mais qui, en réalité, sont de rang inférieur : manière de procéder tout à fait rationnelle, dont on pouvait attendre qu'elle fournirait des moyens pour l'étude même des subdivisions plus élevées, comprises dans ce domaine de transcendantes tout entier.

Dans le plan d'Abel est comprise, sans doute, une séparation de

---

(¹) T. I (2ᵉ édit.), nº X, p. 105, lig. 5 en rem., au lieu de $\frac{M}{N}$, lisez ρ.

toutes les formes inférieures, des formes algébriques et des formes logarithmo-cycliques, aussi bien que des formes elliptiques; mais l'exposition et l'examen complet de cette classification dans une mesure plus large sont renvoyés à des temps plus tranquilles.

Cependant tandis qu'il groupe silencieusement ses matériaux, il restreint en apparence son problème par une nouvelle condition préalable. Il exige encore un résultat d'intégration ayant une forme unique, indiquée et particularisée avec précision (1), et profitant des moyens de secours qu'il a artistement ménagés, il résout alors le problème. Finalement il fait l'application de sa méthode aux intégrales elliptiques (2).

Ce détour, comme nous l'avons déjà remarqué en passant, n'est qu'un échelon dans une déduction méthodique, fondée sur des considérations supérieures, et appartenant aux diverses généralisations du problème de Freiberg, qui étaient réservées pour l'avenir. Car il ajoute, en terminant, que la condition d'un caractère fondamental logarithmique en général, même dans le cas de la plus haute extension, n'apporte aucun changement dans la construction intime des formes d'intégrales déduites (3). C'était donc une réduction des conditions aux extrêmes limites, combinée d'avance et établie par des études de plus en plus profondes; il ne s'agissait nullement d'une particularisation forcée, trahissant la nécessité de battre en retraite devant des difficultés insurmontables.

De telles généralisations d'un problème et de la solution de problèmes plus restreints se rencontrent souvent intercalées, sans démonstration, dans les travaux d'Abel; elles font voir de combien de temps habituellement ses découvertes étaient en avance sur leur rédaction en un mémoire achevé; elles montrent aussi combien étaient vastes les questions dont il s'occupait, et qui même dépassaient en ampleur et en audace les nombreux et gigantesques problèmes qu'il lui fut donné de mener à bonne fin;

---

(1) Page 105.
(2) Page 146.
(3) Page 143.

quelquefois elles dépassaient bien ce qui pouvait être réalisé avec le secours des moyens connus de son temps. Ces généralisations sans démonstrations, combinées avec les parties développées de ses déductions, nous ouvrent une vue générale sur une méthode à la fois ingénieuse et féconde, grâce à laquelle les délimitations et les restrictions rationnelles seront discutées avec le plus grand soin, et une réduction plus simple préparera les recherches suivantes. Aucune simplification ultérieure ne peut donc plus se réaliser, et l'impossibilité de la pousser encore plus loin devient dès lors un moyen auxiliaire de démonstration.

Sa manière de *poser* les problèmes n'est pas moins importante ni moins caractéristique; elle est telle qu'il y a toujours ainsi une réponse à donner à chaque question, et cette réponse fût-elle même négative, constituera un progrès dans la solution d'un problème plus général. Ainsi une question de possibilité étudiée avec circonspection précède la discussion détaillée des problèmes.

Durant son séjour à Freiberg, il parvint encore à faire faire à la théorie des équations algébriques un nouveau progrès. Au fond, ce progrès était de la même nature que celui dont nous venons de parler. De même, en effet, qu'il avait déterminé la forme d'une classe d'intégrales hyperelliptiques réductibles logarithmiquement, de même il cherchait maintenant, dans certaines circonstances particulières, à déterminer la forme des racines, de façon qu'une équation de degré supérieur fût algébriquement résoluble. Il considéra en particulier l'équation du cinquième degré à coefficients numériques rationnels, pour laquelle il résolut complètement le problème.

Il énonça en même temps un résultat nouveau qu'il avait obtenu simultanément, sans toutefois l'accompagner d'aucune démonstration. Crelle, avec qui il resta toujours en correspondance suivie, en eut communication dans une lettre à ce sujet, datée du 14 mars, et Abel ajoutait qu'il avait trouvé des théorèmes analogues pour les équations des degrés 7, 11, 13, etc.

Ainsi une certaine unité d'idées relie entre eux les travaux d'Abel à Freiberg; ils se coordonnent ensemble comme les anneaux d'une même chaîne de pensées, qui devient de plus en plus visible. Des modes semblables de représentation sont appliqués à des problèmes faisant partie, à première vue, des domaines de recherches mathématiques les plus éloignés les uns des autres.

Si les équations algébriques ne sont pas *toutes* résolubles par radicaux, on pouvait poser cette question : comment doivent-elles être constituées pour que la résolution soit possible, et particulièrement quelle forme doivent avoir les racines algébriques de ces diverses classes d'équations de degré supérieur? D'autre part, si les intégrales elliptiques ou hyperelliptiques ne sont pas *toutes* intégrables algébriquement ou logarithmiquement, de quelle manière ces intégrales mêmes, ou certaines espèces déterminées d'entre elles, doivent-elles être particularisées (savoir, en premier lieu, au point de vue de la forme extérieure) pour qu'une telle réductibilité puisse s'effectuer?

Telle était la marche que suivaient alors ses pensées.

V.

Sur les grands travaux qui se préparaient, et sur leurs liaisons avec les recherches antérieures de Legendre et les recherches subséquentes de Jacobi.

L'importance des révolutions scientifiques — il nous est permis de les nommer ainsi — qui étaient maintenant imminentes, non seulement dans le domaine de l'analyse algébrique, mais principalement dans cette partie des mathématiques dont Abel, par son idée de l'inversion, tira d'une manière aussi inattendue une source abondante de développements de nouvelles fonctions, si remarquables par leurs propriétés, — l'importance, disons-nous, de ce sujet nous ramène à nous occuper de nouveau à cette place des travaux plus considérables qui se préparaient, et de leurs relations, pour ce qui regarde l'étude des intégrales, avec les travaux plus anciens de Legendre, et les recherches postérieures de Jacobi.

Le passage à un maniement plus détaillé des problèmes, où les sommes d'intégrales tiennent la place de l'intégrale isolée — de même que des sommes ou d'autres combinaisons d'espèces différentes des racines tiennent la place de la racine isolée, — n'est pas éloigné du cercle d'idées où Abel se mouvait actuellement; d'autant plus que ses études sur les intégrales se rattachaient de près à ses profonds travaux algébriques, et qu'il avait déjà, à Christiania, découvert son théorème d'addition.

Il y avait longtemps, en outre, que la double périodicité dont jouissent les fonctions elliptiques avait été trouvée (¹). Et cette découverte se présenta d'abord comme un fruit de l'heureuse

(¹) Tome I, nº VII; écrit avant les voyages et non publié par Abel. Ici se trouve l'inversion et une périodicité multiple.

idée qu'Abel avait conçue dans sa première année d'étudiant, savoir, l'inversion des intégrales elliptiques elles-mêmes, après que le domaine ultraelliptique correspondant, par une marche ascendante du procédé analytique, eut été l'objet de ses tentatives de description. Durant une longue suite d'années, ces mêmes intégrales avaient été, dans les directions les plus variées, le sujet des recherches de Legendre, sans que l'esprit du vieux maître eût pu accueillir une idée comme celle de rattacher leurs combinaisons fondamentales, provenant d'une inversion, à celles des fonctions trigonométriques et exponentielles, ou, en d'autres termes, avec les transcendantes les plus élémentaires de la science mathématique.

Un problème d'un grand intérêt historique, appartenant à ces recherches spéciales sur les intégrales, et dont la généralisation et la solution sous la forme ainsi généralisée devait jouer un rôle prépondérant dans la future théorie des *fonctions* elliptiques, avait été posé dans le siècle précédent par Landen. Plus tard ce problème fut discuté avec grand soin par Legendre et Lagrange. C'était donc le problème, depuis longtemps élaboré, de la transformation elliptique, ayant pour objet de ramener les intégrales correspondantes à d'autres semblables, mais de *modules* différents.

Sur ce point aussi, malgré tout le travail qui s'y était dépensé, on était loin d'une méthode rationnelle de solution adaptée à la nature du sujet, et d'une conception du problème lui-même, plus idéale et se rattachant à la question. On n'avait pu résoudre jusque-là qu'un petit nombre de cas particuliers; le point de vue était étroit, et les efforts tendaient plutôt, suivant les idées d'autrefois, à faciliter le calcul numérique à l'aide d'échelles modulaires et de tables, qu'à instituer une étude des propriétés caractéristiques, avec ou sans égard à toutes les conséquences pratiques.

Pour opérer en pleine conformité avec l'esprit abélien, il fallait s'élever au-dessus de ces considérations étroites et poser le problème de la transformation dans sa plus vaste généralité. Naturellement cette intégrale était traitée sous une des formes normales, au moyen desquelles toutes les transcendantes d'ordre inférieur — les logarithmes et les arcs de cercle — peuvent déjà être regardées comme exclues. Car, pour obtenir cette irréductibilité, qui dans toutes les recherches d'Abel joue un rôle d'une si évidente importance, et que l'auteur emploie d'une façon si magistrale comme moyen de démonstration, il suffisait dès lors de mettre de côté certaines valeurs-limites des constantes contenues dans l'intégrale; en poussant ensuite plus loin le développement, ces restrictions, si on l'exige, pourront être levées. — Le but d'Abel n'était donc pas, comme le but primitif de Jacobi, de trouver la substitution isolée d'ordre supérieur à l'aide de laquelle pouvait s'effectuer la transformation de l'intégrale, ou d'obtenir cette transformation en même temps que sa complémentaire (1). En profitant des moyens dont il disposait, Abel s'attaqua immédiatement à la solution complète du problème, en cherchant toutes les substitutions, les imaginaires aussi bien que les réelles. Il ne s'en tint pas non plus, dans le cours de son travail, à la considération des substitutions rationnelles; il admit aussi les irrationnelles, et plus tard il supposa même un nombre quelconque de fonctions elliptiques (2). Ainsi, du problème de la transformation pour les intégrales les plus simples, il parvint finalement à la solution de tous les cas restants, et, par suite, à ceux de la seconde et de la troisième espèce (3).

Le mode de procéder d'Abel, lorsqu'il attaque son problème de Freiberg (4), rappelle déjà les moyens que Jacobi devait employer plus tard pour arriver à son *principe de transformation.* On y opère sur des expressions de même nature; on différentie et l'on élimine d'une manière entièrement pareille; pareillement aussi on détermine ce qui se rapporte à la divisibilité et au degré. Mais avant tout, dans les deux cas, l'attention est appelée sur les

(1) C'était là, en effet, à l'origine, le but de Jacobi.

(2) Voir *Recherches*, etc., nº 49 (1re édit.).

(3) Voir le Mémoire XVIII (même édit.) : *Théorème général sur la transformation des fonctions elliptiques de la seconde et de la troisième espèce.*

(4) T. I, nº XI, les deux ou trois premiers paragraphes.

racines et sur la représentation des polynômes sous forme de produits. Pour un géomètre aussi éminent que Jacobi, l'idée de généraliser la théorie de la transformation de Legendre ne pouvait manquer de lui venir à l'esprit, quand un problème comme celui de Freiberg venait d'être traité avec succès.

De cet excellent mémoire, rédigé, comme plusieurs des précédents travaux d'Abel, avec quelques longueurs, Jacobi a dû plus tard tirer profit, de même qu'Abel, tout récemment, s'était servi (1) du *Cours d'Analyse* de Cauchy. Car, pendant que le géomètre de Königsberg, suivant le récit de Dirichlet, cherchait vainement à puiser des idées nouvelles dans la lecture du grand ouvrage de Legendre, et qu'il s'apprêtait déjà à quitter ce travail ingrat, il lui vint, dans un champ de recherches voisin du sien, des idées grandes et fécondes. En même temps, les moyens d'exécuter ce plan se présentèrent avec toute la clarté désirable.

Dans le cours de mars 1827, c'est-à-dire une année juste après l'époque en question, alors qu'un certain nombre de mémoires d'Abel, parmi lesquels son travail de Freiberg, avaient depuis longtemps été livrés à la publicité, le jeune *privatdocent* de Königsberg découvrit son *principe de transformation*, et, comme il résulte d'une communication faite plus tard à Legendre, c'est par là que lui fut ouverte la voie qui le conduisit ensuite à la théorie de la transformation.

Mais bien que cette découverte préliminaire ne fût pas sans relations avec les idées initiatrices du géomètre pour lequel, peu de temps après, il exprimait une si haute admiration (et dont il avait su mieux et plus tôt que personne apprécier les travaux), il se produisit cependant dans l'ensemble de la méthode pour traiter le problème, des divergences graves; car, ce n'est que dans les préliminaires, et si l'on veut, dans les premières opérations servant de point de départ, que l'on peut distinguer un lien clairement perceptible qui rattache les deux auteurs. Et des fondements donnés — parmi lesquels ces travaux d'Abel devaient

(1) N° XIV, § 2.

occuper une place jusque-là inaperçue — *détacher* les idées, les transformer pour les nouveaux besoins, *concevoir* non seulement l'*idée* d'une si haute généralisation de la théorie de la transformation de Legendre, mais encore, avec les moyens à sa portée, *pousser* aussi loin ses recherches, — c'était là bien réellement faire un pas considérable. Ce pas n'eût pu être fait, si Jacobi, dans ses longues recherches sur les sources, n'eût pas approché de très près du même objet.

De même, les idées *abéliennes,* si inattendues et si isolées qu'elles se présentassent, on pourrait, moyennant une connaissance approfondie de l'histoire et des auteurs (peut-être aussi des écrivains les plus modestes), les suivre dans leur filiation avec d'autres cercles d'idées, en apparence entièrement étrangers. Car sans ces contacts, une influence intellectuelle ne peut être provoquée. Chez cet esprit richement doué, ces contacts sont devenus prodigieusement féconds; ils se sont transformés en problèmes pratiquement résolubles, et ont appelé à la vie mille idées nouvelles qui existaient en germe dans les profondeurs de son cerveau.

Certainement les prophéties de Degen ont eu leur influence excitatrice sur tout l'ensemble de la direction scientifique d'Abel; l'art déployé par Lagrange pour traiter et pour exposer ses sujets, ainsi que les travaux réformateurs de Cauchy ont eu une part considérable dans sa méthode de recherches rigoureuse et correcte; le mystère impénétrable qui régnait sur la division du cercle de Gauss, et peut-être le doute exprimé par ce géomètre au sujet de la résolubilité des équations algébriques de degré supérieur l'ont excité à continuer ses efforts, et ont enrichi ses découvertes des plus beaux résultats. Mais ce sont avant tout les recherches de Lagrange et de Legendre et les germes d'idées nouvelles que son regard indépendant et scrutateur y voyait poindre, c'étaient aussi l'imperfection et l'infécondité sur tant de points des travaux de ces géomètres, c'étaient là les causes qui, plus que tout le reste, lui avaient donné l'impulsion pour les plans de campagne qu'il dressa et qui le guidèrent dans le droit chemin.

Mais les choses se passèrent certainement de la même manière pour Jacobi, en particulier, dans ses rapports avec Abel.

Bien qu'il n'existe aucun document sur ce sujet, on ne peut douter que les découvertes d'Abel et particulièrement le mémoire de Freiberg, n'aient vivement piqué l'émulation de Jacobi. Là était caché un trésor d'idées, d'idées venant de contrées nouvellement découvertes, pour remplacer les vieilles idées traditionnelles, usées depuis longtemps jusqu'à leurs dernières limites. De là devaient maintenant en jaillir de nouvelles.

C'est là maintenant qu'il fallait chercher les modèles les plus précieux, non seulement pour leur choix, mais pour la manière de traiter, du moins dans les premiers pas, les problèmes importants qu'il fut d'abord conduit à se poser, et dont la difficulté initiale finit par céder à la découverte de son principe de transformation.

Pour Abel, cela va sans dire, c'était une idée toute naturelle et toute préparée d'exposer ce même principe, si toutefois il ne l'avait pas déjà fait depuis longtemps, et des raisons que nous donnerons plus tard rendront cette supposition plus que probable. Il en serait de même en général pour les problèmes de la même nature que le problème en question, qui sans aucun doute étaient toujours à sa portée et tout préparés d'avance.

Par ces voies, Jacobi fut maintenant amené à une généralisation de ces problèmes de transformation dont la publication dans le journal de Schumacher — qui parut en septembre, mais qui portait les dates de juin et d'août, — enrichit d'une de ses plus belles théories l'édifice scientifique élevé par Legendre.

Mais en dépit de l'importance de ce travail pour les *fonctions* elliptiques, qui allaient bientôt faire leur apparition, la brèche n'était pas encore ouverte pour l'entrée des idées nouvelles. L'esprit et le but étaient ceux de Legendre; le sujet traité, un théorème d'intégration se rapportant aux *anciennes transcendantes,* et ayant pour objet essentiel une évaluation à l'aide d'une formation d'échelles.

Pour ce qui est des relations entre la seconde de ses publications dans le même journal et les *Recherches* d'Abel qui l'ont précédée, nous éclaircirons plus tard cette question.

Les mémoires d'Abel à cette époque furent publiés dans le même *Journal,* récemment fondé, dans lequel Jacobi — abstraction faite des articles qu'il faisait paraître dans les *Astronomische Nachrichten,* — avait donné les premières preuves de ses hauts talents pour les investigations scientifiques. Sans doute la lecture des travaux du géomètre norvégien a dû exercer sur son émule une influence féconde, et c'est ce qui devient probable aussi en raison de plusieurs circonstances *extérieures.* Jacobi avait pareillement, dans sa première jeunesse, lutté avec l'équation du cinquième degré. Dans le nouveau *Journal,* il est le collaborateur d'Abel, presque depuis la fondation; tout récemment, il y avait inséré un article, avant même qu'il eût publié dans un autre recueil sa découverte relative aux transformations; et dans le *Journal,* au moyen des recherches d'Abel *(Sur l'équation du cinquième degré),* la question s'éclaircissait pour lui. Dans les œuvres de Legendre il prit connaissance de la théorie des intégrales elliptiques (qui ne lui suggéra aucune inspiration); puis, dans le Mémoire de Freiberg (œuvre d'Abel), il trouve traitées des intégrales appartenant à des classes plus élevées, quoique soumises à l'hypothèse d'une réductibilité à des fonctions logarithmiques; et justement dans les premières pages (§ 2), ces opérations fondamentales se développent de manière que, avec une modification correspondante du but, elles donneraient le principe de transformation. Ce mémoire, inséré dans le troisième cahier du *Journal,* était déjà, suivant une lettre de Crelle, antérieurement au 12 avril 1826, entre les mains des mathématiciens de Berlin, et le jeune *docent* de Königsberg, qui se livrait avec ardeur, mais sans fruits à l'étude de Legendre, n'a guère pu manquer l'occasion de lire ce mémoire, ou du moins de prendre connaissance des fondements posés dans les premières pages. Un grand problème, d'une haute généralité, était ainsi résolu, et pouvait certainement éveiller l'idée d'essais pareils sur un terrain analogue, qui réussiraient par des moyens semblables. Dans le quatrième cahier du *Journal,* — qui, d'après une lettre écrite plus tard par Crelle (24 novembre 1826), était sous presse à cette date, et ne pouvait manquer d'être à la disposition du public dans les premiers mois de 1827, — il se trouve encore un autre mémoire d'Abel, mémoire que Jacobi doit sans doute avoir regardé avec intérêt. C'était le beau travail sur la formule binomiale. Dans ce travail, où Abel avait pris Cauchy pour modèle, on présente maintenant au cercle des lecteurs du *Journal* les imaginaires de Gauss et de Cauchy, celles qui autrefois étaient accueillies avec tant de frayeur par les mathématiciens, et que ceux-ci (y compris aussi Legendre) avaient tant de soin d'éviter. Gauss, Cauchy et ensuite le nouveau pionnier, Abel, quelque circonspects qu'ils fussent dans leurs raisonnements, en avaient fait hardiment usage, et en tiraient un grand profit. Chez un esprit sans préjugés et accessible aux grandes idées, tel qu'était Jacobi, cette semence ne pouvait que tomber dans un sol fertile.

Ainsi sans aucun doute, Abel, par ses travaux, par le pouvoir inspirateur de ses propres idées, et indirectement aussi par celles qu'il reçoit, qu'il perfectionne, généralise et répand, a déjà exercé une influence sur son futur rival. Dans une certaine mesure assurément, il a donc eu lui-même sa part dans l'apparition de Jacobi l'année suivante, apparition signalée par le théorème de transformation publié dans le journal de Schumacher, avec les conséquences qui en découlaient. Bien que le *grand* facteur fût ailleurs et à une plus grande profondeur, les *idées* stimulantes d'Abel ont pourtant commencé de bonne heure à faire sentir leur action.

VI.

Abel et Gauss.

Cependant le temps était venu de se remettre en voyage. Le séjour à Freiberg ne pouvait être considéré que comme une escapade aux environs de Berlin, et l'intention primitive avait été aussi de retourner dans cette ville; mais ce plan ne fut pas exécuté. Göttingue, le but spécial du séjour d'études d'Abel en Allemagne, il avait maintenant l'intention de le visiter; mais ce lieu lui inspirait aussi peu qu'autrefois le désir de s'y rendre.

Nous avons parlé de la répulsion, de la rancune même à l'égard de Gauss, qui à cette période s'était emparée du jeune mathématicien. C'est là un trait qui ne doit pas être passé sous silence comme un insignifiant détail. Cette aversion, jointe à son abattement d'esprit et au besoin qu'il éprouvait de la vie en commun avec ses camarades, était un puissant motif pour que ce qui s'était déjà passé se renouvelât encore. Et certainement, sans cela, beaucoup de choses auraient eu lieu tout autrement.

Il y a lieu de croire aussi que les événements se sont développés en réalité de la manière la plus heureuse pour Abel. Ce qui lui avait fait défaut autrefois dans le cours de ses études, et qu'il venait de rencontrer maintenant dans les conditions les plus favorables, ce fut d'abord une place pour l'insertion de ses travaux, et ensuite des amis s'intéressant comme lui à la science et avec qui il pouvait échanger librement ses pensées. D'idées et d'impulsion, il n'en avait nul besoin. — On aurait peut-être, au cas où le plan primitif eût prévalu, soulevé des doutes sur la nature des rapports de ses travaux avec ceux de Gauss.

Depuis longtemps déjà le grand géomètre avait fait d'importantes découvertes sur ces *fonctions transcendantes,* qui furent, depuis, étudiées à fond par Abel et Jacobi. L'intervention de ces derniers l'empêcha toutefois de rédiger ses recherches et de publier ses résultats, comme il avait la pensée de le faire, dans un ouvrage étendu : Abel surtout avait pris les devants sur lui (1).

Il est particulièrement remarquable que déjà, dans une lettre écrite à Schumacher, presque au commencement du siècle, le 17 septembre 1808, on trouve ces mots : « Peut-être je serais en possession de vérités qui pourraient servir à décider cette question (2). Dans le calcul intégral j'ai toujours trouvé un moindre intérêt, — lorsqu'il ne s'agit que de substituer, transformer, etc., bref de pratiquer un certain mécanisme, exigeant de l'habileté, pour réduire des intégrales à des fonctions algébriques, logarithmiques ou circulaires, — que celui que m'inspire la considération la plus exacte et la plus profonde des fonctions transcendantes qui ne peuvent pas se réduire à celles-là. Nous savons traiter les fonctions circulaires et logarithmiques comme notre table de multiplication; mais la splendide mine d'or où se cache l'essence des fonctions supérieures est encore, pour ainsi dire, une *terra incognita*. J'ai autrefois travaillé beaucoup sur ce sujet, et quelque jour je ferai paraître un grand ouvrage spécial, auquel j'ai fait allusion dans mes *Disquisitiones arithmeticæ*, p. 593 (3). On est frappé d'étonnement par la luxuriante richesse de vérités et de relations nouvelles et du plus haut intérêt, que présentent ces fonctions, auxquelles entre autres appartiennent aussi celles dont dépend la rectification de l'hyperbole et de l'ellipse. »

Si l'on réfléchit à tout ce que renferment ces mots, écrits à une époque si ancienne par un savant si réservé dans ses assertions,

---

(1) A la vérité, Gauss certainement n'a pas pensé à Jacobi. Les petites notes de celui-ci, incomplètes et ne répondant pas à la généralité avec laquelle il possédait les choses, n'imposaient pas au grand géomètre. Aussi Gauss ne parle que d'Abel. (B.)

(2) L'intégration d'une équation différentielle proposée par Pedrayes et traitée par Pfaff dans les *Archives* de Hindenburg, pour un cas particulier.

(3) *Opera*, t. I, p. 412.

et que l'on en rapproche les importantes déclarations formulées plus tard, ainsi que tout ce que l'on pourra conclure d'autre part des matériaux rassemblés dans ses *Œuvres*, il ne serait certainement pas injuste de dire que, si Abel depuis le commencement de son voyage d'études se fût fixé à Göttingue (où il n'est jamais allé), alors, au détriment de sa gloire scientifique, et non sans des motifs graves en apparence, on aurait pu parler de l'influence *immédiatement* féconde du contact de Gauss. Dès lors lui, le disciple de talent, achevant et complétant ce que le maître avait commencé, aurait puisé à cette source ses meilleures idées.

S'il n'a existé aucun contact personnel entre Jacobi et Abel, il n'y en eut non plus aucun entre Abel et Gauss. Des idées circulaient à ce moment; chez Gauss, elles arrivèrent le plus tôt à la maturité; mais elles furent mises au jour pour la première fois et utilisées plus complètement par Abel. A un degré éminent, bien qu'inférieur, Jacobi prit aussi part à ce travail; il sut néanmoins rattraper promptement son devancier, et bientôt après, à la mort d'Abel, se trouva par survivance placé à la tête du progrès de l'avenir. Mais entre les deux géomètres il ne fut jamais question de rapports personnels de maître à disciple.

Même pour des hommes de science de rang inférieur, comme Degen, les idées qui circulaient dans l'air leur apparaissaient, et comme nous l'avons vu, Degen a été un guide qui a indiqué le but, sous une forme obscure et mal définie, au jeune élève de l'École cathédrale. Ces idées se sont-elles répandues en partant d'un centre unique et lumineux, ou se sont-elles indépendamment fait jour en maints endroits, parce que leur époque était prête à les recevoir? c'est une question qui ne paraît pas facile à décider.

Cette aversion pour Gauss (comme celle qu'Abel conçut plus tard pour Cauchy) n'avait aucun rapport avec la haute position que ce savant illustre occupait dans la science. Abel reconnaissait ses mérites hors ligne, sans enthousiasme exagéré, mais en lui rendant toutefois pleine justice; et malgré une répulsion intime pour la personne de celui qu'il considérait comme tout à fait inabordable et possédé par l'orgueil, il n'en convenait pas moins que « c'était certainement un grand génie ». En ce qui touche Cauchy, pour qui il nourrissait une semblable animosité, il lui adresse au fond le compliment le plus flatteur, dans cette phrase caractéristique : « C'est *lui* qui entend comment on doit traiter les mathématiques. »

A l'égard de ceux pour lesquels il était personnellement mal disposé, jamais — à quelques critiques près, lancées en passant contre le fanatisme dont Gauss était l'objet — il n'a prononcé aucune parole tendant à rabaisser leurs mérites. Au contraire, toutes les fois qu'il exprime son opinion d'une manière précise, c'est toujours en termes élogieux, quelque naturel qu'il puisse être, dans de telles circonstances, de tendre à déprécier leurs talents comme mathématiciens. Il n'est pas un penseur, consacrant sa vie à la recherche de la vérité, et que le pouvoir de celle-ci trouve insensible, de quelque source qu'elle vienne; et il n'échappera pas à l'obligation de payer un certain tribut d'admiration à la vérité aussi bien qu'à celui qui consacre une vie de labeur à la mettre en lumière. Malgré ce qui s'est passé entre eux, il est certain qu'Abel n'a jamais refusé, — à contre-cœur, si l'on veut, mais, comme nous l'avons dit, avec sincérité, — de rendre à Gauss l'honneur qui lui était dû. Mais il n'en est résulté aucune liaison personnelle.

Bien moins encore, cela va sans dire, se laissa-t-il entraîner avec ces troupes d'admirateurs par mode, pour lesquels la puissance d'attraction n'est pas tant la jouissance intellectuelle que fait éprouver un progrès nouvellement conquis, que l'éloignement, l'obscurité mystique avec le bruit croissant de la renommée. Cette adoration facile de l'imagination était certainement odieuse aux yeux d'Abel et le devenait d'autant plus qu'il s'agissait de Gauss; il ne pouvait pas non plus considérer la chose au point de vue patriotique, comme un étudiant allemand. L'*idolâtrie* (1) dont le grand géomètre de Göttingue était devenu l'objet parmi « les jeunes mathématiciens de Berlin » et en général dans

(1) *Vergötterung.*

« toute l'Allemagne », devait donc trouver dans Abel un témoin rien moins que sympathique.

Malgré la modestie qui se montre à un degré si remarquable dans les paroles d'Abel, il n'y avait cependant aucune raison de croire, à la hauteur qu'il avait déjà atteinte (avant que ses contemporains lui eussent rendu justice), qu'il se fût senti écrasé dans une mesure quelconque même par les hommes qui tenaient le premier rang dans la science. Sur son terrain spécial, il marchait certainement en tête des chercheurs de son époque, et personne ne le devançait; comme penseur, il était leur égal. Étant lui aussi du petit nombre des élus, et comprenant par lui-même en quoi consistait la grandeur du génie chez un Lagrange, un Laplace, un Cauchy et leurs pareils, et non moins chez un Gauss — ce prince des mathématiciens, comme on l'a surnommé, peut-être sans injustice, — il estimait nécessairement très haut, comme nous le savons aussi, leur œuvre glorieuse. Mais on ne le voit jamais, par des éloges exagérés, inconvenants et compromettant sa dignité, se prosterner, comme un esprit subalterne, devant ceux que la science reconnaissait depuis longtemps pour ses chefs.

Il n'admet pas non plus que qui que ce soit, pas même Gauss, puisse se considérer comme étant lui seul « un abrégé de toute excellence mathématique. » La somme de talent comme savant et inventeur, comme vulgarisateur et professeur, qui peut donner à un seul homme un rang plus élevé quant à l'ensemble, n'entraîne en aucune manière sa supériorité dans chacune des branches en particulier.

D'un autre côté cependant Abel, dans ses relations avec ces sommités scientifiques, se trouvait oppressé. Il venait d'un pays où les conditions de la vie et du travail étaient plus simples et plus modestes. Avec son inexpérience et ses espérances légitimes, il ressentit d'autant plus le contact glacé de l'indifférence avec laquelle ces hommes regardaient son existence et l'œuvre qu'il poursuivait malgré leur inattention. Le point d'attache personnelle, si important étant donné son caractère, manquait entre lui et la généralité des esprits voisins du sien à tant de titres; et il ne possédait pas, non plus que la faculté de les acquérir à un degré suffisant, ces qualités insinuantes qui lui auraient frayé la voie. Triste et chagrin, il se renfermait en lui-même, dans le commerce de quelques compagnons d'étude plus abordables, et dans la joyeuse vie avec ses camarades et ses amis peu exigeants.

Quand il n'était qu'un jeune étudiant, aux premiers débuts de sa carrière, n'ayant pas encore acquis le sentiment complet de sa force, il se laissait entraîner, plus vite que maintenant, à l'enthousiasme s'adressant directement à la personnalité même. Il s'attachait de toute son âme à Degen, « le plus drôle de corps que tu puisses imaginer,..., un diable ». Bien que ce professeur n'eût pas une grande valeur comme mathématicien, c'était cependant un homme d'idées, peu claires sans doute, et par là il ne fut pas certainement sans influence sur Abel et sur son avenir. Avec cela il était toujours, ce qui l'emportait sur tout le reste aux yeux de son jeune ami, le cordial et hospitalier Degen.

Plus tard, il parle également avec bienveillance du vieux Legendre, qui cependant l'oublia vite et pendant quelque temps cessa de le connaître; et de même pour d'autres notabilités du temps. Mais pour les géomètres qu'il regardait comme entourés d'un double rempart d'orgueil, tels qu'un Gauss ou un Cauchy, — dont on ne pouvait approcher sans un « blocus en règle », — pour ceux-là, avec sa nature chaude et un peu susceptible, il éprouvait de la répulsion. Avec la conscience de ce qu'il était, bien qu'on ne l'ait jamais vu, même en passant, chercher à se faire valoir, il y avait sans aucun doute en lui quelque chose qui l'excitait à l'opposition. Et ce qu'il renfermait en lui-même devant tous, se faisait jour quelquefois par une parole amère.

La société des personnes âgées, qu'il fréquentait, ne partageait pas, cela va sans dire, le *gaussianisme* enthousiaste de la jeunesse berlinoise. Il est rare, en effet, que la renommée croissante d'un nom vanté, lorsqu'elle dépasse les bornes, n'attire pas la contradiction. Dans la société de Crelle, il était tout naturel qu'une fois ou l'autre on soutînt la seconde opinion; et l'on disait que « sa manière d'exposer était mauvaise », ou encore qu' « il faisait comme le renard, qui efface avec sa queue les traces de ses pas sur le sable (1). » — « Crelle dit », selon Abel, « que tout ce qu'écrit Gauss n'est qu'abomination *(Gräuel)*, car c'est si obscur qu'il est presque impossible d'y rien comprendre. »

En réalité, l'enseignement académique n'était pas le côté fort de l'éminent géomètre; ce qui dominait en lui, c'était le grand homme de science et le grand penseur. Mais pour ce qui est du reproche d'obscurité, on peut très bien le mettre sur le compte de la nouveauté des idées. Toute découverte avec laquelle on n'est pas familiarisé est obscure, avec quelque clarté qu'elle ait été inventée ou exposée. Un inventeur n'a pas non plus le temps de tout dire. Ce n'est pas d'ailleurs son affaire de divulguer de tous côtés, à l'aide des images les plus triviales, ce qu'il a créé et mis au monde; son devoir est surtout d'ouvrir la voie à de dignes successeurs qui pourront pousser plus loin ses idées et en faire une propriété plus à la portée d'une nouvelle génération.

L'accusation d'obscurité et d'*abomination* était donc lancée contre Gauss, — le géomètre qui a toujours poursuivi avec le plus d'ardeur et de puissance la vraie clarté. — Elle atteignait aussi, comme nous l'avons déjà vu, Abel — le représentant de la clarté naïve et translucide, — et c'est Gauss qui a porté sur lui un tel jugement. En tous cas, la tradition l'affirme.

Peut être cependant y a-t-il ici méprise; il est possible aussi que cette accusation ait été portée mutuellement des deux côtés. Quoi qu'il en soit, il est difficile, même pour l'esprit le plus clairvoyant, de pénétrer complètement dans de nouvelles conceptions d'une plus grande profondeur, provenant d'un cercle d'idées étranger, et de les apprécier tout d'abord avec justice; car il arrive bien rarement que, sur tel ou tel point, le lecteur insuffisamment préparé ne rencontre pas dans la démonstration une lacune infranchissable, qui le force à suspendre son jugement, ou à refuser

(1) *Er macht es wie der Fuchs, der wischt mit dem Schwanze seine Spuren im Sande aus.* — Citation de Hansteen à propos de la remarque rapportée dans la lettre d'Abel.

à l'ouvrage incomplètement expliqué, son encourageante approbation.

C'est ainsi certainement que les choses ont eu lieu à l'occasion du mémoire d'Abel, qui avait passé par les mains de Gauss. Il n'est nullement besoin de supposer que le silence de ce dernier ait eu pour motif l'indifférence; cette indifférence, ou son mécontentement supposé, dont nous avons si souvent parlé, a été plutôt une conséquence de ce que le grand géomètre n'avait à sa portée qu'une partie des fils conducteurs qui étaient restés entre les mains d'Abel, et qui pouvaient relier les raisonnements plus solidement entre eux. Sans le comprendre, Gauss a mis de côté le travail trop peu développé.

Gauss et Abel étaient des natures opposées, et, sans parler de la différence d'âge, il n'aurait guère pu s'établir entre eux de rapports bien intimes. Abel était d'un caractère chaud, vif, franc dans ses propos, un bon et un gai camarade, qui ne pouvait pas se souffrir dans la solitude, mais qui souvent aussi était triste et chagrin; franc et simple, il ne faisait aucun mystère de ses plans et de ses idées, bien qu'il cachât à autrui ce qui se passait dans les replis plus profonds de son âme. Gauss, autant que nous croyons avoir pu le comprendre, était une grandeur aristocratique, humain au plus haut degré et réservé dans ses propos, calme dans ses démarches. Recherché de tous à cause de sa célébrité et contraint de lutter pour conserver son temps et ses idées (qu'il s'était vu en partie ravir sous ses yeux, sans que personne l'entendît exprimer aucune plainte ni aucune réclamation), il était assujetti, dans sa conduite et dans la communication de ses pensées, à d'autres conditions que n'était Abel, élevé dans des circonstances moins compliquées. Celui-ci, personne ne le remarquait, à tel point que c'est seulement vers la fin de sa vie qu'il fut conduit par les circonstances à prendre la précaution, tout à fait inusitée jusque-là, de dater des travaux — qui auraient bien pu lui être encore enlevés. Sans aucun doute c'était la rigueur de ces règles de conduite qui valut à Gauss l'accusation imméritée d'être orgueilleux et inabordable. Pour accomplir l'œuvre de sa vie, il lui fallait être continuellement sur la défensive, et cela ne pouvait manquer de lui coûter un peu de sa popularité, d'ailleurs si grande. Car sans cette résolution d'éconduire les intrus de toute sorte, aux importunités desquels un homme devenu si illustre est continuellement exposé, les occupations auxquelles la vie du savant est attachée ne manqueraient pas d'en souffrir.

Gauss, appréciant si haut, dans la suite, l'œuvre scientifique d'Abel, et renonçant si noblement à sa part des découvertes de son jeune émule ne peut être atteint dans son honneur par cette boutade de mauvaise humeur du mathématicien abandonné par la bonne fortune. D'autant moins que, sur les points principaux, tout reposait sur des malentendus, sur des propos insignifiants et mal justifiés dans les oppositions qui presque toujours se forment autour d'une éminente personnalité. S'il a pu d'ailleurs se montrer injuste envers Abel, en se refusant à admettre de prime-abord comme démontrées ses assertions d'une longue portée, il a depuis fait réparation par la haute estime qu'il a montrée pour la mémoire du mathématicien de Christiania. Bien qu'il ne se soit pas laissé entraîner, comme Jacobi et l'octogénaire Legendre, à des manifestations de l'admiration la plus enthousiaste, qui choisit pour s'exprimer le mot le plus fort que la langue pût employer — ce qui n'eût pas été bien digne du rang de Gauss, ni bien conforme avec son caractère personnel, — la tranquille simplicité de ses paroles n'en témoigne pas moins sincèrement de la haute opinion qu'il avait du jeune géomètre.

Bien des choses excusent aussi Abel, quand il lui arrivait à cette époque de donner cours à sa mauvaise humeur dans ces attaques contre Gauss. — Voici du reste quelques spécimens de sa disposition chagrine.

« Je me déciderai probablement », dit-il dans une lettre à Holmboe, « à rester à Berlin jusqu'à la fin de février ou de mars, et je me rendrai, par Leipzig ou par Halle, à Göttingue; non pas à cause de Gauss, car il doit être d'un orgueil insupportable, mais à cause de la bibliothèque, qui doit être excellente. A la fin de l'été j'irai à Paris. »

« Göttingue », écrit-il dans une lettre antérieure, « Göttingue a certainement une belle bibliothèque, mais aussi c'est tout ce qu'il y a; car Gauss, le seul dans cette ville qui sache quelque chose, est tout à fait inabordable. Il faut pourtant que j'aille à Göttingue, cela va de soi. »

Plus tard aussi, dans son postscriptum à la lettre de Keilhau, il varie le même thème : « A Göttingue je ne ferai qu'un court séjour, car il n'y a rien à y récolter. Gauss est inabordable, et la bibliothèque ne peut être meilleure qu'à Paris. Il est probable que Crelle aussi.... »

VII.

Départ; réunion à Dresde.

En outre de cette aversion contre Gauss, il y avait encore d'autres circonstances qui combattaient le dessein primitif d'Abel d'aller le voir à Göttingue, et auxquelles n'était pas étranger l'échec de ses plans d'avenir. Möller était venu à Freiberg; Keilhau, Boeck, Tank, bref toute la colonie, étaient sur le point d'abandonner Berlin et Freiberg pour entreprendre un voyage plus au sud, et d'abord à Dresde. Les amis d'Abel, à contrecœur, allaient l'abandonner à lui-même; il tomba alors dans une profonde tristesse, et il fallut relever son moral. On décida en conséquence qu'il accompagnerait les autres, au moins jusqu'à Vienne. L'opinion fut qu'au mois de juillet ou d'août il continuerait son voyage vers Paris, tandis que les autres se dirigeraient vers le midi. Le temps ainsi dépensé par de longues vacances, Abel le regagnerait par un travail d'autant plus énergique, quand il serait à Paris.

Nous allons nous transporter maintenant à Dresde, — la ville des arts —, où les membres dispersés de la colonie se rassemblent de nouveau, et nous terminerons ce lourd chapitre de labeur en mettant sous les yeux du lecteur la belle lettre qu'Abel adresse de cette ville au professeur Hansteen. Nous en avons déjà cité plus haut un passage détaché; nous le reproduirons ici néanmoins, parce que nous croyons qu'il ne faut pas pour cela interrompre la liaison du reste de la lettre.

Dresde, le 29 mars 1826.

» Monsieur et très honoré Professeur,

» Mille remerciements du souvenir amical que vous m'avez envoyé dans la lettre de Boeck. J'étais vraiment inquiet, dans la dernière lettre que je vous ai écrite, de m'être exprimé d'une façon un peu singulière, et peut-être cela m'est-il arrivé en effet. En somme, je vous supplie de me regarder entre les doigts sous bien des rapports, surtout quand il s'agit de formalités. Vous m'avez pleinement tranquillisé en ce qui touche mon avenir, et ce que vous avez fait là a été pour moi un véritable bienfait; car j'étais très inquiet, trop peut-être.

» Je me réjouis infiniment de rentrer dans ma patrie, et d'y trouver les moyens de travailler tranquillement. J'espère que cela finira par bien marcher. Les matériaux ne me feront pas défaut d'ici à plusieurs années; j'en récolterai aussi en voyageant; car, juste en ce moment, il y a une foule d'idées qui me trottent dans la tête. Les mathématiques pures, dans la plus pure acception, devront faire à l'avenir l'objet unique de mon étude. Toutes mes forces seront employées à porter la lumière dans la monstrueuse obscurité qui règne maintenant sans conteste dans l'analyse. Celle-ci manque si complètement de plan et de système, qu'en vérité il est on ne peut plus surprenant que tant de gens puissent se livrer à cette étude, et ce qu'il y a de pire, c'est qu'elle est traitée sans la moindre rigueur. On ne trouve que bien peu de propositions dans la haute analyse qui soient démontrées d'une manière incontestablement rigoureuse. Partout on rencontre la déplorable habitude de conclure du particulier au général, et il est extrêmement remarquable qu'avec cette manière de procéder on n'aboutisse que rarement à ce qu'on appelle des paradoxes.

» Il est vraiment très intéressant de chercher la cause de ce résultat. D'après mes idées, cela tient à ce que les fonctions dont l'analyse s'est occupée jusqu'ici peuvent le plus souvent s'exprimer par des puissances. Dès qu'il s'en présente parfois d'autres — cas, il est vrai, qui ne se rencontre pas souvent, — les choses ordinairement ne vont plus bien, et les fausses conclusions font naître alors un enchaînement d'une multitude de propositions inexactes. J'ai examiné à fond plusieurs de ces résultats, et j'ai été assez heureux pour tirer la chose au clair. Pour peu que l'on procède d'une manière générale, cela marche assez bien; mais j'ai dû être extrêmement circonspect; car les propositions une fois admises sans démonstration rigoureuse (c'est-à-dire sans démonstration) ont poussé dans mon cerveau de si profondes racines qu'à chaque instant je suis exposé à m'en servir sans examen suffisant. Ces petits travaux paraîtront dans le journal publié par Crelle.

» J'ai vraiment fait en cet homme la connaissance la plus excellente, et je ne puis assez remercier mon heureuse étoile qui m'a conduit à Berlin. Je suis, en vérité, un heureux mortel. Il y a certainement peu de gens qui s'intéressent à moi; mais ce petit nombre m'est infiniment cher, parce qu'ils m'ont témoigné une extrême bonté. Pourvu seulement que je puisse en quelque manière répondre aux espérances qu'ils ont fondées sur moi! car il doit être bien dur de voir ses bienveillants efforts dépensés en pure perte.

» Il faut que je vous raconte une offre que Crelle m'a faite avant mon départ de Berlin. Il voulait décidément m'engager à rester à Berlin, et me dépeignait les avantages dont je pourrais jouir. Si je consentais, il m'offrait la rédaction du *Journal*, qui vraisemblablement arrivera à se suffire à lui-même au point de vue économique. Il me parlait de cela vraiment comme d'une chose qui lui tenait fort au cœur; mais, naturellement, j'ai refusé. Cependant j'ai dû envelopper ma réponse de certaines formes, en disant que j'accepterais s'il m'était impossible de trouver à vivre dans mon pays, comme je désirais le pouvoir faire. Pour conclure, il ajouta qu'il réitérerait son offre aussitôt que j'en exprimerais le désir. Je ne saurais nier que cela m'ait vivement flatté. Mais aussi n'était-ce pas une très belle offre? Une chose qu'il me fallut cependant lui promettre, c'est de repasser par Berlin avant de terminer mon voyage à l'étranger, et cela peut aussi avoir pour moi les plus grands avantages. Il m'a, en effet, promis très positivement de me procurer un éditeur pour mes mémoires de grande étendue, et cela, remarquez bien, avec des honoraires considérables. D'abord il avait été décidé entre nous que de temps en temps nous publierions en commun un recueil de travaux de longue haleine, et que cette publication commencerait immédiatement; mais, en y réfléchissant mûrement, et après avoir pris l'avis d'un libraire qui avait offert de se charger de la vente, il nous a paru plus convenable d'attendre que le *Journal* fût complètement en train. Quand je reviendrai à Berlin, j'espère que notre plan pourra se réaliser. Est-ce que ce n'est pas magnifique, et n'ai-je pas raison de me féliciter de mon voyage à Berlin? Il est bien vrai que dans cette visite je n'ai rien appris d'autrui; mais ce n'était pas non plus ce que je considérais comme le but essentiel de ma pérégrination. Lier des connaissances, c'est là le but, en vue de l'avenir. N'êtes-vous pas de mon avis?

» A Freiberg, où je me suis arrêté un mois chez Keilhau, j'ai fait la connaissance d'un jeune mathématicien plein d'ardeur, un frère de Neumann qui a été en Norvège. C'est un homme très aimable, et nous nous harmonisons bien ensemble.

» Vous demandez, dans votre lettre à Boeck, ce que je veux aller faire à Leipzig et dans les Provinces Rhénanes; mais je voudrais bien savoir ce que vous allez dire quand je vous aurai appris que je vais voyager à Vienne et en Suisse. J'avais d'abord projeté de me rendre en droite ligne de Berlin à Paris, espérant faire ce trajet en compagnie de Crelle; mais il a eu des empêchements, et j'en suis réduit ainsi à voyager seul. Or j'ai été créé jadis de telle façon qu'il m'est impossible ou du moins extrêmement difficile de rester seul. Je deviens alors tout à fait mélancolique, et ce n'est pas précisément la meilleure disposition pour pouvoir produire quelque chose. Je me suis dit alors : Ce qu'il y a de mieux pour toi, c'est de faire avec Boeck, etc., un tour à Vienne, et je puis aussi prendre cela sur moi, à ce qu'il me semble; car à Vienne il y a Littrow, Bürg et autres. Ce sont réellement des mathématiciens distingués; joignez à cela que je n'aurai pas l'occasion de voyager plus d'une fois dans ma vie. Peut-on me blâmer de ce que je désire aussi connaître un peu la vie et les habitudes du Midi? Pendant mon voyage je puis bien travailler avec passablement de courage. Une fois à Vienne, d'où je dois partir pour Paris, mon chemin direct est de traverser la Suisse. Pourquoi n'en verrai-je pas aussi un petit coin? Seigneur Dieu! Je ne suis certes pas dépourvu de tout sentiment des beautés de la nature. De tout ce voyage il résultera que j'arriverai deux mois plus tard à Paris, et cela n'a pas d'inconvénient. Je rattrapperai bien le temps perdu. Ne pensez-vous pas qu'un pareil voyage me fera du bien?

» De Vienne à Paris, je ferai probablement route avec Möller, et je passerai l'hiver en compagnie de Keilhau. Nous nous mettrons alors au travail d'une façon formidable. Je pense que cela ira bien.

» Pour Vienne, j'ai des lettres de recommandation de Crelle auprès de Littrow et de Bürg. Ma vanité m'entraîne à transcrire un passage de la lettre à Littrow. Après avoir parlé du *Journal*, Crelle ajoute : « M. Abel, de Christiania en Norvège, qui doit vous » présenter cette lettre, est également un zélé collaborateur du » *Journal*, et ce n'est pas celui qui nous fait le moins d'honneur. » Ce tout jeune savant possède toute mon estime, et je voudrais » le recommander aussi à votre bonté et à votre bienveillance. » La haute distinction comme mathématicien à laquelle il est » déjà parvenu, donne à la science les espérances les plus flat- » teuses. »

» Nous resterons à Vienne un mois environ, et ensuite nous nous diviserons probablement en deux groupes. Les uns (Boeck et Keilhau) passeront par Trieste, Venise, en traversant le Tyrol et la Suisse; les autres, Möller et moi, nous irons à Paris. Pour cette dernière ville, j'ai des lettres de recommandation du professeur Dirksen, de Berlin, auprès de Humboldt et de plusieurs autres. Je souhaiterais d'y être la moitié aussi heureux qu'à Berlin; ce serait très joli. Keilhau et Boeck sont sortis aujourd'hui de grand matin pour observer avec l'appareil oscillatoire (1), tandis que nous autres (Möller, Tank et moi) étions au lit. Ils commencent à posséder une série respectable d'observations. Ils se rappellent à votre souvenir.

---

(1) Pour déterminer, suivant le désir de Hansteen, l'intensité horizontale du magnétisme.

» Nous sommes tous allés rendre visite à M. Irgens-Bergh ([1]). Hier au soir il a été assez aimable pour nous procurer des billets du Casino noble, « où l'on ne danse qu'en escarpins », et durant la soirée nous avons passé pour des nobles : M. de Keilhau, M. d'Abel, etc. Nous avons vu tout ce que Dresde contient d'incroyable en élégance. Aujourd'hui, à midi, nous étions invités à la réception de midi chez Bergh. Nous y avons vu Baggesen ([2]). Il est très faible; on dit que c'est la faute de la bouteille. Nous avons fait aussi la connaissance du peintre Dahl ([3]), de Bergen. Il partira incessamment pour la Norvège, qu'il ne quittera plus qu'en 1827.

» Vous avez eu la bonté, monsieur le professeur, de me promettre de m'écrire bientôt. Je n'ai encore rien reçu; mais la faute en est sans doute aux divers détours que doit faire la lettre. J'ai pris des mesures pour que Maschmann me l'envoie à Vienne. Je me réjouis extrêmement d'avoir des nouvelles de vous et de votre famille.

» De temps en temps je prendrai la liberté de vous écrire, non que j'ose m'imaginer que vous y puissiez prendre quelque intérêt, mais parce que j'y trouve moi-même un grand plaisir. Vous ne pouvez, naturellement, attendre de moi des récits de voyage intéressants, accompagnés de descriptions esthétiques. Je dois laisser ce soin à mes compagnons de voyage mieux doués, en particulier à Keilhau.

» Je vous prie de saluer Holmboe cordialement pour moi, mais en même temps de lui dire que ce n'est pas bien à lui de ne pas m'avoir écrit. Peut-être cependant suis-je injuste envers lui; sa lettre est peut-être en route.

» Adieu, monsieur le professeur; portez-vous aussi bien que le souhaite

» Votre dévoué

» N.-H. Abel. »

([1]) Bergh était fils d'un pasteur de Norvège; après avoir été précepteur chez le ministre Rosenkrantz à Copenhague, il avait été nommé par celui-ci secrétaire de légation à Dresde.

([2]) Poète danois.

([3]) Peintre norvégien qui vivait à Dresde.

VIII.

Travaux de Paris. — Retour par Berlin. — Situation d'Abel à sa rentrée dans son pays.

Nous ferons maintenant un saut dans notre récit. — Afin de trouver place pour le compte rendu circonstancié d'événements qui sont d'une haute importance, et qui exigent qu'on entre dans des détails puisés à des sources étrangères et à des documents non encore utilisés chez nous, nous serons forcés de passer mainte et mainte chose qui serait d'un intérêt plus général et qui jetterait une nouvelle lumière sur la personne de celui dont nous esquissons la vie et l'œuvre. Nous renonçons donc en particulier, au risque de troubler l'unité et la continuité du récit, à reproduire ces vives peintures de la vie de voyage, que nous possédons, tracées de la main même d'Abel, et qui auraient pu nous faire entièrement perdre de vue le mathématicien. En abrégeant en général notre narration sur beaucoup de points, où l'intérêt du récit l'emporterait sur l'importance des faits, nous continuerons à partir de l'arrivée à Paris, en juillet 1826.

Avec une rapidité qne l'on ne pourrait comprendre si l'on ignorait que, sur le terrain qu'il cultivait, il était depuis longtemps le maître, il acheva la rédaction de son volumineux « Mémoire sur une propriété générale d'une classe très étendue de fonctions transcendantes. » Il le présenta à l'Académie le 30 octobre suivant.

Il l'avait montré auparavant à Cauchy, « mais », raconte Abel, « il voulut à peine y jeter les yeux, et je puis dire sans vantere qu'il est bon. » Legendre s'était exprimé plus favorablement. « Ça prendra », telles furent les paroles bienveillantes que lui adressa le vieux géomètre pour l'encourager.

Cauchy et Legendre furent désignés pour juger ce travail. I était fondé, comme nous l'avons indiqué dès le commencement de cette notice, sur son théorème d'addition, encore inédit, et qui remontait à l'époque qui a précédé son départ. C'est cette proposition fondamentale, dont Jacobi a dit ailleurs, — avant même qu'elle fût connue dans toute son étendue, — que c'était la plus grande découverte de notre siècle dans le champ du calcul intégral. Pour Legendre — qui, malgré les affirmations contraires, n'a pu jamais faire entrer en détail dans sa mémoire les résultats d'Abel —, il nomma plus tard cette proposition un *monumentum œre perennius*, et les recherches de l'époque, comme celles de l'avenir, sur les fonctions qui portent le nom d'Abel, continueront à s'appuyer en réalité sur cette base.

Néanmoins la destinée de ce mémoire devait rester en suspens pendant un temps indéfini. Le mémoire demeurait dans les papiers de Cauchy.

Le bruit courut, d'après le dire de Legendre, — lorsque quelques années plus tard Jacobi, surexcité par cette négligence de l'Académie, lui eut, dans des termes énergiques, demandé une enquête sur cet objet, — que le manuscrit était écrit d'une manière illisible, que l'on aurait voulu en avoir une meilleure copie. et que l'auteur avait quitté Paris sans s'être inquiété du sort de son mémoire. C'est ce que répète aussi plus tard Arago dans une autre circonstance, en justifiant l'Académie des accusations de négligence portées contre elle. Abel lui-même ne dit rien cependant sur cette affaire. Il se borne seulement à faire allusion, dans un de ses derniers travaux, à l'existence d'un mémoire envoyé à l'Académie. Et c'est par cette circonstance que Jacobi a connu pour la première fois cet écrit [1]. Il n'était pas cependant dans les habitudes réservées d'Abel de solliciter ou de chercher à faire aboutir des enquêtes par l'humiliation et la flatterie; il supportait en silence les dénis de justice et les préjudices dont il souffrait, et se plaignit seulement, dans une seule circonstance, de « *la lenteur de ces hommes.* »

---

[1] Mémoire XV, t. I, de l'ancienne édition (XXI, t. I, de la nouvelle). *Remarques sur quelques propriétés générales d'une certaine sorte de fonctions transcendantes.*

Depuis lors il n'entendit plus parler en quoi que ce soit de cette affaire; pas une seule fois, dans les deux lettres qu'il reçut vers la fin de sa vie du même Legendre, qui l'avait si vite oublié, mais qui bientôt après avait accueilli son œuvre avec une admiration croissant d'abord lentement, mais ensuite de plus en plus enthousiaste.

Ce n'est pas ici le lieu de raconter ce qui se passa plus tard à cette occasion; nous ajouterons seulement que Legendre, après que son attention eut été appelée sur cette regrettable négligence, fit tous ses efforts pour qu'on songeât à ce manque de soin, et que l'Académie des sciences, après la mort de l'auteur, cherchât à réparer honorablement la faute commise. Mais, malgré tout, la publication du mémoire ne se fit qu'après un retard de quinze années. Elle eut lieu dans l'année 1841, sous la direction du mathématicien Libri, qui avait été chargé d'en surveiller l'impression.

Mais une série d'accidents se produisit jusqu'au terme de ce travail. Par un bien singulier hasard, pendant le cours même de l'impression, le manuscrit disparut, et la correction des épreuves dut se faire sans collation avec l'original.

Après avoir terminé ce travail capital, Abel en commença un nouveau : le remaniement de ses *Recherches sur les fonctions elliptiques* (1).

Il y avait là aussi des idées qui étaient mûres depuis longtemps et qu'il se mit à élaborer. Et — nous l'avons fait remarquer avec insistance — il les présenta avec la simplicité et la clarté de conception, avec l'ordre naturel d'arrangement, avec la touche magistrale de la déduction, que seule la complète domination du sujet, unie à la méditation continue et profondément pénétrante, peut réaliser,

Par son idée de l'inversion, souvent mentionnée par lui, et par la découverte de la double périodicité qui s'y rattache, — idée qui

(1) Mémoire XII, 1re édition; XVI de la nouvelle.

remonte au temps de son premier voyage, — il opéra, comme nous l'avons dit, dans cette branche élevée de la science, toute une révolution de l'ancien corps de doctrines. En d'autres termes, il fit apercevoir que toutes ces recherches sur les intégrales nous introduisaient dans un vaste domaine de fonctions qui se rattachaient, suivant un ordre naturel, aux fonctions transcendantes les plus simples des mathématiques. Les nouvelles fonctions elliptiques formaient non seulement la continuation la plus immédiate des fonctions trigonométriques et exponentielles, mais elles comprenaient encore ces dernières comme cas particuliers.

Le calcul intégral se présentait ainsi comme une source abondante, d'où l'on pouvait, à côté des formes connues, en tirer encore une multitude d'autres nouvelles. C'est aussi, mais avec une extension immensément plus vaste, que les intégrales *abéliennes*, dont il avait découvert les propriétés fondamentales dans son mémoire envoyé à l'Académie de Paris, purent, d'une manière plus ou moins analogue, se prêter pareillement à une inversion. Dans ces conditions pouvait se réaliser la périodicité *plus que double,* la périodicité *multiple,* dont nous savons qu'Abel s'était occupé dans un travail de sa jeunesse, non destiné à la publication, mais présentant des incorrections (1).

Le travail de remaniement de sa théorie des fonctions elliptiques qu'il s'était proposé était trop étendu pour qu'il fût possible de l'achever pendant le bref séjour qui lui restait à faire à Paris. Outre cela, il se trouva qu'il n'avait pas mieux pour cela la libre disposition de son temps. Il avait eu le dessein de l'envoyer à Gergonne, de Montpellier, pour que celui-ci l'insérât dans les *Annales.* Comme introduction, il rédigea aussi pour le même recueil quelques notes de moindre étendue, et dont probablement une seule fut envoyée. C'était, dit-il, pour voir « s'il voulait imprimer. »

Vers la fin de décembre, toute prolongation de son séjour à Paris était devenue impossible. Les embarras d'argent étaient

(1) Le mémoire VIII, t. II, de la 1re édition (VII, t. II, de la nouvelle).

désormais trop grands après tous ces voyages; d'autant plus grands qu'avec des ressources restreintes il avait été forcé de faire des avances à Keilhau, qui était arrivé à Paris après lui, — la colonie étant d'ailleurs dissoute, — pour lui permettre de rentrer dans son pays. Holmboe était alors l'aide dans le besoin, celui à qui Abel devait toujours et toujours recourir, et, ponctuel et infatigable, il s'empressait, dans ces circonstances comme partout, de rendre service à son élève. Mais ces demandes considérables ne pouvaient naturellement qu'être gênantes de part et d'autre.

Aux environs de Noël, Abel quitta Paris en toute hâte pour regagner son pays, en passant par Berlin : il était absolument au bout de ses moyens de subsistance. De nouveau il pouvait se retrouver alors au milieu de ses connaissances, au lieu de vivre solitaire dans la grande ville cosmopolite, sans ressources et sans voir personne à qui il pût avoir recours dans sa position critique. En janvier, avec quatorze thalers dans sa poche, il rentra à Berlin, où il se hâta d'aller trouver Crelle. Il rencontra aussi par bonheur quelques compatriotes près desquels il put trouver un appui. Le secours pécuniaire désiré finit par arriver, et Abel fut tiré d'affaire. Cependant les dettes allaient croissant tous les jours, sans qu'il pût espérer de pouvoir jamais s'en débarrasser.

A Berlin, il continua du reste ses travaux, qui ne comprenaient pas exclusivement la suite de ses *Recherches*. Il semble que déjà — ou dans tous les cas très peu de temps après — cette œuvre acqut une étendue plus considérable; car, dans les cahiers de notes qu'il a laissés, on voit que les études préparatoires de son dernier travail sur cet objet, le *Précis*, etc., étaient commencés.

Toujours il s'occupait, dès qu'il avait un moment de liberté, de ses études algébriques, qu'il appelait son objet de prédilection. Or on pourrait dire que ses autres études reposaient sur celles-là. Certainement c'était bien aussi son désir de rassembler les résultats de ses recherches sur les fonctions elliptiques dans un grand ouvrage, au lieu de les publier par parties et à des époques irrégulières; mais ce projet n'était pas facile à réaliser. La conclusion dut être naturellement que, à son départ pour Christiania, il laissa entre les mains de Crelle ce qu'il avait eu le temps de rédiger.

A Berlin, il séjourna, suivant sa propre expression, aussi longtemps que ses moyens purent lui suffire. Il effectua son retour en avril ou au plus tard au commencement de mai, parce qu'il voulait prendre la route de Copenhague et faire un très court séjour dans cette ville. A Copenhague il devait rencontrer sa fiancée, qui était alors revenue en Danemark pour y résider.

Cependant Crelle avait cherché à le retenir auprès de lui. « Il m'a bombardé d'une manière terrible », écrit Abel à Boeck, « pour me faire rester.... Il est un peu choqué de ce que j'ai dit non. Il ne comprend pas ce que je veux faire en Norvège, qu'il s'imagine être une autre Sibérie. »

Il envisageait avec une certaine terreur l'avenir qui l'attendait dans son pays. Quand il rentra, il lui sembla être condamné « à tendre la sébile à la porte de l'église! » Mais « il est si convenablement plié », écrit-il, « au malheur et à la misère! » Parfois il pouvait lui venir le désir de se fixer pour toujours en Allemagne, « comme il aurait pu le faire sans difficulté. » Et avec toutes les misères qui le tourmentaient, il ne pouvait ne pas se dissimuler que l'expatriation était maintenant le parti le plus avantageux.

Mais toujours il y avait quelque chose qui l'attirait vers la Norvège; toujours et toujours revenait « assez étrangement » le mal du pays avec une force croissante, et qui lui faisait refuser les offres les plus tentantes.

En passant par le Danemark, il revint ainsi à Christiania, où il rentra le 20 mai 1827. A peine eut-il annoncé son arrivée au Sénat de l'Université que ce corps se mit à l'œuvre, en proposant au Gouvernement d'accorder à Abel une subvention pour la continuation de ses études et de ses travaux. La réponse du Gouvernement fut négative : il n'y avait plus de fonds disponibles pour une telle destination.

La position critique où il se trouvait excita cependant à un haut degré l'intérêt des membres de l'Université, si bien que peu de temps après ils entreprirent une démarche inusitée, en renouvelant la demande qui venait déjà d'être repoussée. Les pétitionnaires alléguaient que, après son retour, il devait toucher la pension dont il avait joui récemment avant son voyage, pension dont le montant s'élevait à la faible somme de 200 speciedaler [1]. Comme on devait s'y attendre, la prière du Sénat, sous sa nouvelle forme, fut encore repoussée par l'autorité supérieure.

Comment le mathématicien endetté, pendant la durée d'une longue année, dut-il s'y prendre pour gagner sa vie, c'est ce qu'on ne s'explique pas facilement. Sans famille ni parents qui pussent lui venir en aide, il se trouva, sans aucun doute, dans la cruelle nécessité de recourir à la générosité de ses amis, tandis que ses embarras économiques se compliquaient nécessairement de plus en plus. Les connaissances et les talents qu'il possédait n'étaient guère de nature à lui procurer le plus mince bénéfice, surtout maintenant, avant qu'il eût le temps de mettre de l'ordre dans ses affaires. On a pu constater qu'il reprit son métier peu lucratif d'autrefois, en donnant des répétitions de trigonométrie et de stéréométrie aux étudiants qui se préparaient à l'*examen philosophicum*. Ses cahiers de notes, où il inscrivait les calculs préparatoires pour ses travaux, portent des traces indiquant qu'il avait commencé par gagner ainsi son pain ; mais il ne peut guère avoir fait de grands profits dans cette occupation, et certainement ce n'est pas là qu'il eût pu trouver un moyen efficace de se tirer d'affaire. On raconte que pendant quelque temps, à Christiania, il doit avoir vécu « dans la misère presque absolue », et, bien qu'il eût des amis auxquels il aurait pu s'adresser, et dont le bon vouloir, malgré les désagréments d'une telle charge, ne leur aurait pas permis de le laisser dans cet état, il est bien probable que c'est à l'époque dont il est question que ce récit se rapporte. Il lui fallait souvent s'armer de tout son courage pour demander à des

---

(1) 1100 francs environ.

étrangers ce dont il manquait, et s'il cherchait à donner à sa demande une forme aussi franche que possible, certainement aussi le courage lui a plus d'une fois manqué et il a mieux aimé se priver. Beaucoup de petits traits témoignent à quel point il pouvait se montrer délicat lorsqu'il s'agissait de causer à ses amis les moindres sacrifices ou de recevoir les moindres présents, et qu'il pouvait s'en dispenser d'une manière quelconque.

IX.

Découverte de Gauss vers le commencement du siècle. Remarques préliminaires concernant l'idée qu'on s'est faite de la situation réciproque d'Abel et de Jacobi.

Nous interrompons ici pour un instant notre récit des circonstances qui suivirent son retour, pour étudier de plus près un point important : *la découverte des fonctions elliptiques,* et particulièrement l'histoire de leur premier développement à l'époque *qui va suivre immédiatement*, de 1827 à 1829.

Nous ferons donc abstraction des voies cachées, qui, en ce qui touche Abel, peuvent être suivies rétrospectivement *depuis les données claires du séjour à Paris en 1826 jusqu'à l'été de 1823,* dans lequel, avec l'aide de Degen, il chercha à découvrir une faute qu'il avait commise dans un « petit mémoire qui traitait *des fonctions inverses des transcendantes elliptiques* (1) ». Telle est l'opinion accréditée, et c'est vers tout ce qui s'y rapporte que nous allons maintenant diriger notre attention.

Nous pourrons volontiers remonter jusqu'à l'époque de mars 1827 ; car, en conséquence d'une assertion directe de Jacobi, dans une lettre à Legendre du 12 avril 1828, Jacobi fit alors le premier pas décisif dans la carrière d'inventeur, en trouvant son « principe de transformation », découverte qui cependant n'avait encore rien à voir avec la découverte des fonctions elliptiques elles-mêmes (2).

(1) Lettre à Holmboe du 24 juin (ou plutôt du 3 août) 1823.

(2) Ce rôle n'appartient même pas au théorème donné par Jacobi en juin et août. D'ailleurs, c'est plutôt *pour Jacobi* que *pour la science* que ce « principe », comme il l'appelle, a été un *vrai principe,* parce que c'est à l'aide de ce détour qu'il est arrivé au théorème, et le théorème ne suffit pas pour constituer une découverte fondamentale. Il n'y a là que l'ancienne méthode mathématique, avec quelques traces d l'esprit d'Abel.

Il résulte aussi d'une autre déclaration du même géomètre que l'on a ici la date la plus ancienne à laquelle on puisse remonter. Il dit en effet lui-même, dans une lettre de date postérieure — du 9 septembre, — en annonçant qu'il a fait commencer l'impression de ses *Fundamenta nova functionum ellipticarum,* qu'il « avoue être un peu fatigué de ce sujet, qui l'a occupé pendant dix-huit mois presque jour et nuit ». — Si l'on remonte de dix-huit mois en arrière, on arrive précisément au même mois de mars 1827.

L'opinion courante est donc celle-ci : que *la découverte des fonctions elliptiques appartient à l'année 1827;* qu'elle a été faite aussi bien par *Abel* que par *Jacobi;* qu'elle a été faite par eux *simultanément,* ou peut-être un peu plus tôt par le premier nommé; et enfin l'établissement des premiers résultats les plus essentiels a été obtenu des deux parts d'une manière entièrement *indépendante.*

Mais ce jugement exige déjà immédiatement quelques rectifications et quelques objections préliminaires, avant que nous ne procédions à un examen plus minutieux que celui dont on se serait contenté à cette époque.

En premier lieu, on n'avait pu tenir compte d'un fait qui n'a été mis complètement en lumière que dans ces derniers temps, — bien qu'il ne soit pas pour cela plus généralement connu, — savoir que *Gauss,* depuis longtemps déjà, vers le commencement du siècle, avait *fait* la découverte dans ses traits essentiels, sans toutefois avoir livré ses résultats à la publicité. Quelle a été l'étendue de cette découverte, c'est ce qui résulte des indications de Gauss, et il faut espérer qu'un jour à venir ces indications pourront être déchiffrées dans leur enchaînement par des hommes compétents.

Nous renvoyons le lecteur qui s'intéresserait à ce sujet — que nous ne pouvons ici qu'effleurer — à un écrit publié récemment par Königsberger, à Vienne, et dans lequel se trouve le compte rendu de cette affaire, conforme aux dates qui ont été déterminées par le professeur Schering pour les travaux posthumes de Gauss. Cet écrit, d'une haute valeur et remontant aux sources, ne traite pas cependant cette découverte comme son objet principal; il est intitulé (avec une exactitude plus grande que d'ordinaire quand il s'agit de cet objet) : *Zur Geschichte der Theorie der elliptischen Transcendenten in den Jahren 1826-29,* et il a été rédigé à l'occasion du cinquantenaire des *Fundamenta nova* de Jacobi, dont la publication coïncide avec la mort d'Abel. Pour éviter toutefois les malentendus, nous remarquerons que le mot *transcendantes* elliptiques, dans ce passage, doit être entendu au sens de *fonctions* elliptiques, qui prit naissance précisément avec ce qu'Abel désignait, en 1823, sous le nom d'*inversion des transcendantes elliptiques.*

Il serait certainement aussi d'un intérêt exceptionnel, non seulement de déterminer exactement la marche du développement de cette découverte primitive de Gauss, mais en même temps d'examiner, en regard des autres travaux de cet illustre géomètre, les circonstances personnelles de sa vie. La tranquillité avec laquelle il considère les incursions d'Abel et de Jacobi dans ses domaines et renonce à la propriété d'une partie si considérable de ses travaux, et cette habitude de garder longtemps le secret sur d'importantes théories, constituent un phénomène tellement singulier, qu'une étude biographique approfondie pourrait seule en donner l'explication.

Gauss, autant que nous sachions, s'est contenté de démontrer à la postérité qu'il avait été en possession des nouveaux principes, en établissant des résultats qui ont été reconnus plus tard comme supposant la connaissance de ces principes; de plus, en laissant comme témoignages des papiers avec leurs dates, et enfin aussi par les indications contenues dans ses lettres. C'est ainsi qu'il s'exprime dans une lettre à Crelle, à une époque où venaient de paraître les premières notes de Jacobi et la première partie des *Recherches* d'Abel, mais où aucune autre des publications de celui-ci sur les fonctions elliptiques n'avait encore vu le jour. Il s'exprime ainsi — et sans même nommer Jacobi (1) : « D'autres affaires m'empêchent pour le moment de rédiger ces recherches » (les recherches sur les fonctions elliptiques dont Crelle avait demandé à Gauss le manuscrit). « Abel a pris les devants sur moi au moins pour un bon tiers. Il a suivi exactement la même voie dans laquelle j'étais entré en 1798. Aussi n'est-il pas étonnant pour moi qu'il soit parvenu pour la plus grande partie aux mêmes résultats. Comme il a montré d'ailleurs dans ses déductions tant de finesse, de profondeur et d'élégance, je me considère dès lors comme dégagé de l'obligation de rédiger mes propres recherches (2). »

Gauss n'a donc pas publié lui-même ses recherches, et en les renfermant si longtemps, il a beaucoup perdu. Mais son droit de premier inventeur subsiste, encore qu'il soit privé du droit de première publication. Il y aurait pourtant un intérêt historique à connaître quels pouvaient être les rapports entre ces recherches de Gauss et celles d'Abel, ou à quelles sources communes ils avaient puisé l'un et l'autre. Quoique les études d'Abel aient été dirigées vers les méthodes d'Euler et de Lagrange plutôt que vers celles de Gauss, on sait cependant qu'il a aussi pris connaissance des travaux de ce dernier, et que depuis longtemps certainement, pour les questions qui rentraient dans le cercle de ses recherches, il y avait puisé des idées et des inspirations. Ainsi Abel cite

(1) Ce qu'avait fait Jacobi n'avait pas toute l'importance qu'on s'est accoutumé plus tard à y attribuer, sous l'impression fausse que Jacobi avait aussi découvert les *fonctions elliptiques*. Gauss a vu justement que, sous ce rapport, le travail de Jacobi avait un mérite secondaire; c'est sans doute le vrai motif pour lequel Gauss n'a pas mentionné Jacobi à cette occasion. Il ne serait pas raisonnable d'accuser le grand géomètre de jalousie ou d'injustice à l'égard d'un tout jeune homme.

(2) Nous croyons que ce passage n'est pas toujours bien interprété. Il faut remarquer qu'à cette époque la première partie des *Recherches* était seule publiée, et qu'elle s'arrêtait à la division. Il restait donc à traiter la théorie des transformations, celle des fonctions ϑ, etc. Naturellement Gauss pense en ce moment à ce que seraient ses propres recherches s'il les avait publiées avec leurs développements. — Si l'on néglige cette remarque, les assertions de Gauss paraîtront peu correctes. D'ailleurs il reste encore quelque chose qui ne nous semble pas bien clair. Pour le juger, il faut avoir sous les yeux non les *Œuvres complètes*, mais le *Journal de Crelle*, où la première partie des *Recherches* forme un premier mémoire comprenant la *division*.

à diverses reprises dans ses écrits la division du cercle de Gauss, et il fait allusion dans sa correspondance aux mystères de cette division [1] qu'il est parvenu à pénétrer. Soutenu par ses études de Lagrange — qui l'avaient occupé à un bien plus haut degré — il avait été conduit par ses recherches à pénétrer dans le domaine de l'Algèbre à une profondeur beaucoup plus grande qu'aucun de ses devanciers. Il était naturel alors qu'ayant de tels moyens à sa disposition, ou cherchant encore à les développer, il fût amené dans les mêmes directions que Gauss, et qu'il se proposât des problèmes que ce grand géomètre avait déclarés résolubles. Il existe au moins un point [2] pour lequel on peut constater ainsi une dépendance entre les études d'Abel et celles de Gauss, en tant qu'il est question des fonctions elliptiques. Il ne s'agit pas ici certainement d'un point capital que l'on doit chercher dans une marche d'idées d'une toute autre nature, présentant une certaine connexion avec son Mémoire portant le n° VIII [3] de ses Œuvres posthumes. Il s'agissait cependant d'un point d'une très grande importance, savoir, du développement de certaines propriétés plus profondément cachées de ces mêmes fonctions.

Il n'en serait que plus désirable de pouvoir suivre les traces des idées et des problèmes mis en œuvre par Abel, puisqu'ils étaient présentés si brusquement par lui à l'improviste, comme s'ils n'eussent pas eu de racines dans le passé. Mais quelque grand que soit le génie d'un homme, il a encore des voies à trouver — bien qu'on ne les trouve pas toujours — aboutissant aux anciens ou en communication avec l'époque contemporaine, et une exploration pour découvrir ces voies ne manquerait pas d'importance quand il s'agit des grandes pensées qui germaient dans ce sol fécond — sortant souvent, il est vrai, d'une humble origine.

Pour ce qui concerne Abel, une solution partielle d'un pareil

---

(1) Ces mystères se rapportaient à la division et aux moyens algébriques pour y arriver.

(2) L'idée de diviser la lemniscate.

(3) T. II, ancienne édition, et VII, t. II, de la nouvelle. Rappelons-nous que ce Mémoire est antérieur à 1825.

problème, malgré cette source abondante d'idées et malgré le puissant développement de tout ce qui rentrait dans son cercle de représentation, n'était pas aussi désespérée qu'elle semblerait l'être au premier abord. Car personne n'expose plus ouvertement ce qu'il possède, pensées et découvertes; personne ne cherche moins que lui à cacher la source où il a puisé. Il ne cache pas non plus avec jalousie, en s'entourant de mystère, le secret de ses méthodes et ses procédés (1); il n'essaie pas de dissimuler le but vers lequel il tend (2). On sait parfaitement aussi quelle a été la marche de son éducation scientifique, quels auteurs il a lus, et ce qu'il a pu recevoir de ces auteurs pour en faire quelque chose de tout autre et de plus grand.

En revenant sur nos pas au sujet que nous avions quitté tout à l'heure, nous allons nous arrêter un instant à ce point d'attache qui relie Abel avec Gauss. Quoique ce point soit isolé, il n'en est pas moins d'une certaine importance.

Gauss remarque en passant, dans ses *Disquisitiones arithmeticæ,* qu'une certaine courbe, la lemniscate — dont nous remarquerons, à l'usage des lecteurs étrangers aux mathématiques, que la forme est celle du chiffre 8 — peut se diviser d'après le même principe que le cercle. Cet énoncé, au point de développement où Abel se trouvait à une époque antérieure, avait été une nouvelle énigme; car il supposait non seulement la connaissance, mais une connaissance très approfondie de la nouvelle espèce de fonctions. Et personne avant lui, si ce n'est Gauss, n'en avait eu le moindre soupçon. Quoique de certains passages d'une lettre à Hansteen il résulte qu'Abel ne s'était pas occupé d'une manière régulière et approfondie de la lecture des écrits de Gauss, il a évidemment, une fois ou l'autre, rencontré l'énoncé en question, mais sans y avoir, dans cette phase préparatoire de ses études,

(1) Comme c'était l'habitude si générale des mathématiciens d'autrefois.

(2) Parmi les auteurs qui se proposent un but très élevé, il arrive souvent que quelques-uns en font un secret, soit par crainte de perdre leur découverte, soit par peur du ridicule s'ils échouent. La simplicité d'Abel et les relations franches et naïves qui l'ont entouré ont empêché ces circonstances de se produire. Personne ne fut plus ouvert, plus sincère, plus enfant de la nature qu'Abel dans ses recherches.

dirigé spécialement son attention. Lorsque, étant à Paris, il s'occupait de sa nouvelle théorie, et qu'il avait aussi trouvé de son côté comment on peut diviser la lemniscate, il en parle dans une lettre à Crelle du 4 décembre 1826, avec cette remarque, qu'il a des raisons de croire que Gauss aussi était arrivé au même résultat. Ce n'est donc pas là une citation d'un ouvrage qu'il aurait eu récemment sous les yeux, mais une réminiscence confuse d'une époque déjà lointaine. De plus, quand il fait voir, dans ses *Recherches,* II (1), comment cette division peut s'effectuer, il ne cite pas spécialement l'énoncé de Gauss, mais il indique qu'il se sert de la méthode de ce géomètre, de même qu'auparavant, dans une occasion identique, il renvoie à lui. Il reste cependant, à notre avis, un certain manque de précision sur la question des droits de Gauss, qui a affirmé — à la vérité, sans démonstration — la possibilité de cette division.

Ce point présente un double intérêt. Il montre à quel degré les recherches de Gauss, celles même dont les résultats n'ont pas été livrés à la publicité, ont exercé une heureuse influence sur le développement des fonctions elliptiques dû aux travaux plus récents d'Abel (2). Et Abel, à son tour, dans ses lettres et dans les travaux suivants qui ont permis de les contrôler, a clairement montré à la postérité que, dès l'époque de 1826, il possédait déjà dans une vaste étendue la théorie des nouvelles fonctions (3). Comme Dirichlet l'a relevé, il résulte des indications de Gauss, confirmées par les recherches d'Abel, que le premier a dû disposer depuis un grand nombre d'années de moyens analytiques exigeant des connaissances très complètes sur la théorie des nouvelles fonctions; mais avec la même raison on conclura, des énoncés communiqués par Abel à Holmboe et à Crelle, qu'avant la fin

(1) C'est la partie des *Recherches*, etc., qui fut publiée dans le *Journal* de Crelle, t. III, et qui contient surtout la théorie de la transformation.

(2) Par exemple, Gauss indique l'existence de la division de la lemniscate, Abel la fait.

(3) Abel dit à Holmboe qu'il l'a fait. Plus tard il le fait. Mais cela ne peut avoir lieu sans une connaissance très profonde de la nouvelle théorie, poussée même jusqu'à la théorie de la division et à celle de la double périodicité.

de 1826 il avait bien, lui aussi, approfondi cette branche de l'analyse.

Nous arrivons maintenant à l'autre remarque que nous avons à faire, n'ayant plus à nous arrêter à ce droit de *priorité,* qui appartient ainsi proprement à Gauss. D'après la version ordinaire, Abel et Jacobi — Abel peut-être toutefois quelques mois plus tôt — auraient tous les deux, indépendamment l'un de l'autre, fait, ou plus exactement *refait* la même découverte des fonctions elliptiques. Quoique l'annonce de telles découvertes simultanées et indépendantes résiste rarement à une rigoureuse analyse des circonstances, la simultanéité et l'indépendance se réduisant à quelqu'autre chose ou n'ayant qu'un semblant d'existence, dû à une connaissance imparfaite des événements, il se rencontre cependant dans le cas actuel beaucoup de raisons servant à confirmer cette *croyance.* Nous disons *croyance;* car dès qu'on adopte une opinion à une époque déjà lointaine, aucune recherche complète n'a pu être faite; c'est bien souvent alors une légende qui se développe, et peu à peu elle s'accrédite.

Nous avons là, en premier lieu, un témoignage de l'opinion qu'on s'était formée dès l'origine, témoignage provenant d'hommes dont la sincérité ne fait aucun doute, et dont la rectitude d'esprit ne les aurait pas aisément laissés tomber en erreur — en tout cas, ajouterons-nous, si les évenements et leur enchaînement avaient pu se présenter aussi clairement à leurs yeux que la postérité se le figure. Nous avons affaire ici à des contemporains comme Legendre, comme Poisson, comme Dirichlet. Bien plus encore — car en réalité la qualité de contemporains de Poisson et de Dirichlet n'a que bien peu de chose à faire dans la question — nous pouvons citer *Crelle,* qui était en relations si étroites à la fois avec *Abel* et *Jacobi,* et dont la sympathie pour le premier était si prononcée. Crelle dit, dans son nécrologe d'Abel, que celui-ci et Jacobi « ont toujours marché également et comme de front dans leurs recherches sur les fonctions elliptiques, sans cependant se connaître l'un l'autre, non plus que leurs travaux, et sans se rencontrer ni se toucher dans leur route. »

Holmboe lui-même semble avoir entretenu et certainement aussi partagé l'opinion, si généralement acceptée, si peu discutée d'après la marche spéciale des événements et si facilement adoptée, de la simultanéité et de l'indépendance des travaux des deux géomètres. Il écrit lui-même dans sa préface aux *Œuvres complètes* : « En même temps que notre Abel, et sans connaître les ouvrages de ce dernier, M. Jacobi, de Königsberg, commença à traiter la théorie des fonctions elliptiques. Ainsi une rivalité s'établit entre ces deux génies supérieurs dans leurs traités sur les dites fonctions. » Il ajoute ensuite : « Abel me dit que, lors de son séjour à Paris en 1826, il avait déjà achevé la partie essentielle des principes qu'il avançait dans la suite sur ces fonctions, et qu'il aurait bien voulu remettre la publication de ses découvertes jusqu'à ce qu'il en eût pu composer une théorie complète, si en attendant M. Jacobi ne s'était mis sur les rangs. »

Avant d'aller plus loin, nous allons pourtant montrer que chez Holmboe une influence étrangère s'est fait sentir un peu plus tard. On retrouve chez lui, d'après la thèse introduite dans le nécrologe de Crelle, l'affirmation de l'indépendance mutuelle des travaux des deux auteurs, dont chacun ignorait ce que faisait l'autre, ce nécrologe ayant été inséré dans cette même préface. Le texte original, écrit en norvégien, contient cependant, au lieu du passage de la préface, ces lignes écrites à une date bien antérieure, savoir, en 1829, dans le *Magazin for Naturvidenskaberne,* et cela, chose à remarquer, en connexion avec le nécrologe de Crelle. Holmboe s'exprime ainsi : « La théorie de ces fonctions..., en outre des recherches d'Abel, a été aussi l'objet de travaux du plus grand mérite de la part du professeur Jacobi, de Königsberg. Ces deux jeunes géomètres à peu près du même âge, comme ils marchaient côte à côte au point de vue du génie mathématique, rivalisaient entre eux dans leurs mémoires sur ces fonctions. Abel m'a dit que, quand il était à Paris en 1826, il avait déjà achevé ce qu'il y avait de plus essentiel dans ce qu'il a publié plus tard sur ces fonctions... » On voit ainsi que le passage est le même, et les mots à peu près identiques. Mais l'affirmation intercalée, comme nous l'avons remarqué plus haut, concernant l'indépendance des travaux, etc., ne s'y trouve pas; elle a été accueillie plus tard, évidemment de bonne foi, d'après le passage correspondant du nécrologe de Crelle.

Nous ferons encore ici une autre remarque. Nous avons reproduit une citation, surtout pour constater une identité, et nous l'avons prolongée plus loin qu'il n'était nécessaire. Or il s'est glissé dans la traduction française une modification du sens du texte, laquelle du reste se rencontre également en d'autres endroits, dans la traduction de quelques expressions dans les lettres d'Abel. Naturellement une reproduction exacte de tout point ne peut être obtenue d'un traducteur peu familier avec la substance du texte; mais ce qui avait pu paraître d'abord insignifiant ou qui n'avait été nullement remarqué pouvait dans un autre cas acquérir de l'importance, de sorte qu'il faut recourir de nouveau aux sources originales. Dans le texte primitif on lit qu'Abel à Paris, en 1826, possédait ce qu'il y avait de plus essentiel dans ce qu'il a publié depuis sur ces fonctions. Dans la traduction française, plus récente de plusieurs années, il est dit qu'il possédait, au lieu de « ce qu'il y avait de plus essentiel » — ce qui sans aucun doute était la leçon la plus correcte — « la partie essentielle des principes. » Évidemment cela ne peut être autre chose qu'une tournure malheureuse introduite par l'inattention du traducteur; car tous les principes étaient alors trouvés.

Pour renforcer encore plus ces assertions de simultanéité et d'indépendance, on peut alléguer que Jacobi, au commencement, ne nomme pas non plus Abel, et que, *en général*, dans ses premiers écrits, il ne le désigne pas comme *source*. Et, d'autre part, cette reconnaissance réciproque, sans aucune discussion de priorité! Nous pouvons même ajouter que, à l'exception d'un passage isolé d'une lettre écrite dans des circonstances décourageantes, dans lequel on aperçoit chez Abel une certaine animation, à l'exception aussi de quelques propos qui font deviner d'autres choses, mais auxquels nous ne pouvons nous arrêter ici, Abel ne fait en général ni remarques ni allusions quelconques. Les rares occasions où il parle de Jacobi dans ses lettres ne portent à croire rien autre chose, si ce n'est que tout est bien.

Tout semble ainsi être dans le meilleur ordre, et la croyance courante paraît bien fondée.

Nous aussi, nous avons accepté cette opinion, et nous pouvons le dire, nous avons aussi partagé la satisfaction générale de voir cette fraternité et cette abnégation des intérêts personnels dans les efforts communs pour parvenir aux sublimes vérités. Mais certaines circonstances frappantes ont depuis quelque temps ébranlé notre foi dans la parfaite correction des manières de voir ordinaires, et ces esquisses biographiques, dont la rédaction a été reprise à des époques diverses, nous ont conduit à des recherches qui donnent aux choses un aspect bien différent. Nous ne nous placerons donc pas, pour tous les faits, au même point de vue que nous avions adopté au commencement de cette exposition.

Par un ensemble de circonstances qui sera discuté plus loin, il s'est introduit des perversions du droit historique, et cela depuis les premiers temps. Et malgré les hommages si largement rendus, malgré les sympathies les plus chaleureuses et les plus unanimes pour notre compatriote, il s'est maintenu une certaine confusion dans l'opinion générale relativement à la question de propriété. Cette manière de voir a particulièrement son expression dans l'admission d'une singulière communauté de propriété — grâce à laquelle, il est vrai, tant de choses se perdent et tant d'équivoques se produisent. Même dans l'honneur que l'on rend si volontiers à notre géomètre, il se mêle un certain vague. L'éloge est exprimé par de grands mots, qui peuvent sonner harmonieusement, mais qui seront oubliés un jour si la réalité qu'ils doivent exprimer, et qui appartient à Abel sans partage, ne peut lui être restituée.

Son contemporain et survivant, si hautement distingué, a eu le bonheur de travailler dans un grand pays, au milieu de relations plus étendues. La nouvelle doctrine et les nouvelles idées y poussaient des racines et se développaient rapidement. La période de l'indifférence, qui dura autant que la vie d'Abel, était passée. L'intelligence de cette théorie pénétrait dans des cercles de plus en plus vastes, et à la tête d'une nombreuse troupe d'élèves marchait Jacobi, comme le chef du nouveau mouvement. Abel, dans son étroite et lointaine patrie, était abandonné à lui-même et à son petit noyau d'intimes. Il n'avait pas, *lui*, une foule de disciples autour de lui; ses élèves, nous pouvons le dire, c'était le petit nombre de ses anciens maîtres; c'était le grand Gauss; c'était, dans une sphère certainement moins élevée, mais néanmoins très éclatante, Jacobi. Il y avait aussi là le vieux Legendre — bien qu'il lui semblât assez difficile de suivre la bannière révolutionnaire du novateur. — Abel n'était pas non plus un esprit dont les recherches fussent à la portée du plus grand nombre; quelle que fût la clarté de sa pensée et de son style, il y avait cependant dans les problèmes eux-mêmes et dans l'originalité des pensées quelque chose qui devançait de trop loin son époque. Jacobi, au contraire, se rapprochait davantage de son temps, et, quelque hauteur qu'il atteignît, il posait ses problèmes à un niveau moins élevé; c'était un but plus accessible pour le grand nombre que le but proposé par Abel. Trop indépendant dans ses conceptions pour vouloir suivre servilement les traces de son émule, il imprima au développement de la science la marque personnelle de son cachet, et nous pouvons dire, de son individualité. Car l'esprit de Jacobi pénétrait plus aisément, dans ces matières, les investigations *générales* du monde scientifique que l'esprit de Gauss ou d'Abel, et c'est sur les *formes* tracées par lui que ces investigations roulaient.

Quoi d'étonnant alors si l'attention générale se portait, avec une si grande préférence vers le survivant hautement honoré et hautement méritant, et qu'Abel, retiré dans son coin paisible, — d'où il disparut juste au moment où Jacobi se présentait avec son ouvrage capital, — qu'Abel tomba devant lui dans l'oubli : il n'avait pour garant que la valeur de ses écrits, trop élevés pour la plupart des lecteurs, et l'affection qu'il avait trouvée chez un vieil ami et compatriote de son émule. Quoi d'étonnant si le son vide de la gloire prit en grande partie la place de la gloire elle-même? Rien de plus naturel aussi que de voir les fausses attributions de propriété, qui depuis longtemps déjà *avaient eu lieu*, égarer toujours les esprits. Car il y avait tant de choses, faites pour désorienter, qui continuaient à subsister et qui ne pouvaient que porter le trouble dans les esprits. Les idées erronées continuèrent donc à enfoncer plus profondément leurs racines.

Pour ramener les choses à leur véritable situation, il faut donc remonter aux sources, et apporter de nouveaux éclaircissements, qui ne peuvent pas être cherchés exclusivement dans les textes anciens. L'histoire de ce qui s'est passé pendant ces jours-là doit être reprise en détail et mise en rapport avec les documents qui proviennent d'autres sources, et surtout de notre propre pays.

Si de cette manière quelques illusions anciennes et accréditées sont dérangées, si dans tout ce qu'il y a de grand il doit se trouver des côtés d'ombre; si des erreurs, qu'ailleurs on devrait laisser en paix, sont mises en évidence parce qu'il le faut pour rendre au possesseur légitime son droit de propriété littéraire, il en résultera inévitablement des conséquences pénibles. Mais ce n'est qu'à ce prix qu'on peut satisfaire à la justice historique. De cette recherche sortira pourtant une image plus complète et d'un plus vif coloris; c'est toujours ce que l'on gagne, en pénétrant à fond dans le *vrai*.

Le rang comme inventeur, attribué à Jacobi, sera diminué, en même temps que cette communauté entre lui et Abel se dissoudra. L'opinion traditionnelle sur le mérite relatif des deux champions devra aussi être modifiée; plus d'un reflet romanesque en disparaîtra. Mais Jacobi lui-même, le travailleur si hautement doué, si infatigable, qui a si bien mérité de la science, ne peut être jugé d'après quelques-unes de ses années de jeunesse et uniquement par comparaison avec un Abel. Car, malgré des conditions favorables d'une autre nature, il luttait contre son émule à armes inégales, et s'était préparé trop tard pour un tel combat. On ne doit pas non plus oublier que c'est seulement pour une très courte période que nous avons à nous occuper de Jacobi. Si ce qu'il a fait de grand et de bon appartenant à cette époque couvre quelques fautes, qui ne doivent pas être ici dissimulées, ce n'est toutefois qu'un fragment détaché de l'ensemble, un épisode d'une vie de jeunesse, où s'agitait l'énergie d'une âme ardente.

X.

La découverte par Abel des fonctions elliptiques. — Les théorèmes de transformation de Jacobi, et leurs rapports avec les fonctions elliptiques, ainsi qu'avec la théorie définitive de Legendre.

Dans les tristes circonstances au milieu desquelles se trouvait Abel à son retour dans son pays, ce fut en septembre 1827 que parut dans le *Journal de Crelle* la première partie de son mémoire cité plus haut et devenu depuis si célèbre, les *Recherches*. Quoique ce Mémoire, auquel il travaillait pendant son séjour à Paris en 1826, et sur lequel il donnait à cette époque des éclaircissements dans des lettres à Holmboe ainsi qu'à Crelle; quoiqu'ainsi, lorsqu'il fut remis à l'éditeur lors du retour par Berlin, il ne fût pas encore achevé, il était cependant d'une étendue considérable, et la nouvelle théorie des fonctions elliptiques, par ce travail faisant époque, se trouvait *fondée* (¹).

Dans les mêmes mois parurent, dans les *Astronomische Nachrichten* de Schumacher, les énoncés connus de Jacobi concernant la théorie des transformations; le premier était daté du 13 juin, le second du 2 août. L'ensemble n'occupait dans le journal guère plus d'une feuille; mais, malgré l'absence de développements, ce n'en était pas moins une œuvre de grande importance. On y trouvait une généralisation de l'ancienne théorie des transformations, telle qu'elle existait depuis Legendre. Toutefois la première généralisation, qui avait été publiée dans le mémoire du juin, et qui d'une certaine manière constituait le premier pas, avait été faite par Legendre lui-même sans que

(¹) Cette première partie du mémoire : *Recherches sur les fonctions elliptiques*, se trouve nº XII, t. I, de l'ancienne édition, p. 141 à 221 (nº XVI, t. I, de la nouvelle édition, p. 263 à 351).

Jacobi en eût connaissance. Le mémoire d'août, qui du reste contenait comme supplément une communication à Legendre du 5 du même mois, était au contraire d'une plus haute valeur. Jacobi y avait découvert une vérité relativement d'une grande profondeur.

Malgré cela, comme nous l'avons dit plus haut, la découverte de Jacobi, telle qu'elle se présenta à cette époque, ne pouvait encore être considérée que comme un complément plus large de l'ancienne théorie; on devait l'envisager comme une extension de la doctrine de Legendre. Car, comme cela ressort d'une lecture attentive des articles de Jacobi et de sa lettre à Legendre, aucune des deux grandes idées capitales, soit l'idée de l'inversion, soit celle de l'existence de la double périodicité, ne semble à cette époque être entrée dans son champ visuel. Naturellement on n'aperçoit alors nulle part une indication quelconque de la généralisation qui en résulterait pour les fonctions élémentaires simplement périodiques, et leur extension dans certaines fonctions *nouvelles*, douées d'une espèce plus élevée de périodicité.

Si l'on veut désigner la date de septembre comme l'époque remarquable où du fait de ces deux publications la théorie des fonctions elliptiques aurait été découverte simultanément par Abel et Jacobi, on adopte dans ce cas une tradition inexacte. Pour ce qui regarde Abel, cette découverte existait déjà complète non seulement en principe, mais encore dans ses plus importants développements. Par les idées qu'il y avait déposées, par son plan présenté avec clarté et avec ordre, par les indications qu'il avait données, et même par le choix de ses notations — et, joint à cela, par les pensées et les méthodes qu'il avait fait connaître auparavant dans son mémoire de Freiberg (1), — il dominait, nous pouvons le dire, la nouvelle doctrine sur tous les points fondamentaux et dans

(1) N° VI, t. I, de l'ancienne édition (n° XI, t. I, de la nouvelle). — En donnant à ce mémoire, historiquement si important, le nom sous lequel nous l'avons désigné plus haut, nous ne voulons pas dire qu'il ait été sans le moindre doute composé à Freiberg. D'après Holmboe, les mémoires d'Abel publiés dans le *Journal* avaient été rédigés en français et dans les premiers temps traduits en allemand par Crelle. Mais Holmboe, en les traduisant de nouveau en français, n'a pas eu les originaux

toute son étendue. Même la seconde partie des *Recherches*, promise pour le cahier suivant, après l'établissement des principes et les lumineuses indications sur ce qui devait venir ensuite, n'aurait pas été nécessaire pour le complet achèvement de la théorie ; car sans doute des mathématiciens de rang bien inférieur auraient pu sur ces fondements continuer l'édifice.

Jacobi avait fait une découverte importante. Ce qu'il y avait de plus caractéristique, c'était le passage par des transformations qui s'y rattachaient, et par la transformation dite complémentaire de la multiplication. Le théorème II, qui traitait de cette multiplication, avait été seul communiqué par l'auteur à Legendre.

Cette découverte, peut-être un jour à venir, mais sans qu'on en pût absolument répondre, aurait pu conduire à la nouvelle théorie; mais il n'est pas correct de dire que les bases de cette théorie fussent établies par ces propositions.

Que ces mêmes propositions, cependant si peu comparables qu'elles soient, comme points de départ fondamentaux, avec ce qui a été exposé dans le mémoire étendu intitulé *Recherches*, que ces propositions constituassent un progrès au-dessus de l'ordinaire, c'est ce qui n'est pas moins sûr. Cela ne ressort pas moins clairement des difficultés que présentaient leurs démonstrations.

Le jeune géomètre, moins âgé de deux ans que le jeune Abel, était en effet parvenu seulement par voie d'induction à ses résultats, et les avait envoyés — sans faire ce qui est un devoir en pareil cas — sans donner une seule indication sur la manière dont il y était parvenu.

Cependant la démonstration était désirée par Schumacher, qui avait fait paraître le théorème principal, mais qui n'avait aucune envie, ainsi qu'il l'écrit à Gauss le 28 août, « à l'avenir de publier de telles annonces toutes nues, sans démonstrations à l'appui. »

---

sous les yeux. Il paraît aussi avoir commis une erreur, en disant qu'Abel n'avait écrit en allemand qu'une très courte note de trois pages (n° XXII, t. II, de l'ancienne édition; n° XII, t. II, de la nouvelle). Car il dit, le 16 avril 1826 : « Vers la fin de février, je partis... pour Freiberg, *où je restai un mois pour composer un mémoire* qui devait être inséré dans le *Journal*. Je l'ai écrit moi-même *en allemand*, et il sera imprimé tel qu'il est écrit. »

Schumacher, qui, visiblement, n'avait pas une grande sympathie pour Jacobi, lui fit savoir en outre qu'« il ne trouvait pas l'insertion de tels énoncés tout à fait convenable. » Ce fut là pour Jacobi une puissante excitation à compléter ce qui manquait.

Cependant Legendre n'avait pas encore reçu la lettre de Jacobi, laquelle, outre ce même théorème, contenait aussi le théorème complémentaire. La lettre avait été confiée à un négociant en voyage, et ne parvint à sa destination que dans les derniers jours de novembre; mais Legendre avait déjà, par les *Astronomische Nachrichten*, eu connaissance de la théorie de Jacobi, dans l'étendue correspondante à celle de cette publication. Comme il résulte des témoignages de Schumacher et de Legendre, ce dernier, dès l'abord, n'avait aucune confiance dans cette généralisation de la théorie de la transformation de Jacobi, et il croyait que l'auteur ne pourrait pas démontrer ses théorèmes. Il avait supposé qu'ils étaient inexacts et que c'était simplement une induction trompeuse. On peut juger de l'importance qu'il y attachait cependant, à son point de vue et en considération de la construction de sa propre théorie, d'après cette circonstance que, le cas échéant, il en devait faire un supplément à sa théorie.

La démonstration devait donc être cherchée à de grandes profondeurs. Il en était de même, à plus forte raison, si on voulait l'étendre au théorème complémentaire, ainsi qu'au passage à la multiplication. Ces résultats, avons-nous dit, avaient aussi été envoyés à Legendre depuis le 5 août, bien que leur remise eût été retardée; et aussi, à cette occasion, Jacobi avait omis de faire savoir que ce n'était qu'un intéressant résultat d'induction. Il est important de bien remarquer cette double omission, pour mieux comprendre les événements qui vont maintenant se développer.

Vraisemblablement dans l'espérance illusoire de vaincre assez vite les difficultés, Jacobi, en continuant à garder le silence, se mettait dans une situation de plus en plus difficile. Jusque là toutefois c'était uniquement d'un seul côté que venait la pression : Schumacher pressait pour obtenir la démonstration absente.

Sans aucun doute, Jacobi a été condamné alors aux études les plus laborieuses touchant les propriétés des transcendantes en question. C'était seulement ainsi qu'il pouvait espérer de trouver les moyens de justifier ce qu'il n'avait fait que vérifier sur des exemples, et de se tirer ainsi d'embarras. Ces efforts peuvent bien aussi lui avoir permis d'approcher d'assez près et même — ce qui est possible, quoique nous doutions qu'il lui eût été laissé assez de temps avant qu'il fût prévenu par Abel — d'arriver en contact direct avec la découverte fondamentale, comme nous avons vu que ce dernier l'avait fait.

Abstraction faite de ce faux pas, qui pour le présent allait lui causer des embarras et en amener dans la suite de nouveaux, Jacobi dans l'année 1827, cherchant la démonstration d'une vérité importante qu'il avait trouvée, mais qu'il n'avait pas entièrement pénétrée, se trouvait ainsi dans une position assez semblable à celle d'Abel quatre ans plus tôt, lorsque celui-ci, à l'occasion de ses « fonctions inverses », s'était embarrassé dans des contradictions et exprimait sa détresse à Degen.

Mais avec cette avance de plusieurs années, on ne devait pas s'attendre à ce que Jacobi, malgré sa puissance de travail et les dons élevés de son esprit, pût dans un laps de temps si court rattraper son émule. De la part d'*Abel,* il était donc naturel que le grand but capital fût *déjà atteint*. Avec une vue parfaitement claire sur son œuvre, il pouvait livrer au public ses théories fondamentales, et il se mit à les exposer suivant un plan mûrement médité et conforme de tous points à la nature des choses. Pour Jacobi, la position était moins favorable. Le génie d'Abel *produisait* ce que l'autre aurait peut-être produit aussi, si un plus long délai lui eût été accordé. L'œuvre de Jacobi ne consista donc pas à découvrir *lui-même* les nouvelles frontières — dont il s'était seulement approché, mais sans finir par les trouver. Au lieu de cela, il transporta les heureuses trouvailles qui lui appartenaient aux pays fertiles que le génie d'Abel lui avait montrés.

Le 18 novembre, Jacobi signa la démonstration de son théorème primaire de transformation, énoncé dans le Journal de Schumacher. Toutefois la difficulté de découvrir ces démonstrations, fondées sur des vérités profondes, n'avait pas encore complètement disparu; car le théorème complémentaire, celui qui avait été conjointement avec le premier communiqué à Legendre, demeurait toujours sans vérification.

A cette époque, Legendre reçut la lettre de Jacobi restée en retard. Legendre put alors se convaincre que les résultats de Jacobi devaient s'enchaîner entre eux d'une manière exacte, sans toutefois que lui, Legendre, fût aussi en mesure de pénétrer plus avant dans le sujet. Il communiqua alors ces propositions remarquables à l'Académie, et écrivit aussitôt après à Jacobi une lettre témoignant de sa vive approbation. Dans cette lettre, datée du 30 novembre, ainsi qu'il l'avait fait à la séance de l'Académie, il dit en propres termes qu'il voit maintenant que « ce n'est pas sur l'induction, mais bien sur une analyse profonde et rigoureuse, que Jacobi a établi sa proposition générale. » Il témoigne en même temps le désir que l'auteur lui communique l'analyse qui l'a conduit à ces deux formules. La grande expérience qu'il a du maniement de ces matières lui permettra de se contenter d'une simple indication de la méthode ou de son principe fondamental.

Mais non seulement il restait une lacune à combler, attendu que pour le théorème complémentaire aucune vérification n'était encore trouvée,— sans doute, pour cette raison Jacobi n'avait pas même indiqué l'existence d'une seconde proposition de même nature, omission peu naturelle au sujet de ce mémoire, s'il n'y avait pas été contraint, — mais dans la démonstration du théorème primaire, il y avait encore quelque chose qui annonçait que le sujet dans son ensemble n'était pas parfaitement possédé par l'auteur. C'était en tous cas peu satisfaisant, en ce qu'il manquait un développement *déductif*, par lequel les nouveaux faits pussent se rattacher naturellement aux faits connus. Malgré l'ingéniosité qui apparaît dans les développements, ce côté faible avait été remarqué, et Legendre le relève aussi, tout en parlant avec grand éloge de la démonstration de Jacobi, dans une analyse qu'il en donne dans le même journal de Schumacher.

Entre autres choses, il s'exprime ainsi dans un passage de cet article : « Ici on doit regretter que l'auteur remplisse la tâche qu'il s'est imposée par une sorte de divination », et en touchant ensuite un point capital, important aussi, dans cette exposition, pour ce qui doit suivre, « sans nous mettre dans le secret des idées dont la filiation l'a amené progressivement à la forme que doit avoir $1-y$ pour satisfaire aux conditions du problème. Au reste », ajoute-t-il ensuite, « cette suppression des idées intermédiaires s'explique assez naturellement par la nécessité de ne pas donner trop d'étendue à une démonstration qui devait être insérée dans un journal scientifique, et il est à croire que quand l'auteur donnera un libre cours au développement de ses idées, dans un ouvrage composé *ad hoc*, il rétablira les intermédiaires dont l'absence se fait remarquer. »

Combien était sensible cette absence des éléments déductifs relevée par Legendre, c'est certainement une appréciation qu'ont partagée avec lui un bon nombre de lecteurs.

Dans cette démonstration, ou plus exactement, dans cette preuve par vérification, non seulement le premier théorème se trouve rigoureusement établi, mais, ce qui est encore plus essentiel, on y rencontre, dans l'enchaînement des conclusions, ce que l'on appelle *l'inversion*. Et cette idée n'est pas appliquée seulement ici, mais elle l'est aussi dans tous les mémoires suivants. Le résultat, dont la vérité est démontrée revêt par là d'ailleurs une forme différente de celle sous laquelle il avait été présenté d'abord, et de cette forme il ne revient plus maintenant à la forme ancienne.

L'introduction de l'algorithme de l'inversion dans ce mémoire de Jacobi est maintenant ce qui a donné lieu à l'opinion que *Jacobi* aussi avait découvert le *principe de l'inversion.* Nous allons donc considérer la succession des dates et l'entrecroisement des travaux, ainsi que l'attitude générale à cette époque.

Le 20 septembre, c'est-à-dire deux mois avant que Jacobi *signât* la démonstration de son théorème primaire, fut *publié* — d'après des renseignements recueillis à Berlin, à l'occasion de la préparation d'une nouvelle édition des Œuvres d'Abel — le deuxième fascicule du tome II du *Journal* de Crelle, contenant la première partie des *Recherches* (1). Cette partie du mémoire d'Abel était elle-même d'une étendue considérable. Elle contenait d'abord les *propriétés fondamentales* des nouvelles fonctions, propriétés qui, d'une manière parfaitement correcte, et conformément au contenu de son § 1er, furent définies comme se composant de l'*inversion*, de l'*addition* et de la *double périodicité*. Après ces propriétés fondamentales, qui furent désignées par Abel lui-même comme le fond de ses découvertes, viennent les *propriétés dérivées*. Il explique la théorie de la *multiplication*, celle de la *division* et celle du *développement en séries*. A partir de ce point, le mémoire devait être « prochainement continué. »

Après une courte remarque historique, ce mémoire débute par les mots suivants, qui précisent immédiatement l'idée capitale. « Je me propose », dit l'auteur, « dans ce mémoire, de considérer la fonction inverse, ce qui veut dire, etc.... » Et comme nouveau témoignage de ce qu'Abel s'était convaincu que cette idée était *au plus haut degré un point de départ fondamental* — sans rappeler de nouveau le petit mémoire inconnu de 1823, dans lequel l'inversion est indiquée d'une manière si précise par ces mots : « les fonctions inverses des transcendantes elliptiques » — nous citerons encore ses paroles, lorsqu'il se décida à donner, dans un mémoire distinct, une *suite* à ses *Recherches*. La seconde partie de ce travail (ce qui est caractéristique de son point de vue et de l'unité complète d'esprit et de plan qui y régnait), il la considérait comme faisant avec la

(1) On voit aussi, d'après une lettre à Legendre, datée du 12 janvier 1828, que Jacobi recevait à ce moment le troisième fascicule du tome II. Mais le fascicule suivant, dans lequel il avait espéré trouver la fin des *Recherches*, portait la date du 12 décembre 1827.

première un *seul* mémoire ([1]). Dans un avant-propos précédant cette suite ([2]), il dit dans les premières paroles de l'introduction : « Dans le mémoire sur les fonctions elliptiques, inséré dans le tomes II et III de ce *Journal,* j'ai développé plusieurs propriétés de ces fonctions tirées de la considération des fonctions inverses Je vais continuer ces recherches dans ce second mémoire. »

Le *Journal* de Berlin en question, dès l'époque dont il s'agit avait l'honneur d'être favorisé d'une *thätiger Beförderung Hoher Königlich Preussischer Behörden,* et un nombre considérable de ses exemplaires étaient distribués aux divers établissements d'instruction et aux bibliothèques. Sans aucun doute, dans un laps de deux mois, il avait donc eu tout le temps nécessaire pour parvenir à Königsberg. Nous ne pourrions pas même concevoir qu'il ne fût pas arrivé *largement* assez tôt, et certainement un mois *avant* que Jacobi envoyât son mémoire de vérification.

Or l'envie ne peut avoir manqué à Jacobi de se procurer les cahiers du *Journal,* qui parvenait alors très rapidement à Königsberg, et, en particulier, ce deuxième cahier, où étaient insérées les *Recherches.* Même en supposant que cet ardent travailleur n'eût aucune connaissance de l'arrivée prochaine d'un mémoire si considérable et si important, traitant des sujets qui l'intéressaient profondément, il y avait au moins pour lui-même quelque chose à attendre. Jacobi, qui était *docent* dans cette université prussienne, collaborait activement au Journal. Juste dans le même cahier où les *Recherches* avaient paru, on trouve un mémoire de Jacobi, daté du mois de juin ; de même on voit que dans ce même mois, ainsi qu'en mai, il avait envoyé deux mémoires, qui cependant ne furent imprimés que dans le troisième cahier. Avant l'époque dont il s'agit, il avait en outre envoyé un certain nombre d'autres mémoires pour le *Journal,* qui ne purent être imprimés que dans le quatrième cahier. Et, chose assez remarquable, il y avait parmi ces envois un petit travail astronomique,

---

([1]) Il l'avait aussi indiqué en annonçant la continuation dans le prochain cahier.
([2]) Nouvelle édition, t. II, p. 244.

daté du 20 août, tandis qu'il venait, le 2 août, d'adresser son mémoire purement mathématique sur la transformation aux *Astronomische Nachrichten*.

Dans ces circonstances, il est peu croyable que le jeune Jacobi, à ce moment, n'ait pas cherché à prendre connaissance du contenu de ces cahiers, aussitôt qu'ils lui sont parvenus. Au milieu des difficultés qui l'environnaient, et avec le puissant intérêt qu'il devait avoir d'étudier à fond un mémoire tel que celui d'Abel, il n'est certainement pas possible que, avant d'envoyer son propre article, il n'ait pas remarqué l'existence de ce travail si important pour lui, ou du moins qu'il ne se soit pas, à un degré quelconque, rendu compte du contenu et de l'objet de ce travail. Or non seulement c'est ici que pour la première fois apparaît l'idée de l'inversion, mais tous les développements y ont été faits en prenant pour base ce principe et à l'aide des premiers éléments; de telle sorte que les fondements de la nouvelle théorie, pour tout lecteur compétent, se montrent au grand jour, avec clarté et rigueur.

Il résulte déjà de ce que nous venons de dire que c'est uniquement par une erreur historique sur les faits réels, fondée sur une connaissance insuffisante des travaux dont on parle, qu'on a été conduit si généralement à dire et redire — dans les livres et dans les mémoires — que Jacobi a dû fonder en même temps qu'Abel la nouvelle théorie des fonctions elliptiques et qu'il l'a fondée sur la base de l'inversion. Cette opinion a passé par emprunt d'un auteur à l'autre, souvent même avec des altérations et des méprises, ce qui devait nécessairement arriver dans ces pérégrinations, les sources souvent n'étant pas consultées, ou l'accès n'en étant pas toujours possible.

Il aurait pu se faire que Jacobi *lui-même* fît valoir ses réclamations. Mais l'introduction de cette idée dans son mémoire de vérification *ne s'est pas produite* de sa part avec la prétention que ses propres recherches eussent révélé une idée fondamentale; une idée, en d'autres termes, qui au même moment qu'elle était conçue indépendamment d'Abel — qui l'avait déjà exposée

— se serait offerte à ses yeux avec toute sa portée, et qui se serait trouvée confirmée ensuite par des travaux d'essais. Il n'est pas fait la plus légère mention de ce que, derrière ces documents à l'appui de ses propositions, se cachait un plan détaillé, dressé par lui-même, d'après lequel une branche de la science venait de prendre naissance, une nouvelle méthode, continuant et embrassant les plus élémentaires et les plus importantes de nos fonctions transcendantes.

Il eût été doublement nécessaire que l'auteur eût déclaré si les choses s'étaient passées ainsi relativement aux *Recherches* maintenant publiées, si sur ce point il y avait quelque chose à réclamer. Il *aurait dû,* alors ou peu de temps après, rédiger une justification de l'indépendance d'une telle idée fondamentale, émise immédiatement après l'apparition de la même idée d'un autre côté, justification où il se serait expliqué au sujet d'une découverte personnelle d'une si haute valeur, mais par laquelle il aurait perdu le droit de première publication. Car dans le cas même où les *Recherches,* contre toute probabilité, seraient parvenues à une époque postérieure entre les mains de Jacobi, alors Jacobi ne pouvait pas ignorer le droit de priorité d'Abel et les circonstances de la publication de son mémoire. Certainement ce fut dans ce temps là, pour la plupart des lecteurs, une chose dont on ne s'est pas inquiété, et qui par suite est tombée dans l'obscurité. Il est très certain qu'il aurait trouvé une occasion pour proclamer, avec clarté et précision, que l'inversion était aussi une idée qui lui appartenait, — bien qu'Abel eût pris les devants, — en tant que lui, Jacobi, non seulement avait fait indépendamment cette découverte, mais en même temps parce qu'il avait aperçu que par là il avait fait quelque chose de plus élevé que résoudre un grand problème de transformation.

C'est ainsi qu'il parle expressément de son droit de priorité vis-à-vis d'Abel, concernant la publication de la théorie de la transformation elle-même. De même aussi Abel, de son côté, quand Jacobi a pris les devants sur lui, soutient qu'il a établi indépendamment et depuis longtemps ses propres théorèmes de transformation. En ce qui concerne l'inversion, le grand point capital, Jacobi ne prétend pas y avoir reconnu avant l'intervention d'Abel un principe fondamental, d'où devait sortir une branche de la science.

On ne voit non plus aucune trace d'une pensée si importante, même dans la dernière lettre à Legendre du 5 août. Dans le cas le plus favorable l'inversion a donc été pour lui une idée toute nouvelle, et même dans ce cas elle ne s'est pas présentée comme un *principe,* mais seulement comme un moyen. Chez Abel, au contraire, l'idée avait mûri pendant longtemps, et elle avait grandi chez lui depuis l'été de 1823, date la plus récente qu'on puisse admettre pour son origine.

Les choses se sont plutôt passées ainsi : Jacobi n'a pas du tout pensé à donner un précis original et lui appartenant en propre d'une branche de mathématiques, qui dût comprendre les fonctions circulaires; loin de là, en s'adonnant à ces recherches d'une haute importance certainement et, malgré leur programme limité, exigeant encore des efforts ingénieux, il ne sortit pas de la période des travaux préparatoires. Il en était encore au point, où Abel avait été longtemps auparavant, sur la voie des recherches naissantes, voie souvent obscure et douteuse, et ne connaissait qu'à demi son but. Il n'était pas encore maître de son champ d'opération ; il *avait été* et, pour ce qui touche des points nombreux et importants, il *était* encore dans l'embarras. Pour ce penseur qui s'était aventuré si avant, il y avait encore maint combat à soutenir et maints efforts à faire, avant que les difficultés qui l'entouraient pussent être surmontées.

Il fallut ainsi que la nécessité le conduisît — comme l'avenir l'a bien confirmé — aux études les plus laborieuses et les plus assidues du travail fondamental d'Abel. C'est par là seulement que, avec la moindre perte de temps, il put parvenir à la clarté qu'il cherchait, et se tirer de la gêne où le mettaient autant son génie primesautier que son impatience juvénile.

L'inversion jacobienne se présente, en conformité avec la place qui lui est due, comme une idée *intercalée,* non comme une idée depuis longtemps dominante et pénétrante. Elle se subordonne au problème spécial, au lieu de le dominer. L'inversion est donc ici quelque chose d'intermédiaire, moyennant quoi les considérations sont facilitées et la forme est changée; c'est une chose utile, dont on aurait pu se passer. Rien, en réalité ne s'opposerait à ce qu'on effectuât la démonstration avec les notations de Legendre, comme cela eut lieu en effet *exclusivement,* lorsque les résultats furent publiés pour la première fois. L'exposition tout entière nous apparaît pour ainsi dire traversée par un double courant, ce qui s'accorde bien, en effet, avec la position contraire, assignée par Jacobi, vers le milieu du mémoire, à la grande idée nouvelle. Et en considérant les choses au point de vue de la forme, on ressent la même impression que si c'était à l'aide d'une pensée reçue du dehors ou venue en retard que Jacobi eût mené à bonne fin la démonstration, objet de tant d'efforts, ou du moins qu'il eût pu introduire par là dans cette démonstration une modification importante.

Mais, quoi que l'on puisse maintenant plus ou moins légitimement conclure de la place accordée fortuitement à l'inversion, il est toutefois certain que Jacobi, en l'introduisant, ne lui attribue immédiatement aucune autre importance que celle de fournir une notation plus simple. Il l'annonce en ces mots : *Notatione nova simpliciorique abhinc utar.* En admettant que ce *ne fût pas* un emprunt fait à ces *Recherches,* dont la publication était alors un fait, cette innovation n'était encore considérée que comme un algorithme abréviatif et commode dans le calcul, et nullement comme un principe important, devant élargir le cercle des fonctions connues. D'autre part, si l'inversion *est un emprunt* fait à Abel, — ce qui ne peut faire l'objet d'un doute si l'on a égard au temps et aux circonstances, — et si seulement, pour une raison quelconque, la forme a été changée, le dessein de Jacobi, cela va sans dire, n'a pu être de prime-abord que de tirer profit de ce que la science avait fait connaître depuis lors, et particulièrement il a voulu introduire dans le maniement du problème qu'il traitait une amélioration consistant en une notation plus commode et un mode de considération simplifié. Mais il ne pouvait plus *alors* parler de l'importance capitale de l'inversion — à moins de citer le nom d'Abel; car l'idée, prise dans le sens élevé, comme un grand *principe*, appartenait à un autre.

Mais cette manière dont Jacobi désigne les choses ne montre pas seulement quelle était la vraie situation. Si l'on compare ce qui est *énoncé* dans les *Fundamenta nova* avec ce que l'on *trouve* dans son mémoire de vérification, on arrive au même résultat; on est conduit à la même conclusion, que, dans la rédaction du dernier, il a mis à profit les *Recherches* d'Abel. Dans le mémoire cité, contenant sa démonstration, Jacobi applique en réalité l'addition aux fonctions elliptiques, c'est-à-dire l'addition sous la forme qu'elle revêt au moyen de l'inversion. Il ne vise ici immédiatement aucun but indépendant, et il ne s'arrête pas à cet objet. Il est plutôt aisé de voir que toutes ces considérations ont pris une place secondaire, et qu'elles ne servent que de point de passage dans sa démonstration. Dans les *Fundamenta nova,* Jacobi attribue l'addition et la multiplication à Abel, *sans revendiquer* cette addition, malgré son importance essentielle, comme une chose à laquelle il serait parvenu indépendamment. Mais lorsque ainsi, même par cette voie, il ne fait aucune réclamation au sujet de l'inversion, cette idée fondamentale n'a pas été certainement dans sa propre pensée. L'addition *abélienne* ne signifie rien, en effet, sans l'inversion; car c'est jusqu'à Euler que remonte le théorème d'addition pour les *transcendantes* elliptiques. Il n'est donc pas douteux que Jacobi a eu les *Recherches* entre les mains, qu'il les a étudiées et qu'il a profité de leurs ressources.

On ne pourra pas dire non plus que cette façon d'agir était une renonciation par laquelle il abandonnait tout le mérite à Abel comme au premier inventeur. Ce serait une abnégation peu naturelle, et aussi Jacobi, dans son ouvrage fondamental publié quelques années plus tard, revendique trop énergiquement ses droits, en omettant même souvent le nom d'Abel, pour que la supposition d'une telle intention soit admissible.

Certainement Jacobi n'a donc eu aucune part dans l'inversion. Mais quand même, dans ses travaux préliminaires, il aurait employé une notation simplificative, coïncidant fortuitement avec celle de l'inversion, il avait encore un long chemin à parcourir avant d'arriver à y voir un vrai principe, même un principe d'une importance exceptionnelle. Après de longues études méthodiques et des essais attentifs, il dut être convaincu, avec une entière évidence, que c'était là le vrai chemin à suivre. Sans la vue des grands pays à conquérir, on n'a pas encore la découverte, mais tout au plus sa possibilité lointaine.

Mais on rencontre encore d'autres lacunes essentielles dans le *mémoire de vérification* de Jacobi, lacunes importantes, si l'on voulait conclure de ce mémoire qu'à ce moment, sinon plus tôt, il venait de fonder la théorie des fonctions elliptiques. Il y manque ainsi cette utilisation du principe des imaginaires, reliée avec l'idée de l'inversion de manière que la double périodicité puisse en découler. En réalité, on n'obtient ici que la périodicité simple, et il n'y a plus ainsi rien de nouveau, mais le résultat est semblable à celui de la trigonométrie dans la forme de l'expression, qui était calquée sur le modèle des notations de Legendre. Sous cette forme trigonométrique on ne trouvait pas encore la généralisation des fonctions circulaires, et moins encore celle des fonctions exponentielles.

On *ne pouvait pas* non plus dire que des résultats comme les précédents lui appartinssent; car tout ici est attribué par lui-même à Abel d'une manière précise. Cela résulte, et bien d'autres choses aussi, de la lettre de Jacobi à Legendre du 12 janvier 1828.

Cette lettre est d'une grande importance, et cela sous plusieurs rapports en dehors de celui qui nous occupe. Jacobi, comme nous allons voir, exprime sa reconnaissance des éloges que Legendre lui a donnés; mais il n'ajoute sous une forme précise aucune restriction aux paroles partant du cœur qui ont été prononcées à sa louange en pleine Académie, bien que ces paroles continssent une erreur, dans laquelle Jacobi, par son silence sur la vraie position de la question avait fait tomber le vieux géomètre. « Heureusement », avait dit celui-ci dans sa communication élogieuse, « l'envoi de cette lettre » (que Legendre avait eu l'intention, quelque temps auparavant, d'envoyer à Jacobi) « a été assez retardé pour que j'aie pu reconnaître que c'était moi qui me trompais, et que M. Jacobi, sur ce point comme sur les autres, avait complètement raison; et je l'ai reconnu avec d'autant plus de plaisir que c'est un sujet dont je m'occupe depuis plus de quarante ans, qne j'ai ainsi été surpassé par M. Jacobi, mon émule. Ce n'est pas par induction », ajoute-t-il encore, « que M. Jacobi est parvenu aux résultats qu'il a publiés; c'est par une théorie profonde et infaillible, et à l'aide de deux théorèmes entièrement nouveaux, qu'il a fait cette découverte, qui agrandit considérablement la théorie des fonctions elliptiques » (suivant le langage adopté aujourd'hui, il s'agit des *transcendantes* elliptiques, la nomenclature ayant subi un changement depuis le temps de Legendre), « et en fait une branche parfaite dans son genre, et qui ne peut être comparée à aucune autre.

« Une principale conséquence entre une infinité d'autres qui résultent de cette savante analyse », poursuit-il encore, « c'est que la trisection de la fonction F, qui dépend en général d'une équation algébrique du neuvième degré, se réduit à deux équations du troisième; que la quintisection, qui est du vingt-cinquième degré, se réduit à deux équations du cinquième; de sorte que la considération des propriétés de notre transcendante sert à résoudre des problèmes d'analyse algébrique d'une grande difficulté et en nombre infini. »

Jacobi exprime sa gratitude en ces termes : « Je chercherais en vain à vous décrire quels furent mes sentiments en recevant votre lettre du 30 novembre, et en même temps le numéro du *Globe* qui contient la communication que vous avez bien voulu faire à l'Académie des Sciences de mes essais. Je me sentis confus, accablé de cet excès de bontés que vous m'avez eues, et du sentiment que jamais de ma vie je n'en saurai mériter de pareilles. Comment vous rendre grâce? Quelle satisfaction pour moi que l'homme que j'admirais, tout en dévorant ses écrits, a bien voulu accueillir mes travaux avec une bonté si rare et si précieuse! Tout en manquant de paroles qui soient de dignes interprètes de mes sentiments, je n'y saurai répondre qu'en redoublant mes efforts à pousser plus loin les belles théories dont vous êtes le créateur. »

On ne peut le nier, la position de Jacobi était difficile. Son premier silence avait amené une conséquence inattendue et fatale; en même temps il y avait pour lui beaucoup d'honneur *mérité*. En présence de cela, et avec l'espoir de vaincre promptement les difficultés, il lui devait sembler bien dur de repousser résolument ces fausses apparences, qui enveloppaient de toutes parts ses mérites réels. Et il succomba sous l'empire d'une forte tentation.

Il y a ici une étrangeté, qui se présente presque comme étant plus qu'un pur hasard : — c'est maintenant Abel que Jacobi nomme pour la première fois, et qu'il introduit auprès de Legendre. En faisant usage de la notation dont il s'était servi depuis qu'il avait écrit son mémoire de vérification, il explique à Legendre des parties essentielles du contenu des *Recherches* I. Et en suivant attentivement la marche de ses idées, on voit que les passages de ce mémoire qu'il expose de préférence sont précisément ceux qui pourraient avoir un intérêt pour ouvrir l'intelligence du passage du théorème primaire au théorème secondaire, dont il cherchait la démonstration, — mais une démonstration aussi indépendante que possible de toute connexion avec les découvertes d'Abel. Il cite entre autres un théorème fondamental d'Abel, comme il l'appelle, et c'était justement très utile en ce sens pour Jacobi. Ce théorème est donc ici attribué par lui à Abel. Mais plus tard, dans une lettre à Legendre, datée du 12 avril, Jacobi explique qu'il avait trouvé lui-même ce théorème; et que par là il avait été conduit à deviner son théorème complémentaire. Ce dernier, très simple et si fondamental pour les recherches de Jacobi, coïncide ainsi avec celui qu'il avait précédemment attribué à Abel, — mais à la condition qu'il fût dépouillé de son costume d'*inversion*. Jacobi passe ensuite à la double périodicité, qu'il ne revendique pas pour lui-même, et il expose la division d'Abel, si importante pour la théorie de la transformation; après quoi il passe à la division de la lemniscate. Enfin il fait remarquer chez Abel le passage au développement des fonctions elliptiques en séries infinies, avec cette observation, qu'ici il n'existe plus aucune difficulté.

Il ajoute ensuite : « Vous m'avez permis, Monsieur, de vous communiquer l'analyse dont je me sers. Une démonstration rigoureuse du théorème général concernant les transformations s'imprime à présent dans le journal de M. Schumacher; elle vous sera envoyée aussitôt qu'elle sera imprimée. Mes recherches ultérieures sont encore loin d'êtres finies, etc. »

Avec ces paroles, qui éveillent chez Legendre l'idée que Jacobi traiterait dans le journal de Schumacher et son premier et son second théorème de transformation, Jacobi se tire maintenant d'embarras à l'égard de son théorème complémentaire, qu'il était pour Legendre aussi important d'approfondir que le théorème primaire. A la place d'une courte explication des idées conductrices de ces deux démonstrations — c'était là ce que demandait Legendre — il lui arriva ainsi une longue exposition des théorèmes d'Abel, et ensuite il lui fut promis une analyse, qui était en partie faite, mais que l'on devait croire destinée à être prochainement complétée dans le Journal. Finalement Jacobi profite de l'occasion pour exposer ses recherches concernant les *équations modulaires,* etc., après quoi il termine en renouvelant l'expression de sa reconnaissance : « Adieu, Monsieur, daignez recevoir les respects les plus profonds que m'inspirent la supériorité de vos lumières et la générosité de vos sentiments. Jamais de ma vie je n'oublierai cette bonté de père avec laquelle vous avez voulu m'encourager dans la carrière des sciences. Votre dévoué serviteur, C. G. J. Jacobi. » Immédiatement après on lit en *postscriptum :* « Le troisième cahier du *Journal de Crelle,* que je viens de recevoir, ne contient pas encore la suite du Mémoire de M. Abel (1). »

---

(1) Il s'agit de la suite des *Recherches*. La première partie avait été publiée dans le 2e cahier du tome II du *Journal,* et il fut ajouté à la fin du mémoire que l'article serait continué dans le prochain cahier, par suite le 3e.

Mais quand maintenant l'inversion n'est pas revendiquée comme un *principe* appartenant aussi à Jacobi; quand tout indique que c'est un emprunt, qui ne joue d'autre rôle que celui de simplifier la notation; quand la nouvelle addition, issue de l'idée de l'inversion, est dans un autre endroit attribuée à Abel, également sans aucune réclamation de la part de Jacobi; quand la double périodicité n'apparaît même pas; quand il en est de même aussi pour la multiplication — qui est liée à la double périodicité aussi bien qu'à l'addition d'Abel, — la multiplication que Jacobi à plusieurs reprises reconnaît comme appartenant à Abel; — quand, à plus forte raison, la division est absente aussi; quand on ne rencontre pas davantage les développements en séries des nouvelles espèces de fonctions — toutes choses en réalité comprenant ce qu'il y a de plus fondamental, et qui, dans la partie des *Recherches* publiée en septembre, se trouvent exposées au grand complet; — quand les choses se sont passées ainsi, — alors le mémoire de Jacobi relatif à la *découverte des fonctions elliptiques* n'a pas été un *fondement,* mais seulement un beau et important surhaussement de l'édifice.

Bien plus, malgré tout ce qu'il y a de fondamental introduit dans ce mémoire et dans les notes et additions qui l'ont suivi, jusqu'à l'apparition des *Fundamenta nova;* malgré tous ces éléments empruntés aux *Recherches,* parce que Jacobi, tout en traitant son problème de transformation, s'efforçait aussi de donner des développements et des amplifications à des thèmes, qui, quant à leurs bases, se trouvaient déjà exposés dans ce mémoire d'Abel; malgré l'emploi fréquent qu'il était ainsi à même de faire des ressources de son devancier, et malgré l'enchaînement de plus en plus étroit qui s'opérait entre les idées et les sujets à traiter des deux côtés, voici quelle était encore la position réelle : de ces travaux de Jacobi, dans lesquels si naturellement l'ordre méthodique, à partir des principes mêmes, manque et devait manquer — la nouvelle doctrine ne pouvait même se dégager avec clarté.

On a de cela, en effet, un témoignage, l'attitude de Legendre en face des découvertes dont il s'agit. Le vieux maître, pendant une longue suite d'années, s'était occupé de la théorie des transcendantes elliptiques. Son intérêt s'était fortement concentré sur les recherches de Jacobi, plus rapprochées des siennes propres que celles d'Abel. Aussi était-ce Jacobi qu'il étudiait de préférence, tandis qu'il ne faisait que peu d'efforts pour pénétrer ce qui chez Abel était une exposition de principes. Mais Legendre voyait seulement ce qui était chez Jacobi, dans ces courtes notes peu développées, c'est-à-dire tout ce qui existait, tant que l'on ne confrontait pas avec les sources, et avant que les *Fundamenta nova* n'eussent encore paru. Il y voyait traitée une suite de problèmes élevés et ingénieux sur les parties transcendantes de l'analyse mathématique, et cela par des procédés qui se rapprochaient intimement de son propre cercle de connaissances. Il ne s'apercevait pas, et il fut longtemps à s'apercevoir, qu'*un nouveau domaine de fonctions* s'était isolé de l'ensemble.

Mais ce défaut de clairvoyance était certainement bien moins la faute de l'éminent penseur que l'on se plaît à le croire : cela tenait plutôt à ce que tout se développait de telle manière qu'il ne lui était pas possible de se faire un aperçu clair de ce que la nouvelle investigation portait dans son sein, au moyen de ces travaux sous forme de notes. Il n'avait pas non plus été possible à Jacobi dans ses lettres de s'étendre avec assez de détails sur cette question : de quelle manière, de la théorie des transcendantes, s'était-il détaché une théorie des *fonctions elliptiques,* analogue avec celle des fonctions trigonométriques? Le nom d'Abel aurait été le seul à invoquer dans ce cas; car c'était une œuvre d'Abel. Ou, en d'autres termes, l'introduction des *fonctions inverses* était l'*ère* nouvelle, et — avec toute la certitude à laquelle on puisse atteindre par la voie des conclusions — à l'apparition de cette ère, Jacobi n'a pris aucune part.

Ce qu'il faisait, c'était de bâtir sur les anciennes fondations un grand problème, et ensuite, avec l'aide des nouvelles idées créatrices d'Abel, de transporter ses recherches dans le domaine, maintenant créé, des fonctions elliptiques. En particulier, de son mémoire de vérification, il n'en a fait rien de plus, et n'en pouvait rien faire.

Le mérite de Jacobi a donc consisté — non pas à *poser* les fondements — mais à exhausser l'édifice. En se rapprochant, par un vaste effort de pensée, des découvertes abéliennes, il pénétra dans un nouveau cercle d'idées, puis il les remania dans le sens de ses propres découvertes, et, à la fin, il les domina de plus en plus, et leur ouvrit une entrée, quoique certainement sous une forme plus étroite, qui pouvait offrir une plus grande facilité à la majorité des lecteurs.

Nous ferons une dernière remarque.

Dans son mémoire du 18 novembre, où il introduit sa notation de l'inversion, Jacobi ne cite nulle part, avons-nous dit, le nom d'Abel. Cette abstention de citer les origines lorsqu'il s'agissait d'un objet d'une si haute importance, ou, en prenant les choses au mieux, *si* l'idée pouvait lui avoir appartenu en même temps, ce procédé de ne pas s'expliquer d'une manière précise sur l'indépendance de sa découverte et sur son droit de copropriété, — tout cela constitue une manière d'agir que nous ne pouvons considérer que comme une faute du jeune mathématicien.

C'était une faute semblable à celle qu'il commit lorsque, dans les mémoires et les notes, peu considérables d'ailleurs en étendue et en nombre, qu'Abel a pu voir de lui avant sa mort, les découvertes de celui-ci de quelque importance ne sont citées jamais comme la source où Jacobi avait puisé. A plus forte raison le géomètre de Königsberg n'a pas désigné ces mêmes découvertes de son devancier comme la vraie base sur laquelle ses recherches, à leur début, étaient fondées pour une si large part.

Et cela bien qu'en même temps et à plusieurs reprises, il le reconnaisse pour Legendre, comme il l'explique plus tard, quoiqu'assez incomplètement, dans ses *Fundumenta nova*.

Cette omission de citer le nom d'Abel a été une faute, comparable aussi à celle qu'il avait commise en n'indiquant pas à Schumacher et à Legendre que ses théorèmes n'étaient qu'un résultat de l'induction, et même qu'un peu plus tard, en face de l'éloge flatteur que lui décernait Legendre en pleine Académie, il laissait le vénérable savant dans la croyance que les théorèmes étaient le résultat d'une analyse rigoureuse.

Mais on peut dire pour la défense de Jacobi, très jeune alors, que, dans cette occasion, il n'avait pu songer aux malentendus qui pouvaient se produire par la suite. D'autre part, il n'aura pas tout d'abord jugé nécessaire de faire remarquer que sa *notation* de l'inversion dépendait de cette *idée* de l'inversion, *qui était déjà,* lorsqu'il envoya à Schumacher sa démonstration, *sous les yeux de tous les lecteurs mathématiciens dans les* Recherches, *publiées depuis deux mois.*

Et, ensuite, le temps s'écoula, sans que le malentendu fût redressé. Toute l'affaire fut oubliée.

XI.

La théorie de la transformation d'Abel; elle est complète et remonte à une époque plus ancienne. Comment elle a été préparée, et comment elle prend place organiquement dans un plan naturellement conçu; quel intérêt historique offre ce plan pour le développement des recherches de Jacobi.

Ainsi, sur un point important, Jacobi ajouta quelque chose de nouveau à la théorie provenant d'Abel, tant qu'il s'est agi de son développement sur les fondements établis. Cela eut lieu en effet, comme nous l'avons dit, au moyen de la théorie de la transformation elle-même, que, à l'aide des représentations de l'inversion, il transporta du champ des transcendantes dans celui des fonctions elliptiques. La théorie de la transformation était en elle-même une précieuse contribution à l'analyse de cette époque, soit qu'il s'agisse de la forme donnée par Legendre à cette théorie, soit qu'on transforme le résultat suivant la nouvelle forme. Par son théorème d'induction du 2 août, par le suivant du 5 août, joint à son mémoire du 18 novembre, Jacobi rendit de plusieurs manières à la science mathématique, et en particulier à la branche qui se développait maintenant avec rapidité, d'importants services; et *ici* il prit en partie, dans un certain sens, les devants sur Abel.

La question se pose maintenant de savoir si Abel lui-même était alors en possession de la théorie de la transformation comme supplément à sa théorie; avec quelle étendue, dans ce cas, il en était maître; ce qu'il publiait ou avait publié là-dessus, et à quel temps cette publication avait eu lieu; enfin jusqu'à quel point les publications d'Abel et de Jacobi empiétaient les unes sur les autres.

A cela on peut encore joindre cette nouvelle question, à

laquelle cependant ce n'est pas ici le lieu de répondre : Où en était, au point de vue historique, le développement futur de la théorie des fonctions elliptiques pendant tout le reste de l'intervalle qui précéda la mort d'Abel?

Qu'Abel eût pénétré cette théorie de la transformation, attribuée communément à Jacobi comme étant le premier; qu'il l'ait pénétrée non seulement avec plus de généralité et de profondeur, mais aussi bien longtemps avant son émule, c'est ce qui ressort clairement de maintes circonstances. Nous nous bornerons dans ce chapitre à produire une partie de ces preuves, et nous montrerons plus tard que les déclarations et même une communication d'Abel portent témoignage de ce fait.

D'abord on peut déjà reconnaître, d'après les *Recherches,* dans la première partie de ce mémoire publié en septembre, qu'il a eu en vue d'une manière bien précise la théorie de la transformation, comme un sujet qui devait venir à la suite. Dans la théorie de la division, il se sert ainsi de la même expression fondamentale qui constitue la base de la théorie de la transformation, théorie qui devait suivre celle de la division et qui était réservée évidemment pour la partie restante du mémoire. Bien plus, il désigne cette expression, dans ces deux endroits, par le même signe de fonction que la fonction elliptique principale, et avec cette nuance caractéristique, qu'il y ajoute ce que l'on pourrait appeler son *indice de transformation*. Car cet indice n'est autre chose que celui qu'il emploie plus tard, dans la théorie de la transformation, pour désigner le module transformé.

Que le lecteur versé dans les mathématiques compare, pour plus amples renseignements, les formules numérotées (68) et (80), ainsi que le texte qui les accompagne, avec les formules correspondantes (234), (235) et (236), dans la suite du mémoire. Qu'il remarque de même comment, dans la démonstration du théorème de transformation établi dans la dernière partie du mémoire avec toute sa généralité, les passages d'une importance fondamentale à la démonstration des expressions des fonctions (237) et (243) peuvent être regardés comme immédiatement prescrits par ce qui est développé dans la remarque du texte accompagnant la formule (80). Ici s'éclaircissent aussi toutes les questions, telles que la *formation* de ce $1-y$ dont parle Legendre.

Dans la marche des recherches d'Abel, en ce qui concerne l'ordre de publication et le plan que cet ordre recèle, il existe en outre une particularité qui doit être remarquée attentivement à cette place.

D'une part on trouve son *mémoire de Freiberg* (1), qui alors était depuis longtemps livré à la publicité. Là étaient exposées des idées ayant la parenté la plus étroite avec ce que Jacobi appelait le principe de transformation.

Abel y traite, comme on le sait, une classe étendue d'intégrales hyperelliptiques, tant qu'elles sont réductibles logarithmiquement. Et si l'on imite de point en point et dans le même ordre la marche des idées dans les deux ou trois premiers paragraphes, on arrive sans beaucoup de difficulté, en essayant de généraliser la théorie de la transformation, à ce principe de Jacobi. — Pour en déduire ensuite par voie d'induction le théorème primaire de celui-ci, on n'aura qu'à s'appuyer sur les anciennes méthodes.

D'autre part, nous avons dans la partie publiée des *Recherches* l'exposition, bien ordonnée et bien régulière dans la marche, des propriétés fondamentales des fonctions elliptiques. Et en particulier ressort maintenant la dépendance claire et logique entre la théorie de la division et la théorie de la transformation qui devrait la suivre immédiatement. La suite du mémoire fut annoncée, avons-nous dit, pour le cahier suivant du *Journal*.

Ainsi, pour cette théorie finale qui prend ici sa place dans l'ordre naturel, tous les éléments étaient prêts, et en quelque

(1) Ce mémoire (VI du tome Ier de l'ancienne édition, et XI du tome Ier de la nouvelle) avait déjà paru dans le deuxième cahier du tome Ier du *Journal*. On ne connaît pas exactement la date de la publication de ce cahier. Mais, d'après une lettre d'Abel à Hansteen, datée du 12 août de cette année 1826, Abel dit qu'il y avait alors trois cahiers publiés, et qu'il recevrait bientôt de Crelle les deux derniers. Donc, comme il a été dit plus haut, avant le 12 août, et vraisemblablement pas plus tard qu'en juillet, les mathématiciens allemands avaient pu étudier ce mémoire d'Abel.

sorte le plan d'opérations était aussi dressé, la démonstration de tous ces théorèmes destinés pour la partie restante étant préparée dans son projet d'ensemble.

En bâtissant sur les principes posés au début du *mémoire de Freiberg,* en se familiarisant ensuite avec les nouveaux fondements établis dans les *Recherches,* et particulièrement en consacrant à la théorie abélienne de la multiplication et de la division une étude attentive, les théorèmes de transformation qui se présentent, même pour toutes les transformations rationnelles, auraient pu être découverts sans trop grande difficulté et démontrés avec la rigueur nécessaire.

Cela se fût accompli toutefois encore plus naturellement, si, au lieu de prendre son point de départ dans le *premier* mémoire, celui de Freiberg, on l'eût pris dans les *Recherches,* et que l'on eût consulté le premier seulement pour achever la démonstration. De cette manière — tant qu'on n'opère pas encore plus simplement, en partant directement de l'idée de l'inversion — on suivra au moins une voie simple et naturelle : on descend de la multiplication à la division, puis aux transformations, ainsi que l'avait fait Abel.

On n'essaiera pas, suivant cet ordre d'idées, d'aller en sens inverse, de monter, pour ainsi dire, par les facteurs artificiels au résultat de la multiplication, résultat unique et complet, qui est plus simple au fond.

Jacobi, dont les recherches et les idées avaient fixé en tant de points divers leurs racines dans le champ d'Abel, trouva *en partie* ces résultats, et *en partie* aussi il livra, le premier, leur démonstration à la publicité.

Les théorèmes appartiennent à une époque où la découverte des fonctions elliptiques lui était inconnue. Ainsi l'influence d'Abel, jusqu'à cette même époque, s'était bornée à cette impulsion que, chez un esprit comme Jacobi, devaient produire ses idées et la grandeur de ses investigations. Quant à Jacobi, ce jeune savant éminent et toujours méditant, qui, comme il résulte de sa nature même et aussi de ses propres affirmations, s'enfonça avec tant d'ardeur dans les auteurs pour en tirer des inspirations, — quant à Jacobi, qui venait de lire sans fruit les *Exercices* de Legendre, ce devait être pour lui un puissant stimulant que de voir se produire les idées si originales d'Abel. Ces idées, il en prit aussi, comme un collaborateur zélé, très promptement connaissance par les publications insérées dans le *Journal de Crelle.*

La démonstration — et nous ne parlons pour le moment que du premier théorème de Jacobi, publié dans le Journal de Schumacher — appartient à l'époque suivante. C'est celle qui commence avec la publication des *Recherches*, le 20 septembre. Et alors c'est la base même qui change, bien que ce changement ne soit encore que partiel.

Maintenant la démonstration du théorème en question dans sa partie essentielle a-t-elle été trouvée indépendamment des *Recherches*, et s'est-elle ensuite uniquement *transformée* conformément aux nouvelles conceptions? ou bien la dépendance vis-à-vis des investigations d'Abel a-t-elle été plus grande? C'est difficile à dire. Mais, en tous cas, les *Recherches,* comme nous en sommes convaincu, ont été utilisées avant que Jacobi fût parvenu à terminer sa démonstration. Et la conséquence de cela a été que cette démonstration, dans son plan et dans sa forme, s'est trouvée avoir une remarquable ressemblance avec celle qu'Abel lui-même présenta, mais plus tard, démonstration qui, nous pouvons le dire, résultait nécessairement des préliminaires posés.

Et cette coïncidence *n'était pas* une conséquence forcée de la *nature* des choses. C'était un résultat des études faites par Jacobi sur le mémoire d'Abel, et du court intervalle dont il pouvait disposer dans la situation où il s'était engagé, et qui lui imposait l'obligation de publier une démonstration le plus promptement possible. Dans sa lettre à Legendre du 14 juin 1829, Jacobi dit lui-même, après avoir traversé auparavant tant de phases embarrassantes, qu'« Abel s'est servi du même principe, de sorte que nos démonstrations sont au fond les mêmes. Vous êtes le premier, Monsieur, » ajoute-t-il, « qui avez montré qu'on peut s'en passer, en effectuant la substitution elle-même au moyen de la résolution en fractions simples. Aussi je n'ai pas tardé à exposer dans mon ouvrage cette démonstration, qui vous est propre et qui donne une excellente vérification. *A présent,* je suis en possession d'un *nombre assez grand* de démonstrations différentes. »

Nous disons ici, quand il s'agit de Jacobi, « la démonstration de vérification, » et malgré la grande ressemblance, nous ne nous servons pas, pour Abel, de la même expression. Cela peut paraître étonnant, mais ce n'en est pas moins une chose toute naturelle. Car chez Abel, dans le mémoire même, tout était préparé d'avance, et l'enchaînement des idées est évident. Pour Jacobi, qui ne peut toujours porter avec lui la base d'emprunt dans une étendue suffisante et avec le développement nécessaire, il se présente dans son exposition, quelque ingénieuse qu'elle soit en général, quelque chose d'abrupt. Et c'est ce qui était inévitable. Même un vétéran des mathématiques, comme Legendre, profondément versé dans cette région de ses études, ne peut comprendre par où Jacobi a été amené dans cette voie, et demande une explication de l'idée conductrice.

Toutefois l'usage qui a été fait des *Recherches* pour suppléer ou compléter cette démonstration du théorème de transformation n'a pas certainement été restreint à établir, par l'adoption de l'idée de l'inversion, une telle modification dans la forme extérieure de la déduction et du résultat. Il y avait toutes raisons, lorsqu'il serait fait quelque application des ressources présentes, pour soumettre la théorie de la multiplication et surtout celle de la division à une étude plus approfondie, et Jacobi n'a pu manquer de remarquer les importants secours qu'offrait cette dernière théorie.

A l'époque où Jacobi n'avait encore trouvé que son théorème de transformation restreint du 13 juin 1827, il avait remarqué une certaine liaison de ce théorème avec la trisection dans les fonctions circulaires. Il pressentit l'existence d'une analogie entre les théorèmes de transformation d'ordre supérieur et les théorèmes de division généraux pour les fonctions en question, et il parvint ainsi, par une ingénieuse induction, à obtenir le résultat général. Après en avoir vérifié l'exactitude, mais seulement sur des *exemples particuliers,* il envoya, en août, cette découverte à Schumacher et à Legendre, et peu après, celui-ci reçut aussi le théorème complémentaire. Par une heureuse conjecture, est-il dit plus tard, dans le même aveu à Legendre, le 12 avril 1828, il avait trouvé la transformation complémentaire pour la multiplication.

Mais sur ces entrefaites, alors que la démonstration demandée par Schumacher était encore absente, et que Jacobi néanmoins avait communiqué le même théorème et un autre de plus à Legendre, théorèmes vérifiés seulement sur des exemples; il est impossible de ne pas admettre que, quand les *Recherches* lui ont passé sous les yeux — ce qui ne peut faire l'objet d'aucun doute, — il s'est mis avec toute l'ardeur possible à étudier les théories d'Abel sur la multiplication et la division. Là il a trouvé les moyens les plus à sa portée pour faire la démonstration qu'il cherchait et les meilleures indications pour les mettre en usage.

Jacobi remarque aussi, dans sa lettre à Legendre du 18 janvier 1829, qu'Abel, dans son *premier* mémoire, avait passé « par le *medium* des transformations », sans « soupçonner » toutefois, ajoute-t-il, cette circonstance « dans le temps qu'il composa son mémoire ». Cette addition est incorrecte; mais nous pourrons dire que l'assertion, dans son ensemble, témoigne que la présence cachée de la transformation dans ce « premier mémoire » n'a pas échappé à Jacobi.

Cependant il est encore une autre remarque à faire. L'existence d'un *post-scriptum,* où la continuation des *Recherches* était promise à bref délai, n'avait pas non plus échappé à l'attention de Jacobi. On le voit par sa lettre du 12 janvier 1828, où il dit que la continuation du mémoire d'Abel « doit avoir été publiée dans ces jours dans le cahier troisième dudit Journal; mais elle ne m'est pas parvenue encore. » Et à la fin de sa longue lettre mathématique, vraisemblablement commencée plus tôt que le 12, il ajoute en *post-scriptum :* « Le troisième cahier du *Journal de Crelle,* que je viens de recevoir, ne contient pas encore la suite du mémoire de M. Abel [1]. »

Jacobi savait donc qu'il ne s'agissait que d'un seul mémoire. Et il s'était exprimé aussi, à cette première occasion, d'une manière complètement correcte, en parlant de « la première partie d'un mémoire » et de « la suite du mémoire ». En d'autres termes, on voit clairement qu'il était ici question d'un exposé qui, de prime abord, ne fut pas regardé par Abel — et qui ne pouvait l'être par qui que ce fût — comme un ensemble organique, avant qu'il fût terminé. Même si, pour la commodité, on eût parlé de deux mémoires, ce qui n'aurait pu donner lieu à aucun malentendu, Jacobi, plus que tous les autres, avait dû supposer qu'il existait un lien, perceptible pour l'auteur, entre les théories de la fin et ces grandes théories qui avaient été développées, avec tant de soin et avec tant de profondeur de vues, dans la première partie. La seule conclusion simple et naturelle eût été d'admettre qu'au moins dans leurs fondements les théories restantes seraient terminées, alors que le retour d'Abel en Norvège le forçait à interrompre son travail — avec la promesse d'une reprise immédiate. Et rien ne pourrait être plus conforme au bon sens que de penser que ce maître dans la théorie des transformations — c'est ce qu'était Abel pour Jacobi en janvier 1829 — avait vu aussi clairement que lui-même qu'il avait passé « par le *medium* des transformations. »

De ce qui précède, il résulte — avec un très haut degré de probabilité — qu'Abel doit avoir été en possession des théorèmes de transformation pour les transformations rationnelles, au moment où il rédigeait la première partie de ses *Recherches,* pendant son séjour à Paris, et par suite vers la fin de 1826, ou au moins pendant son séjour à Berlin, au commencement de

---

[1] La date de publication de ce cahier était le 12 décembre 1827.

1827. Mais avant de passer à des démonstrations encore plus convaincantes qu'on peut donner de ce fait, nous pouvons alléguer un motif de vraisemblance, qui, joint au premier, n'est pas sans valeur.

A cause de son voyage de retour, en avril ou, au plus tard, dans les premiers jours de mai de la même année 1827, il dut donc interrompre son mémoire avant de l'avoir terminé. Comme nous l'avons indiqué, il ajouta alors, en terminant la première partie, que la suite paraîtrait dans le prochain cahier. Cette promesse de continuer immédiatement, on peut se demander à quoi aura-t-elle servi, si ce n'était pour annoncer cette même théorie de la transformation qui fut exposée dans la suite, et qui en fit la partie dominante? Les quelques feuilles où il donne une application de sa théorie de la division à la lemniscate, et au sujet desquelles, dès son séjour à Paris, l'année précédente, il avait fait une communication à Crelle, ne pouvaient former, évidemment, à elles seules, la continuation d'un mémoire d'une si grande étendue.

Abel — nous le répétons — a lui-même fait connaître clairement que les *deux parties* des *Recherches* formaient un mémoire *unique*.

XII.

Théorèmes et problèmes. — Nouveaux travaux qui se préparent, et citation d'un livre manuscrit. — Conclusion à en tirer.

La position d'Abel à son retour en Norvège ne lui permit pas de donner tout de suite ce qu'il avait promis.

Il rentra dans sa patrie accablé de dettes. Sans pouvoir occuper immédiatement aucune position, sans même obtenir qu'on lui rendît la petite subvention de l'État sur laquelle il avait droit de compter, sa famille enfin étant dans la gêne la plus étroite, il était ainsi absolument dépourvu de tous les moyens de subsister, sauf le peu qu'il pouvait gagner en reprenant ses leçons de trigonométrie et de stéréométrie pour les candidats à l'*examen philosophicum*. Cette source de revenus était, de plus, bien peu productive, comme il devait s'y attendre, dans le premier temps après son retour. Il était donc abandonné à la bonté de quelques amis, la haute science ne pouvant l'aider en rien et étant pour lui plutôt un obstacle.

On ne voit donc guère comment il lui aurait été possible de continuer vigoureusement cette remarquable production, qui n'était encore qu'à moitié achevée; et l'on comprend plus difficilement encore comment il ait pu entretenir avec Crelle une correspondance régulière, correspondance très volumineuse et de plus très chère, comme l'exigeaient les envois fréquents de longs mémoires. Les illusions une fois brisées, il ne pouvait plus être question pour lui de communications régulières et de rapides envois pour un écrit ayant une étendue aussi considérable que les *Recherches*. Pour avoir une idée des difficultés à vaincre, dans la position où se trouvait Abel, il suffit de remarquer qu'une lettre simple de

Christiania envoyée seulement à Hambourg coûtait en monnaie norvégienne 68 skillings (¹).

On remarquera aussi, en tant qu'il s'agit de publications aussi considérables, un arrêt d'assez longue durée, finissant en février de l'année suivante, avec l'envoi de la partie restante des *Recherches*. Et c'était aussi vers cette époque que commença une amélioration dans la situation désespérée d'Abel, qui était maintenant en train de reprendre des articles qu'il avait laissés, en quittant Berlin, dans les mains de Crelle, en même temps que la partie rédigée de son mémoire, ou bien de petits articles envoyés par occasion, du temps où les frais de correspondance étaient si gênants.

Durant cet intervalle, il n'y a que trois articles à signaler, et ils étaient tous très courts.

Le premier est intitulé : « Théorèmes et problèmes », et il se rattache, pour ce qui en constitue la partie capitale, à de très hautes questions relatives à la transformation des fonctions elliptiques. Cet article se trouve en rapport intime avec les *Recherches*, surtout avec la partie finale de la *Suite* de ce mémoire. L'article fut publié dans le 3ᵉ cahier du tome II, où l'on attendait alors cette continuation; et la date de publication était le 12 décembre 1827.

Après les « Théorèmes et problèmes » venait, dans le 4ᵉ cahier du tome II, publié le 12 janvier 1828, un court mémoire en allemand : « Ueber die Functionen, welche der Gleichung $\varphi(x) + \varphi(y) = \psi(xfy + yfx)$ genugthuen. » Dans ce mémoire, relativement d'une moindre importance — en ce qu'il ne se rattachait qu'à des recherches accidentelles, — il examinait si un théorème d'addition spécial, que l'on rencontre, par exemple, en traitant l'arc sinus, ne pouvait donner lieu à une généralisation.

Enfin on trouve une note sur le mémoire d'Olivier, qui se rapporte à une question sur les séries. Cette note fut insérée au

(¹) Environ 3 fr. 17 c.

1er cahier du tome III, dont la date de publication était le 25 mars 1828.

Or ce qui historiquement est l'objet principal, c'est de déterminer à quel temps le premier de ces articles fut remis à Crelle pour être publié. Car, à cette époque, Abel a dû être en possession non seulement de la théorie des transformations rationnelles, mais encore des *transformations algébriques*. Il a donc dominé aussi dans ses grands traits cette théorie *finale*, appartenant à un traité complet et rationnellement exposé des nouvelles fonctions elliptiques.

Il est fort difficile de décider d'une manière précise cette question de temps, Abel n'ayant que très rarement ajouté une date en publiant ses découvertes ou en écrivant des notes pour son propre usage. Mais on peut chercher au moins deux limites bien certaines qu'il ne faut pas dépasser.

Un premier fait dont on peut partir, c'est que le troisième, et par conséquent le dernier des articles de la série en question, la note relative au mémoire d'Olivier, a été envoyé au plus tard le 15 novembre 1827. On conclut, en effet, d'un livre manuscrit qu'une esquisse de cette courte note a été composée beaucoup plus tôt, et vraisemblablement en août ou septembre. Cela est conforme aussi avec la date de publication du mémoire d'Olivier, le 5 juillet. Or, de ce point de départ on arrive à la conclusion, qui n'est encore que probable, mais qui l'est à un très haut degré, que le premier article de la série, qui fut publié longtemps avant (dans le 3e cahier du tome II au lieu du 1er cahier du tome III), avait dû être expédié pour la publication à une occasion antérieure au 15 novembre.

Nous nous bornerons, d'abord, à montrer qu'un envoi coïncidant avec la communication du 15 novembre n'aurait que peu de chances de possibilité.

D'après des renseignements que nous avons recueillis, une lettre de Christiania pour Berlin, au milieu de novembre, ne pouvait arriver dans cette saison à son lieu de destination avant dix jours. Et probablement il eût fallu un temps encore plus long, sans tenir compte des retards qui étaient si souvent à craindre à cette période de l'année, pendant un voyage en partie par terre, en partie par mer. Dans l'année 1827, une communication par vapeur avait bien commencé entre Christiania et Copenhague, mais elle était déjà arrêtée à la fin de septembre. Si près de l'hiver, les routes le long de la côte étaient encore suivies pendant un mois, mais toute communication avec l'étranger venait d'être rompue, pour être reprise au printemps suivant. Il n'y avait donc rien à gagner à ces améliorations modernes.

D'une lettre d'Abel expédiée de Vienne à Christiania entre le 20 et le 30 avril 1826, on peut conclure, en outre, qu'elle est arrivée à Berlin le 30 avril, à Stralsund le 4 mai, et qu'elle a été reçue à Christiania le 13 mai, de sorte qu'entre Berlin et Christiania, *via* Stralsund, il se passa avant l'arrivée de cette lettre un laps de deux semaines.

Donc, quant à la question de possibilité que les « Théorèmes et problèmes » eussent été remis à Crelle dans une lettre expédiée le 15 novembre, ils n'auraient pu l'être que vers la fin du mois. Et déjà le 12 décembre paraissait ce troisième cahier du *Journal* où l'article était publié. Nous ajouterons cependant que cet article était très court et qu'il obtint sa place à la fin du cahier.

Mais nous pouvons donner de notre assertion une preuve plus décisive que la précédente et qui, en tout cas, combinée avec celle-ci, mettra la chose hors de doute.

Quelque temps après la mort d'Abel, Crelle fit dresser une liste chronologique des communications tirées de ses lettres. C'était dans le dessein de les insérer dans le *Journal,* où elles furent publiées dans le 5e tome. De cette façon, il fit copier six parties distinctes appartenant à six communications différentes. Mais le copiste avait numéroté les communications d'une manière différente de celle qui fut adoptée définitivement. On y trouve en effet les six numéros originaires 2, 8, 12, 16, 17, 26. Puis un changement a eu lieu, comme aussi la langue a été corrigée, en vue de la prochaine publication. Crelle a, en outre, mis lui-même la date sous chaque communication, à l'exception de celle du numéro 16. Celle-ci fut copiée, par erreur, comme étant publiée depuis longtemps, et l'article fut donc rayé (1).

Les articles 2, 8, 12, datés respectivement de Freiberg le 14 mars 1826, et de Paris le 9 août et le 4 décembre la même année, sont écrits en allemand. Ainsi c'était la langue dont Abel s'était servi alors dans ses lettres à Crelle; car on voit qu'il ne s'agit pas d'une traduction.

L'article 16 au contraire est écrit en *français*. C'est celui qui contenait les dits « Théorèmes et problèmes »; c'est en même temps l'article rayé et sans date.

Puis vient l'article 17, écrit de nouveau en allemand, et daté: Christiania, le 15 novembre 1827.

Enfin il y a un long article où l'auteur adopte pour la seconde fois la langue française. La date est ici: Christiania, le 18 octobre 1828, et il porte le numéro 26. Tous les derniers articles d'Abel furent aussi publiés en français.

Or la seule chose que l'on puisse naturellement se figurer, c'est que les numéros primitifs se rapportent à l'ordre des lettres d'Abel à Crelle. Cependant nous ne pensons pas qu'ils indiquent complètement chacun des renseignements écrits, quelque bref qu'il fût, que pourrait avoir reçu ce dernier. De courts renseignements pouvaient être donnés quelquefois par Abel, sans qu'il lui fût nécessaire d'écrire des lettres réglées et de se mettre en des dépenses gênantes.

Pour faire voir qu'il ne manquait pas de facilités de cette espèce, nous rappellerons aux lecteurs sa liaison avec Maschmann, dont nous avons fait mention à l'occasion de la lettre de félicitations d'Abel à Holmboe. Maschmann, « notre constant porteur de lettres, » était camarade d'école d'Abel, et bien qu'il n'appartînt

(1) La raison pour laquelle on n'ajouta ici aucune date n'est pas, comme nous nous étions figuré antérieurement, une conséquence de ce que l'article fut communiqué à Crelle pendant le séjour d'Abel à Berlin et sans être extrait d'aucune lettre. On ne peut donc rien conclure de cette circonstance ni en faveur de cette époque ni contrairement.

pas à la petite colonie des « jeunes savants voyageurs », il était lié avec ce cercle, et il demeura à Berlin, non seulement pendant le premier séjour d'Abel dans cette ville, mais encore pendant le second séjour. Or le père de Maschmann, professeur titulaire et pharmacien à Christiania, était à cette époque en rapports fréquents avec Hansteen, et il eut aussi des liaisons à Berlin.

Abel avait pu sans aucune gêne faire parvenir de temps en temps à Crelle de courts renseignements. On voit même qu'il y a eu une certaine relation entre Maschmann père et Crelle; car ce fut par lui, et non pas par Holmboe, que Crelle reçut la première nouvelle de la mort d'Abel.

Nous ne pensons pas ainsi avoir quelque chose de complet, dans le sens le plus rigoureux, exprimé par les numéros du copiste. Mais il faut d'autre part supposer que l'ordre des lettres proprement dites, que Crelle avait reçues d'Abel, doive être exprimé par ces chiffres; de sorte qu'on a une chronologie à laquelle on peut s'en tenir.

Mais cela étant, il faut fixer le temps de la communication française n° 16 à une date antérieure au 15 novembre, date de la communication suivante en allemand. Et il s'ensuit que les « Théorèmes et problèmes » ont été remis à Crelle *avant* cette date de l'*automne de 1827*.

Mais s'il faut rejeter l'hypothèse d'un envoi fait aussi tard que le 15 novembre, on peut se demander à quelle époque remonte alors l'envoi du premier article, celui qui a pour titre « Théorèmes et problèmes ». Faut-il reculer cette date jusqu'au départ de Berlin, ou s'agit-il d'une date plus récente?

Nous ne voulons pas nous prononcer d'une manière décisive sur cette question. Mais en supposant que la remise ne remonte pas au temps du séjour à l'étranger, on sera porté à croire qu'elle appartient plutôt à la première qu'à la seconde moitié de l'intervalle entre le 20 mai et le 15 novembre. Ici, il faut en convenir, nous n'avons pas toujours pour nous fixer des dates aussi sûres qu'auparavant. Mais les considérations suivantes feront, au moins, de cette supposition une hypothèse très plausible.

Si l'on a égard à l'ordre dans lequel se sont succédé les diverses publications, il est naturel, en tenant compte des circonstances, d'en tirer des conclusions sur l'ordre de remise des pièces. Pour Abel, lorsqu'il lui devint impossible de remplir la promesse faite au départ, il dut se préoccuper, dès que la situation changea, de se mettre aussitôt que possible en communication avec Crelle pour l'informer du retard de la continuation annoncée. Alors il dut bien aussi se heurter aux difficultés qui l'entouraient, et en particulier à celles qui s'opposèrent quelque temps à l'envoi d'un manuscrit aussi considérable que cette suite d'un grand mémoire, qui était attendue. Les circonstances, nous l'avons dit, n'étaient plus les mêmes qu'au départ. Des tentatives réitérées venaient d'être faites par l'Université, et elles furent encore continuées pour lui faire obtenir la restitution de son *stipendium*. Mais ces négociations entre les autorités, qui traînèrent en longueur pendant plus de deux mois, ne donnèrent plus que de très faibles espérances, et l'on dut finir par y renoncer. Il devait lui importer d'autant plus de faire parvenir à Crelle aussitôt que possible un petit article au moins, comme témoignage de reconnaissance, et pour satisfaire aux besoins du journal. Et rien ne pouvait alors venir plus à propos que de donner un spécimen des objets dont il devait traiter dans la partie restante de son mémoire.

Joignons à cela qu'à partir du commencement du tome second du *Journal*, il s'opéra un changement dans le plan de la rédaction. Il fut maintenant permis aux collaborateurs de se servir de la langue française, et l'on voulait ainsi étendre l'action du recueil sous une autre rapport, en s'efforçant d'intéresser les lecteurs par l'annonce des « Théorèmes à démontrer et problèmes à résoudre ». Depuis ce moment, on trouve dans tous les cahiers des énoncés provenant de Crelle lui-même et de ses collaborateurs, tandis que dans le tome I on ne voit rien de semblable. Crelle surtout montra ici un très grand zèle. Ainsi, dans le tome II, on ne rencontre pas moins de douze petits articles de cette nature, tous de sa main

Il y avait aussi de bonnes raisons pour croire aux avantages obtenus par un tel arrangement, et naturellement Crelle devait tenir beaucoup à ce que l'on se conformât à cet utile perfectionnement. Il y avait, en outre, tout l'intérêt de la première mise en œuvre d'une bonne idée dans son *Journal*.

Abel, pendant son séjour à Berlin, devait être considéré presque comme un corédacteur du *Journal*. Crelle faisait tous ses efforts pour lui persuader de s'y fixer définitivement. Il « le bombardait terriblement », et il lui avait proposé plusieurs fois de prendre la rédaction. Abel, de son côté, qui désirait revenir et qui entretenait un faible espoir d'acquérir une position à notre Université, refusa, en dépit de Crelle, « cet homme galant. »

Il est donc impossible de croire que notre mathématicien, homme de cœur et vivement attaché à Crelle, n'ait pas voulu faire aussi de son mieux pour se conformer à ses désirs.

Tant que les énoncés ne surabondaient pas dans les cartons de la rédaction, il était à penser qu'Abel essaierait de s'acquitter de ces petites obligations, même pendant son séjour à Berlin. Mais surtout il dut avoir à cœur de lui fournir cette contribution, bien accueillie lorsqu'il fut en retard avec ses travaux et qu'il ne put tenir une promesse qui était importante pour l'avenir du *Journal*. Et par ces « Théorèmes et problèmes », envoyés de bonne heure de Christiania, il faisait honneur à ses obligations.

Comme une preuve de l'état très avancé où étaient déjà les investigations d'Abel concernant la théorie des transformations — et même bien avant le temps dont nous parlons, — nous citerons un passage d'un livre manuscrit qu'il commença immédiatement après son retour. Mais avant cela il faut parler d'abord de la marche des recherches d'Abel pendant cet intervalle qui venait de commencer. On verra, en même temps, quels furent les travaux qui se préparèrent et à quelle époque ce passage remarquable doit avoir été écrit.

Abel reprit donc son travail, et, comme on le voit, il le continua pendant quelques semaines avec sa vigueur ordinaire. Mais les espérances des premiers jours, qu'avaient dû lui inspirer les efforts réitérés en sa faveur par l'Université, devaient se changer avant peu en une vive inquiétude, qui ne pouvait guère être sans influence sur ses études et sur leur direction. Arrêté dans sa libre action par les graves circonstances où il se trouva dès lors, et qui bientôt allèrent encore en empirant, il semble que peu à peu il retourna à ses études, et s'enfonça dans des recherches qui l'éloignèrent de son but primitif. Néanmoins elles se rattachaient encore très visiblement au sujet qu'il avait à traiter dans son mémoire inachevé. Rien aussi n'était plus naturel — si réduit qu'il fût pour le moment à l'impuissance de publier ses découvertes — que d'employer ses loisirs forcés à de nouvelles études. Et c'est ce qu'il fit, comme il paraît, dans une vaste étendue, avant de reprendre son travail de rédaction. On ne sait, en effet, rien de sûr quant au temps de la reprise des *Recherches*, bien que l'on puisse suivre une série de travaux préparatoires qui appartiennent à cette longue époque d'angoisse et d'attente.

Dans son livre manuscrit B de 178 pages grand in-folio, dont Abel doit s'être servi pendant le reste de l'année, il commença à composer un mémoire relatif au développement des puissances de sinus et de cosinus; il voulut faire ce développement sans aucune considération des imaginaires. C'était un sujet analogue à celui qu'il avait traité à Paris, en étudiant la série du binome. Mais le sujet présentait aussi un certain rapport avec ses investigations sur la division, qu'il avait poursuivies dans la première partie des *Recherches*. Seulement c'était ici du cercle qu'il s'agissait; il avait traité déjà, en partie, la division de la lemniscate. Il avait mentionné alors cette division analogue à celle du cercle, et il avait promis, dans la partie suivante de son mémoire, de donner plus de développements relativement au premier sujet, plus difficile.

Il continua aussi, en réalité, de s'occuper des recherches algébriques correspondantes, et il prépara de cette façon son beau « Mémoire sur une classe particulière d'équations résolubles algébriquement. » C'était, d'ailleurs, un mémoire qui fut publié très tard. Mais il fut envoyé de Christiania peu de temps après la terminaison des *Recherches*, car la partie finale de celles-ci fut remise à Crelle dans une lettre du 12 février 1828, tandis que le mémoire algébrique en question, qu'il avait préparé dans la même période, suivit le premier mémoire dès le 29 mars.

Ces recherches préparatoires d'Abel, dans son livre manuscrit, s'étendent presque du commencement du livre jusqu'à la page 39. Et dans les dernières pages, il dirige en particulier son attention vers la division en 17 parties.

Mais à partir de ce point, les investigations ne marchent plus d'une manière régulière. A la page 39, on voit quelques calculs se rapportant aux équations modulaires. Puis, à la page 40, on trouve ce passage éminemment remarquable dont nous avons parlé, et auquel, du reste, nous reviendrons bientôt. Il est intitulé : « Sur la transformation de l'intégrale. — Comparaison des fonctions elliptiques relativement au module. »

Nous remarquerons, en passant, que ces lignes isolées, bien qu'elles n'occupent qu'une seule page, se rapportent au grand mémoire intitulé : « Solution d'un problème général concernant la transformation des fonctions elliptiques » ; de même que les recherches préliminaires qui les précèdent se rapportent au mémoire algébrique en question. Ce travail « Solution... » fut aussi rédigé et expédié pour la publication peu de temps après, savoir le 27 mai.

A la page suivante 41, Abel s'occupe de la division de la lemniscate, sans pousser encore ces recherches au delà du commencement. Il s'arrête de nouveau, et soudainement l'on voit qu'après un travail régulier on est entré dans une période d'irrégularité qui semble indiquer une interruption de travail définitive. Cela serait d'ailleurs bien naturel vers la fin de juin ou au commencement de juillet, la belle saison dans notre pays septentrional, où le temps des vacances dure pendant le mois de juillet et la première moitié d'août.

Il y a lieu de croire que dans la seconde moitié d'août, Abel a recommencé ses travaux. On sait que, le 14 août, Abel n'était pas absent de Christiania, et sans doute le mémoire d'Olivier, qui parut le 5 juillet, était alors entre ses mains.

On voit maintenant qu'un travail régulier recommence. Il examine le mémoire, fautif en un certain point, de ce mathématicien, et il fait dans son livre B, page 47, l'esquisse d'une note pour le corriger. Il revient par la même occasion à de nouvelles études sur les séries et leur convergence, et il les continue longtemps, non seulement dans ce livre B, mais aussi dans un autre livre D, portant la date du 3 septembre 1827, d'une forme et d'un caractère différents, où il s'occupa le plus souvent de recherches relatives à ces dernières questions.

Après cela le thème va changer, et l'on sent que, de plus en plus, l'ordre et la régularité reprennent leur empire dans ces travaux préparatoires. Cela commence avec la page 85, après quelques leçons sur la trigonométrie. Abel fait ici quelques études sur les fonctions elliptiques; mais, de nouveau, ce n'est pas des études pour les *Recherches* qu'il s'agit. Il fait de grands préparatifs pour un troisième mémoire fondamental, à côté du mémoire sur les équations résolubles algébriquement. Il prépare, en effet, maintenant son dernier mémoire, le « Précis », laissé inachevé, « d'une théorie des fonctions elliptiques. » Ce travail préparatoire occupe un grand nombre de pages, de 85 jusqu'à 178, d'ailleurs avec une interruption à la page 148, où il intercale un exercice de trigonométrie pour ses élèves. Ce qui présente aussi un certain intérêt, c'est qu'Abel se sert ici de la langue allemande. Il intitule son ébauche de mémoire : « *Versuch einer Theorie der elliptischen Functionen;* » ce qu'il a changé ensuite, en revenant à la langue française dans son « Précis ».

Or ce qui nous fournit une nouvelle date, c'est qu'à la page 111 de cette ébauche on trouve la sommation d'une certaine série au moyen des fonctions elliptiques. Et c'est de cette proposition que parle Abel dans la lettre à Crelle, à la date du 15 novembre 1827.

Après cette exposition de la marche des travaux préparatoires, à la suite du retour et jusqu'au milieu de novembre ou encore plus tard, revenons au passage dont nous avons parlé, relativement à la transformation du module. On voit par là qu'il doit avoir été composé non seulement beaucoup avant le 15 novembre, mais certainement aussi antérieurement au 3 septembre. Conformément à la place d'une part, et d'autre part à la marche des développements, comme aux caractères différents de ceux-ci aux époques qui se succèdent, nous croyons qu'il est le plus naturel d'admettre que le livre en question date de la fin de juin. D'ailleurs à cause du contenu, où en particulier Abel parle d'une découverte faite *depuis longtemps,* il n'a qu'un intérêt secondaire pour la fixation plus précise de la date. Un mois plus tôt ou plus tard ne peut pas changer sensiblement les conclusions à en tirer.

Voici donc ce qu'écrit Abel, et nous ferons remarquer aussi que les soulignements sont dus à l'auteur même.

« Dans les « Exercices de calcul intégral », M. Legendre transforme la fonction elliptique (ici est insérée l'intégrale elliptique dans la forme adoptée par Legendre) avec un module différent, et il opère cette transformation en substituant à la place des sinus une certaine fonction algébrique de cette quantité. M. Legendre ne parle que de cette transformation, quoique il en existe une infinité d'autres. Je suis parvenu à ce résultat en résolvant le problème suivant :

» Trouver toutes les relations *possibles* entre c et c_1 qui permettent de présenter l'intégrale de l'équation séparée (ici est insérée l'équation différentielle de transformation dans la forme de Legendre) par une équation *algébrique* entre $\sin\theta$ et $\sin\theta_1$.

» La solution complète de ce problème, que j'ai trouvée depuis longtemps, m'a conduit à plusieurs résultats remarquables. Par exemple, si deux fonctions elliptiques dont les modules sont respectivement c et c_1 peuvent se réduire l'une à l'autre en supposant que les variables sin θ et sin θ_1 sont liées entre elles par une équation algébrique quelconque, on peut toujours effectuer la même transformation en supposant que l'une de ces variables est une fonction rationnelle de l'autre. Donc pour trouver toutes les valeurs de c_1 et de c, il suffit de substituer à la place de sin θ_1 la fonction rationnelle la plus générale en sin θ, et ensuite à satisfaire à l'équation qui en résulte. »

XIII.

Résumé de la situation pendant l'année 1827. — Caractère différent des études d'Abel et de Jacobi.

Avant de passer à cette description de la lutte d'émulation qui devait commencer bientôt entre Abel et le nouveau venu, Jacobi, nous ferons un court résumé de la situation.

Nous nous occuperons, en premier lieu, seulement de ce qui, n'étant pas encore publié, était au moins expédié des deux côtés, en vue d'une publication, avant le 15 ou le 18 novembre.

On voit qu'Abel, par la remise à Crelle de la première partie des *Recherches*, en avril ou en mai 1827, ensuite par une autre communication à peu près du même temps et en tous cas antérieure à celle du 15 novembre, — communication qui, le plus vraisemblablement peut-être, a été expédiée de Christiania vers la fin de juin, — qu'Abel, disons-nous, avait déjà donné la preuve qu'il dominait dans ses grands traits la théorie entière des fonctions elliptiques qu'il venait de créer, et la théorie des transformations y était comprise, même celle des transformations algébriques.

Sur un certain point, très important, mais encore sans rapport avec la découverte des nouvelles fonctions, Jacobi avait réussi à prendre les devants sur Abel. Il envoya en août aux *Astronomische Nachrichten* des énoncés relativement aux transformations rationnelles, tandis que les mêmes propositions, généralisées d'ailleurs, ne furent exposées par Abel que plus tard. Et néanmoins, Abel, par ses *Théorèmes et problèmes*, a montré qu'avant le milieu de novembre il avait sur ce point devancé Jacobi de si loin, par sa connaissance profonde de son sujet, que, même en cas d'une remise dudit article à Crelle plus tard que le 2 août, date de l'énoncé de Jacobi, il ne pourrait être question d'une égalité. Dans ses *Recherches,* en outre, Abel avait préparé sa théorie des transformations d'une manière évidente, comme d'ailleurs la première entrée dans cette théorie avait perdu toute sa difficulté par la découverte de l'inversion et de la double périodicité.

La différence sera encore plus grande si l'on ne pense pas au temps de l'envoi — en comparant la précipitation de l'un avec la tranquillité insouciante de l'autre, — mais qu'on fixe son attention sur l'origine de ces intéressantes propositions. Abel dit, dans son livre manuscrit B, et, comme il est à croire, en juin 1827, qu'il avait alors trouvé *depuis longtemps* la solution du problème des transformations algébriques, et qu'il l'avait trouvée dans sa plus grande généralité. Donc, bien qu'il fût prévenu quant à la première publication de quelques propositions relatives aux transformations, il avait approfondi, déjà, dans sa totalité, la théorie des transformations elliptiques, et cela à une époque si reculée qu'alors Jacobi n'avait pas fait encore le premier pas dans ses découvertes sur ce terrain.

Quelle est précisément l'époque de l'origine des découvertes d'Abel dans la théorie des transformations? On ne la connaît pas. Hansteen, en transmettant dans une lettre à Schumacher le célèbre mémoire d'Abel « Solution, etc., » — pour être publié dans les *Astronomische Nachrichten,* comme réponse à Jacobi qui s'était servi d'abord de ce journal spécialiste, — dit même qu'Abel, en mai 1828, était déjà *depuis plusieurs années,* dans la théorie des transformations, en possession d'une méthode plus générale que celle de Jacobi. La conséquence directe de cette assertion, le mot « *plusieurs* » désignant nécessairement un nombre plus grand que *deux,* devait donc être que la découverte remontait à une époque antérieure au voyage et finissant dans l'été de 1825.

Plus encore : à l'époque qui suivit immédiatement le retour, ou certainement même avant le départ de Paris à la fin de l'année 1826, la théorie entière des fonctions elliptiques avait été découverte par Abel, en tout ce qui était essentiel. Et c'est cela qu'il avait annoncé à Holmboe en lui disant qu'il avait alors achevé le plus important de ce qu'il a exposé depuis sur ces fonctions.

Ainsi dès lors le travail était entré dans sa seconde période. Il fallait revenir sur plusieurs points, sur de nouveaux détails et de plus grands développements; il fallait simplifier les procédés et corriger les démonstrations, où pouvaient se trouver des défauts de rigueur. Enfin il s'agissait d'étudier, pendant de longues heures de méditation, l'ensemble des phénomènes et leur enchaînement, pour réussir à faire une œuvre simple et sans art, comme une image d'après nature.

C'est là ce que devaient être les *Recherches*, et c'est ainsi qu'elles devenaient ce chef-d'œuvre de simplicité. Son origine remontait à une époque où aucune idée des découvertes fondamentales qui se préparaient n'existait chez l'émule futur d'Abel. Et pendant qu'Abel continua en bon ordre son travail de description, arrêté ensuite soudainement par les pénibles circonstances qu'il eut à traverser après son retour dans sa patrie, pendant qu'il fut réduit ainsi pour longtemps, à faire pressentir seulement, par un court article, qu'il était le possesseur incontestable et libre de tout le nouveau champ qu'il avait ouvert pour la science, — pendant cela, Jacobi entra en scène, et compléta par ses belles recherches la théorie des transformations de Legendre, à laquelle il donna ainsi un haut degré de perfection.

Néanmoins, à cette époque, Jacobi, qui fut le premier à exposer une partie essentielle de la théorie des transformations, relativement aux *intégrales* elliptiques, c'est-à-dire relativement aux *fonctions* non encore inverses, était bien loin de pouvoir pénétrer profondément — comme le faisaient Abel et Gauss — cette même partie de la science. Alors c'étaient aussi ces deux hommes seulement qui connaissaient les grands secrets cachés dans les fonctions inverses. Mais déjà, le mois suivant, elles pouvaient être étudiées dans les *Recherches*.

Le 18 novembre, date du mémoire de vérification de Jacobi, la situation change.

La proposition principale énoncée en août fut démontrée. Cette proposition, conjointement avec la proposition complémentaire communiquée à Legendre, et ensuite par celui-ci à l'Académie des Sciences de Paris, forma une partie importante, mais encore incomplète, de la théorie des transformations rationnelles, transformations auxquelles s'étaient arrêtées jusqu'à ce moment ses études.

La proposition principale, telle qu'elle se présente dans le premier article de Jacobi dans le journal de Schumacher, ou dans la lettre à Legendre, porte encore l'ancien vêtement; elle se rattache aux intégrales. La même proposition, telle qu'elle se présente au contraire dans le mémoire de vérification de novembre, après l'apparition des *Recherches* en septembre, indique la jonction des découvertes de Jacobi avec les idées fondatrices d'Abel. Mais le théorème complémentaire garde toujours une forme représentant la période Legendrienne, période qui est sur le point de faire place à une ère nouvelle.

Si d'un autre côté, pour ce qui regarde Jacobi, on remonte de plus en plus haut, et qu'on demande quelle est la date de naissance de ses découvertes, on s'arrête à une époque plus tardive, mais aussi mieux déterminée que pour Abel. Car la première réussite — d'où découlaient ses théorèmes du mois d'août — eut lieu en mars 1829 avec sa découverte du principe de transformation; et cela le mena d'abord à son succès, encore relativement très mince, en juin, puis à ses propositions plus générales, et d'une si grande portée.

Abel appartenait à un petit pays, situé loin des grands centres de la science, et difficilement en rapport avec les pays populeux et très anciens du continent. Chez nous, après plusieurs siècles d'impuissance, l'indépendance nationale vint à être regagnée; et avec l'esprit de la liberté une nouvelle vie commença et se fit sentir bientôt dans presque toutes les directions. Quelques années plus tôt, après de grands efforts, on avait réussi à fonder une Université dans la capitale. Celle-ci était alors, et elle resta encore quelque temps une petite ville avec ses dix ou quinze mille habitants. Et comme il fallait s'y attendre, il ne pouvait être question, au commencement, de tres hauts professorats dans les sciences abstraites.

Abel, même s'il l'avait voulu, n'aurait pu passer par tous les degrés et tous les examens par lesquels doivent monter, comme règle, les jeunes gens qui désirent de s'*habiliter* pour les sciences. Pour qui voulait se perfectionner dans les mathématiques, le seul chemin à suivre dans l'Université devait être de faire des études pour la science des mines. A ces études étaient jointes quelques connaissances dans les hautes mathématiques, mais d'ailleurs d'une étendue peu considérable. Dans de telles circonstances, il ne pouvait naturellement être question d'études pour le doctorat; il n'y avait pas non plus, à notre Université débutante, de séries de leçons libres et plus transcendentales, destinées aux jeunes savants.

Mais de telles circonstances, défavorables pour le développement moyen de la science, ne le sont pas toujours, pour les hommes d'élite, à un si haut degré qu'on serait tenté de le croire. Toutefois il faudrait, pour réussir, que les moyens d'instruction ne manquassent pas, quand ils n'étaient pas représentés d'une manière satisfaisante dans les cours réguliers. Dans la bibliothèque de l'Université (nouvellement fondée) il y avait au moins quelques bons livres, et il y en avait assez, soit qu'il s'agît, pour quelqu'un, de faire sa première entrée dans la science, guidé par un auteur consciencieux qui se borne à une exposition claire des plus utiles principes; soit qu'un étudiant plus avancé dans ses études voulût monter plus haut et faire connaissance avec les hommes supérieurs de la science, qui ont contribué le plus fortement à reculer ses limites.

De cette manière, Abel s'édifia de bonne heure, pour ses investigations de l'avenir, une base solide, comme il n'arrive peut-être que rarement. Holmboe, qui originairement le guidait dans son choix et qui finit bientôt par étudier avec lui comme avec un condisciple, était pour un esprit comme Abel le meilleur maître qu'on pût imaginer. Sans être richement doué, il représentait à un haut degré, nous pouvons le dire, la conscience scientifique. Et même un certain défaut de facilité dans les explications orales, défaut qui devait obliger Abel à faire de plus grands efforts, et devenir finalement un avantage plutôt qu'un danger. Il donnait assez d'explications pour conduire à la possession complète de l'objet d'étude.

C'étaient aussi toujours les auteurs les plus clairs et les plus profonds qu'ils étudiaient ensemble, et que plus tard Abel approfondit tout seul. C'étaient Euler et Lagrange, et surtout c'était Lagrange.

Dans un de ses livres manuscrits, Abel, vraisemblablement dans une citation prise au hasard chez un auteur, a aussi accentué la justesse de cette manière d'étudier. On y lit en langue française : « Si l'on veut savoir comment on doit faire pour parvenir à un résultat plus conforme à la nature, il faut consulter l'ouvrage du célèbre Laplace, où cette théorie est exposée avec la plus grande clarté et dans une extension convenable à l'importance de la matière. Il est en outre aisé de voir qu'une théorie écrite par M. Laplace doit être bien supérieure à toute autre donnée des géomètres d'une classe inférieure. Au reste, il me paraît que si l'on veut faire des progrès dans les mathématiques, il faut étudier les maîtres et non pas les écoliers. »

L'esprit avec lequel ces œuvres classiques de la science furent lues et pénétrées par Abel était aussi celui de son premier instituteur, son père. On raconte de lui, dans une biographie, qu'il exigeait « que tout fût compris si clairement que l'on pût, pour ainsi dire, le saisir avec les mains. »

Abel lui-même, d'après la tradition, attribuait le manque de réussite dans les mathématiques, en premier lieu à des connaissances imparfaites des éléments et des principes.

L'auteur de cette biographie adressa, dans l'année 1849, une lettre à son ancien maître, Holmboe, pour lui demander des conseils afin de pouvoir continuer ses études mathématiques. Holmboe dit, au commencement de sa réponse, que comme le meilleur guide à citer, il voulait faire connaître quelques notes sur Lagrange et quelques remarques de celui-ci, concernant cette étude. Il les avait trouvées, environ trente ans auparavant, dans le journal de Lindenau et Bohnenberger, et alors il les avait copiées.

Ce qui est ici d'un grand intérêt, c'est qu'il s'agit des règles que Holmboe lui-même avait adoptées et qu'il recommanda, comme maître du jeune Abel, pour le guider dans l'étude des mathématiques. On se rappelle qu'Abel entra à l'école cathédrale de Christiania dans l'année 1815, et que Holmboe y fut placé dans l'année 1818. Peu de temps après commencèrent leurs études en commun. Mais en remontant les trente années de l'époque où fut écrite ladite lettre, on arrive à l'année 1819 qui doit être environ l'époque en question.

Holmboe continue maintenant en faisant observer que dans la notice mentionnée il est dit de Lagrange :

« Il s'effrayait pour ceux qui aspiraient à des véritables succès dans l'étude de l'analyse, des progrès immenses qu'elle avait fait depuis le temps de ses premiers travaux. Il disait une fois avec cette naïveté qui ne le rendait pas moins intéressant que son génie, et en montrant une pile d'ouvrages modernes déposée sur la table : « Je plains les jeunes géomètres qui ont tant d'épines à avaler. Si j'avais à recommencer, je n'étudierais pas; ces gros in-4° me feraient trop peur. » Il ajouta peu après : « On aura beau faire, les vrais amateurs devront toujours lire Euler, parce que dans ses écrits tout est clair, bien dit, bien calculé, parce qu'ils fourmillent de beaux exemples, et qu'il faut toujours étudier dans les sources. »

» Sa grande réputation l'exposait à être souvent consulté par ceux qui voulaient faire des progrès dans la géométrie, et qui pensaient, avec raison, qu'il pourrait aisément leur indiquer la meilleure direction à imprimer à leurs travaux. Mais il aimait peu à donner des conseils de ce genre : il avait si parfaitement étudié seul et sans guide qu'il croyait de bonne foi les autres aussi heureusement nés que lui. Sa réponse ordinaire était qu'en géométrie il ne faut pas de maître et qu'on n'apprend rien que ce qu'on apprend soi-même, ou quand on insistait : « Étudiez Euler, et attachez-vous à résoudre tous les problèmes que vous rencontrerez; car en lisant la solution d'un autre, vous n'apercevrez ni les raisons qu'il a eues pour se tourner de tel ou tel côté, ni les difficultés qu'il a trouvées sur son passage. »

» Un jour qu'il m'entretenait de cette répugnance à donner des directions et à conseiller une manière d'étudier plutôt qu'une autre, il la rapporta à ce qu'il n'avait jamais eu de maître ni de compagnon dans ses travaux, en sorte que les occasions de traiter ce sujet lui ayant manqué, il n'en avait point l'habitude.

» Ce n'était pas », continua-t-il, « que je n'eusse pu en parler tout comme un autre; car je crois avoir bien réfléchi de bonne heure sur la meilleure marche à suivre dans l'étude de l'analyse, et je m'en étais fait un certain nombre de principes que j'ai toujours fidèlement suivis et que je vais vous citer :

» Je n'étudiais jamais dans le même temps qu'un seul ouvrage; mais s'il était bon, je le lisais jusqu'à la fin.

» Je ne me hérissais pas d'abord contre les difficultés, mais je les lisais pour y revenir ensuite vingt fois s'il le fallait; si après tous ces efforts, je ne comprenais pas bien, je cherchais comment un autre géomètre avait traité ce point-là.

» Je ne quittais point le livre que j'avais choisi sans le savoir, et je passais tout ce que je savais bien quand je le rencontrais de nouveau.

» Je regardais comme assez inutile la lecture de grands traités d'analyse pure : il y passe à la fois un trop grand nombre de méthodes devant les yeux. C'est dans les ouvrages d'applications qu'il faut les étudier : on y juge de leur utilité, et on y apprend la manière de s'en servir. Selon moi, c'est aux applications qu'il convient surtout de donner son temps et sa peine; et il faut se borner en général à consulter les grands ouvrages sur le calcul, à moins qu'on ne rencontre des méthodes inconnues ou curieuses par leurs usages analytiques.

» Dans mes lectures, je réfléchissais principalement sur ce qui pouvait avoir guidé mon auteur à telle ou telle transformation ou substitution et à l'avantage qui en résultait; après quoi je cherchais si telle autre n'eût pas mieux réussi, afin de me façonner à pratiquer habilement ce grand moyen de l'analyse.

» Je lisais toujours la plume à la main, développant tous les calculs et m'exerçant sur toutes les questions que je rencontrais; et je regardais comme une excellente pratique celle de faire l'analyse des méthodes et même l'extrait des résultats quand l'ouvrage était important ou estimé.

» Dès mes premiers pas j'ai cherché à approfondir certains sujets pour avoir occasion d'inventer, et de me faire autant que possible des théories à moi sur les points essentiels, afin de les mieux graver dans ma tête, de me les rendre propres, et m'exercer à la composition.

» J'avais soin de revenir fréquemment aux considérations géométriques, que je crois très propres à donner au jugement de la force et de la netteté.

» Enfin je n'ai jamais cessé de me donner chaque jour une tâche pour le lendemain. L'esprit est paresseux; il faut prévenir sa lâcheté naturelle et le tenir en haleine pour en développer toutes les forces et les avoir prêtes au besoin; il n'y a que l'exercice pour cela. C'est encore une excellente habitude que celle de faire, autant qu'on le peut, les mêmes choses aux mêmes heures, en réservant les plus difficiles pour le matin. Je l'avais prise du roi de Prusse, et j'ai éprouvé que cette régularité rend peu à peu le travail plus facile et plus agréable. »

« Ces règles », continue ici Holmboe dans sa lettre, « chacun se trouvera certainement bien de les suivre. Ce que Lagrange, dans son temps, disait d'Euler s'applique bien à l'époque présente, à cause du progrès de la science, encore mieux à Lagrange lui-même, mais dans un degré plus haut encore à Cauchy, ce grand réformateur des mathématiques..... Outre Cauchy, surtout Abel et Jacobi méritent d'être étudiés avec soin. »

Mais les vraies sources de la grandeur à laquelle arriva Abel comme investigateur ne doivent pas être cherchées seulement dans un génie supérieur, aux mains duquel étaient tombés les moyens de recherches les plus puissants. Les circonstances de sa vie l'ont forcé de vivre, au point de vue scientifique, comme un solitaire parcourant ses propres chemins, et lui ont facilité singulièrement l'avantage de rester dans la plus pleine concordance avec soi-même. En poursuivant ses idées, il travailla donc en silence et avec la patience infatigable d'un investigateur qui veut faire une œuvre consommée et complète.

A cause de ces mêmes circonstances et à cause aussi d'un trait bien prononcé de son caractère, il n'était pas non plus bien fortement tenté de s'en écarter, et il n'y avait rien qui divisât ses efforts. Il n'était pas préoccupé d'un ardent désir d'obtenir la bonne protection des hautes autorités scientifiques, ni même d'acquérir de bonne heure un nom honoré comme mathématicien. Dans les premières années, où furent posés déjà en grande partie les vastes fondements de ses théories, il était même presque sans liaisons avec ses contemporains du continent et avec leurs recherches. Plus tard, il se lia avec Crelle; mais ce n'était que comme ami et collaborateur de son *Journal*. Vers la fin de sa vie, à une époque qui n'a guère duré beaucoup plus d'une année, il fut forcé par le début de Jacobi de changer un peu ses plans. Mais alors tout était prêt pour leur réalisation complète.

Ainsi, vivant au milieu de ses propres idées et pour elles seules, il marcha toujours droit dans le même sens. Toutes ses forces, il les dirigea vers un seul but, tirant les meilleures et les plus vastes ressources bien plus en se concentrant dans les profondeurs les plus cachées de son être, que dans une étude inspiratrice des auteurs contemporains.

Il existe de certaines analogies dans le développement de Jacobi et celui d'Abel durant les premiers temps de leurs études. On voit que, de bonne heure et dès l'école, ils ont commencé tous les deux par l'étude des œuvres des grands maîtres, celles d'Euler et de Lagrange. Nous avons fait remarquer que Jacobi s'est occupé aussi dans sa jeunesse du problème de la résolution de l'équation du cinquième degré, sans continuer cependant d'étudier cette difficile question avec le même acharnement et le même succès qu'Abel. Mais son intérêt ne pouvait guère se concentrer à la longue fortement et exclusivement autour des œuvres des grands auteurs, comme c'était le cas pour Abel. Le géomètre allemand vivait dans des circonstances essentiellement différentes, et il se trouva donc sous l'empire de nécessités et d'exigences d'une tout autre nature.

Pour lui, comme pour le grand nombre des jeunes adeptes de la science, il dut se présenter, cela va sans dire, des avantages inappréciables dans toutes ces institutions, et nous pouvons même dire dans toutes ces mœurs scientifiques, développées pendant le cours des siècles, dans leur ancien pays. De plus, pour lui comme pour tant d'autres, dans de pareilles circonstances, il s'était rencontré de bonne heure des occasions d'entrer en relation avec les grands hommes de l'époque et d'obtenir la protection précieuse de leur autorité; Jacobi, beaucoup plus tôt et plus intimement qu'Abel, se mit aussi en communication avec Legendre, et il eut la bonne fortune de faire la connaissance personnelle de Bessel, qui exerça sur lui, comme le raconte Dirichlet, la plus puissante influence.

Jacobi, l'éminent écrivain futur, devait naturellement aspirer à obtenir une place dans une des Universités de l'Allemagne, et avec ses grands talents, avec « l'inépuisable trésor de connaissances » qu'il avait su acquérir de très bonne heure, ses plus belles espérances devaient être légitimes. Il avait au moins en ce sens un grand avantage sur Abel, qui, en récompense de toutes ses hautes études, n'aurait jamais obtenu vraisemblablement une position à l'Université.

Mais cela fut aussi une nouvelle source d'indépendance pour les études d'Abel, tant que, par une petite subvention de l'État, il fut mis en position de continuer ces études qui s'étaient montrées si fructueuses. Jacobi devait s'arranger d'une autre manière; il lui eût été très dangereux certainement dans de telles circonstances de se mouvoir aussi librement qu'Abel; il ne lui fallait pas alors dépenser ses riches facultés et son savoir si étendu et si varié dans de longs travaux d'attente et de résignation qui auraient exigé les grandes investigations, au plus haut degré désintéressées.

Abel, appuyé sur ses études des grands maîtres, partit de ce problème, stérile en apparence, qu'il avait, étant écolier, cherché comme Jacobi — et peut-être comme une foule de jeunes savants, — la résolution de l'équation du 5e degré. Après cela, vinrent les études sur les intégrales, surtout les intégrales elliptiques et les intégrales d'ordre encore plus élevé; c'était un nouveau commencement auquel avait donné lieu la réponse de Degen, quand celui-ci avait dû rejeter le résultat d'écolier présenté par Abel. Dans le résultat également impossible du savant professeur, il y avait pour un esprit comme Abel un germe fertile, conduisant au théorème d'addition avec ses innombrables conséquences. Mais plus tard tout cela se réunit en quelque sorte dans un vaste et unique problème, où les découvertes algébriques formèrent le principe qui pénétrait tout.

Abel, après ses premiers échecs, tint donc toujours ferme sans se décourager, et continua à marcher dans la même direction. Mais au lieu de chercher d'après l'ancienne manière en essayant de trouver des solutions là où peut-être aucune solution n'existait, il prit une autre route qui infailliblement devait conduire au moins à des résultats, et par ce moyen il parvint à circonscrire et à étendre son problème ou les problèmes partiels dont celui-ci était composé.

Il se détermina à donner au problème une forme telle qu'il fût toujours possible de le résoudre, ce qu'on peut faire d'un problème quelconque. Au lieu de demander une relation dont on ne sait pas si elle existe ou non, il faut demander si une telle relation est en effet possible. Par exemple, dans le calcul intégral, au lieu de chercher, par une espèce de tâtonnement et de divination, à intégrer les formules différentielles, on doit plutôt chercher s'il est possible de les intégrer de telle ou de telle manière. En présentant un problème sous cet aspect, l'énoncé même contient le germe de la solution, et montre la route qu'il faut prendre (1).

De cette façon, par une espèce de reconnaissance méthodique du terrain ou par une suite d'expériences réglées, après un travail solitaire, dont l'existence était inconnue pour le monde, il finit par préparer ses grandes théories nouvelles qu'il fallait ensuite développer et finalement exposer.

Mais il voulut le faire, s'il était possible, et comme c'était son désir souvent exprimé, dans une œuvre régulière, plutôt que dans une série de mémoires détachés, mieux appropriés à des sujets de détail et de petite étendue, chacun formant à lui seul une unité.

Pour Jacobi, il devait être plutôt dans ses intérêts d'abandonner les problèmes de sa jeunesse, comme la résolution de l'équation du 5e degré, qui certainement devait résister longtemps à tous les efforts, et vraisemblablement ne pas lui donner plus de résultats qu'à tant d'investigateurs éminents qui l'avaient tentée avant lui. Au lieu donc de se jeter dans des entreprises aussi incertaines que celle-là et les autres de même catégorie, il pouvait employer ses riches et puissants talents avec fruit pour la science, avec honneur et avantage pour lui-même, en se posant des problèmes mieux déterminés et à des hauteurs plus accessibles, et en même temps plus rapprochés du centre de la science, telle qu'elle était au temps où il vivait.

Il existait un grand nombre de questions propres à cette époque, qu'on pouvait se poser à cause de leur caractère, avec la certitude de les résoudre, comme cela réussissait pour Abel, en

(1) Voir l'introduction au mémoire inachevé : *Sur la résolution algébrique des équations.* (*Œuvres complètes*, tome II.)

essayant avec sa méthode de pénétrer profondément dans un pays nouveau. Il y avait des travaux de détail, des travaux de développement et d'amplification; on pouvait passer de certaines questions connues à des questions contiguës et analogues; on pouvait essayer de modifier ou de simplifier les anciens procédés. Et surtout en examinant soigneusement tout ce qui se produisait de nouveau, et en s'associant vigoureusement à chaque vrai progrès, on pouvait avancer sûrement vers de bons résultats; et, le temps propice venu, on s'élèverait peut-être jusqu'à traiter des problèmes plus grands, demandant une indépendance entière.

Cette manière de travailler, qui naturellement s'est développée beaucoup grâce aux journaux scientifiques, suppose ainsi qu'on se mette en rapport intime avec les auteurs contemporains et qu'on s'efforce d'utiliser ce qu'on y trouve pour en tirer des avantages en vue de nouvelles recherches et pour s'inspirer de leurs idées auprès d'idées congénères.

Dirichlet, dans son *Éloge de Jacobi,* raconte ainsi une anecdote du temps d'études de ce mathématicien, alors qu'il n'avait pas encore réussi à s'initier à la théorie des fonctions elliptiques.

« Le jeune géomètre, » dit-il, « qui s'était déjà essayé avec succès dans tant de directions différentes, sembla quelque temps abandonné de son bonheur habituel dans la théorie des fonctions elliptiques. Un de ses amis, le trouvant un jour de fort mauvaise humeur, lui en demanda la cause. « Vous me voyez, » répondit-il, « songeant » en ce moment à renvoyer ce livre » — les *Exercices* de Legendre — « à la bibliothèque; décidément je joue de malheur avec lui. » Toutes les fois que j'ai étudié un ouvrage important, cela m'a » toujours suggéré quelques idées neuves, et j'y ai toujours gagné » quelque chose. Cette fois, ma lecture me laisse les mains complè» tement vides, et ne m'a pas inspiré la moindre idée. »

Cette espèce de travail — différente du travail d'Abel, en ce sens que celui-ci devait compter plus exclusivement sur ses propres ressources pour en tirer, par les plus patients efforts, ses idées et ses méthodes, — était donc naturelle, et surtout dans les premiers temps, à la position de Jacobi. Enrichi des idées dont, grâce à ses grandes facultés réceptives, il put s'inspirer par la lecture des auteurs — et les combinant avec d'autres, dues antérieurement à son propre génie créateur; — joignant aussi à ces trésors les idées qu'il avait dû rencontrer en foule en lisant les mémoires d'Abel, il ne pouvait manquer de faire sortir de sa plume des productions très variées et très nombreuses. Et de cette manière, nous n'en doutons pas, en voyant se développer les unes après les autres les idées si grandiosement conçues par Abel, et en approfondissant particulièrement les procédés d'introduction du mémoire de Freiberg, il en a subi la plus heureuse influence, qui l'a mis à même de découvrir, en mars 1827, son principe de transformation, et plus tard, en juin et en août, dans la même théorie, ses célèbres propositions d'induction qu'il devait démontrer plus tard.

Mais sa puissance créatrice, abondante et variée, étant appliquée à d'autres objets, resta encore quelque temps avant de se fixer. Il avait, à cette époque, expédié à Crelle un si grand nombre de mémoires qu'il lui avait été impossible, malgré sa puissance de travail, d'achever ses nouvelles investigations sur la théorie des transformations des intégrales elliptiques, et qu'il ne termina sa tâche qu'après le 27 août 1827.

A cette époque, finit ainsi pour longtemps cette série de travaux de discussion, relativement moins importants, et ils font place aux grandes études. Celles-ci, demandant une plus grande concentration autour d'un sujet unique, eurent d'abord pour effet une production relativement très hétérogène. Mais son fruit devait être une œuvre célèbre : ce fut les *Fundamenta nova*.

XIV.

La lutte et la suite du développement des événements, jusqu'à l'époque où Abel cède la place, et où paraît le grand ouvrage de Jacobi : les *Fundamenta nova*.

Abel resta longtemps dans sa retraite lointaine sans connaître le début de Jacobi. Naturellement il ne pouvait s'attendre à trouver dans un journal astronomique quelque chose qui touchât profondément ses propres intérêts. Le cahier de septembre, où se trouvaient les énoncés de Jacobi, était sans doute parvenu à Christiania dans le courant de l'automne. Deux ou trois fois par an, il arrivait à l'Observatoire un ballot de livres contenant aussi le journal de Schumacher. Mais ce n'est guère que par un hasard qu'Abel eût pu avoir connaissance de ce que le ballot renfermait d'intéressant pour lui comme mathématicien. Quant au mémoire de vérification de Jacobi, il était inséré dans le cahier de décembre et, d'après l'état de choses qui régnait alors dans notre pays, la mer étant prise par les glaces et la navigation se trouvant interrompue, il était impossible qu'il arrivât avant le printemps de 1828, et au plus tôt en avril.

Abel, qui ne soupçonnait rien de la rivalité qui se préparait, et dont la position dans son pays n'était rien moins qu'heureuse, ne termina donc pas la rédaction de ses *Recherches* aussitôt qu'il l'avait promis. Le 12 février, il envoya le reste dans une lettre à Crelle. Il en forma la partie finale d'un mémoire étendu, contenant un exposé complet des fondements de la nouvelle théorie.

Dans l'intervalle, relativement très long, entre la publication de la première partie des *Recherches* et l'envoi de la seconde, on a seulement, de la part de Jacobi, outre son mémoire de vérification, une très courte note (d'une page) expédiée pour être publiée, savoir, son « Addition au mémoire d'Abel ». Cette addition est datée du 25 janvier 1828, et a pour but une simplification à introduire dans le procédé d'Abel pour résoudre algébriquement les équations d'où dépend la division d'une fonction elliptique.

Dans la seconde partie des *Recherches,* Abel expose maintenant la théorie de la transformation, et non seulement il la présente d'une manière complète, puisqu'il traite aussi toutes les transformations imaginaires — lesquelles ne se trouvent pas dans le travail de Jacobi, — mais ici encore la démonstration ne fait pas défaut. Sous tous les rapports, elle était préparée d'avance, conformément à la marche suivie dans les premières parties du mémoire. Bien plus, au numéro 49, Abel mentionne qu'il est parvenu à résoudre les problèmes de la transformation *dans leur plus grande généralité possible,* même pour un nombre *quelconque* de fonctions elliptiques. Dans un paragraphe final, on trouve aussi ce théorème qui avait été inséré longtemps auparavant dans le troisième cahier du tome II du *Journal,* ainsi que des problèmes de même nature que celui qui y avait été déjà proposé.

Avant l'envoi, et, comme il le dit lui-même, après qu'il eut terminé son mémoire, arrive maintenant sous ses yeux « la note » de Jacobi, insérée dans le numéro 123, année 1827, du recueil de Schumacher « qui a pour titre *Astronomische Nachrichten* ». Il fait alors une « Addition au mémoire précédent », où il montre que « ce théorème élégant que M. Jacobi donne sans démonstration est contenu comme cas particulier » dans sa formule générale (227), et qu'« au fond, il est le même que celui de la formule (270) ». S'il avait su que Jacobi eût énoncé aussi un théorème complémentaire, — communiqué dans une lettre au seul Legendre, — il aurait pu pousser plus loin ses affirmations et remarquer que ce théorème aussi avait été mis en lumière par lui-même, comme on le voit par les cas A et B, dans les numéros 47 et 48. Chez Abel, il faut alors *descendre* d'un théorème général.

Quoi qu'il en soit, l'apparition de ces énoncés ne produisit pas, à ce qu'il paraît, une très forte impression. Abel, après avoir achevé ses *Recherches*, continue ses travaux dans une autre direction. Il va rédiger son « Mémoire sur une classe particulière d'équations résolubles algébriquement », ce beau travail dont il avait déjà donné une ébauche peu de temps après son retour. Par les énoncés de Jacobi, les nouveaux fondements ne furent pas encore touchés.

Quelque temps après, le 12 avril, Jacobi envoie à Legendre une lettre remarquable et historiquement intéressante. Le contenu de cette lettre se rapproche en partie d'une note du 2 avril, insérée dans le *Journal de Crelle.*

Crelle l'avait informé que la suite du mémoire d'Abel était sous presse, cette suite qu'il attendait avec tant d'impatience. Entre Legendre et Schumacher il y avait eu aussi des lettres échangées. Legendre attendait de son côté non moins impatiemment l'arrivée de cette prochaine démonstration du théorème *complémentaire,* qui tardait tant à venir et qui l'intéressait au plus haut degré. Il avait espéré d'abord qu'elle paraîtrait en même temps que la démonstration du premier théorème.

Comme il n'en avait pas été ainsi, il attendait en tous cas une suite du mémoire de Jacobi ; mais, informations prises auprès du rédacteur des *Astronomische Nachrichten,* on lui avait dit que rien n'avait été envoyé pour l'impression. Dès lors commencèrent de la part de Schumacher des demandes pressantes à l'adresse de Jacobi, de rédiger sa démonstration, et il s'ensuivit comme conséquence la lettre mentionnée plus haut, comme aussi une autre à Crelle contenant la note en question. La lettre de Jacobi à Legendre se croisa en route avec une lettre semblable de Legendre à Jacobi, datée du 14 avril, dans laquelle le mathématicien français, sous une forme amicale, mais pressante, exprimait le désir que Jacobi lui communiquât la manière de justifier son théorème complémentaire.

Dans la lettre de Jacobi du 12 avril, la démonstration est réellement faite, et même la transformation complémentaire se présente ici moins comme une transformation parallèle à la première — ce qui est le point de vue originaire et plus restreint — que comme la seconde des deux transformations principales, lesquelles se distinguent dans le groupe *entier* des transformations réelles et imaginaires. Jusqu'à ce point, il n'y avait cependant aucune difficulté, dès le moment qu'on pouvait s'appuyer sur le principe de la double périodicité, exposé déjà dans les *Recherches*. Car alors la démonstration qui se rapporte au cas principal pouvait être répétée mot pour mot, en remplaçant une certaine expression par d'autres qui se présentaient de la manière la plus naturelle. Dans sa lettre du 12 janvier — où, dans son embarras de ne pouvoir satisfaire aux demandes de Legendre, il parle des découvertes d'Abel — Jacobi avait dressé un exposé « des recherches de la plus grande importance » publiées par Abel, « jeune géomètre qui peut-être vous sera connu personnellement. » Et là, sans revendiquer pour sa propre part, comme on devait s'y attendre, aucun droit d'inventeur indépendant, en lui « racontant les détails les plus intéressants », il lui expliqua aussi la nouveauté abélienne concernant la double périodicité.

Mais il y avait un point plus manifestement faible dans l'exposé de Jacobi. Il ne pouvait alors donner une démonstration du rapport, dont il avait parlé autrefois, entre la transformation principale et complémentaire d'un côté et la multiplication de l'autre; il ne pouvait la donner sans recourir, non plus au simple principe de la double périodicité, mais à un grand théorème fondé sur ce principe, théorème contenu aussi dans les *Recherches*.

Le nouvel embarras dans lequel se trouve Jacobi se trahit donc; il ne peut pas le dissimuler. « Pour démontrer ceci, » dit-il, « il faut remonter aux formules analytiques concernant la multiplication, données la première fois par M. Abel. » Et il arrange en réalité de cette manière la déduction qu'il expose à Legendre.

Après cela, dans la même lettre, il présente ses excuses à Legendre. Celui-ci aurait voulu connaître la marche des idées de Jacobi et jeter un coup d'œil sur l'analyse profonde et rigoureuse, qui l'avait *conduit* à ces beaux théorèmes. Cette marche des idées est maintenant sous ses yeux. Jacobi reconnaît, — mais cet aveu n'est que pour Legendre seul, — que ses théorèmes n'étaient que des résultats de l'induction. Les démonstrations avaient été trouvées plus tard.

D'après la lettre en question, ainsi que la note même insérée dans le *Journal de Crelle* et dont nous avons parlé plus haut, Jacobi possède ainsi maintenant les transformations imaginaires. Il possède en même temps de nouveaux et élégants développements des fonctions elliptiques. Mais ces deux résultats, très beaux d'ailleurs, reposaient sur des fondements qui depuis longtemps étaient livrés à la publicité, dans la première partie imprimée des *Recherches*. Là se trouvaient déjà établis des développements des fonctions elliptiques, et Jacobi ne fit que continuer, à la vérité d'une manière très ingénieuse, à donner de nouveaux développements pareils. En outre, dans ce travail d'Abel, le principe de la double périodicité, introduit maintenant pour la première fois dans les publications de Jacobi, avait été scruté avec soin; et nous savons, par la dite lettre de Jacobi écrite en janvier, qu'il avait bien remarqué l'importance de ce principe.

Ajoutons toutefois que les transformations imaginaires, dont la découverte avait été tellement facilitée pour Jacobi, en ne considérant que l'époque de leur publication, étaient indépendantes des transformations imaginaires d'Abel, qui avaient été rédigées quelques mois auparavant; car la note de Jacobi fut imprimée immédiatement après la seconde partie des *Recherches* et dans le même cahier du *Journal*. Mais, maintenant comme avant, la position de Jacobi relativement à la théorie de la transformation, pour ce qui est de l'étendue aussi bien que du degré de profondeur de son investigation, ne fit néanmoins qu'approcher de celle d'Abel.

C'est donc dans de courts articles ou dans de simples notes que

Jacobi fit connaître le développement de ses idées, avant de rassembler ses résultats dans un ouvrage d'ensemble, les *Fundamenta nova.* Et, dans les circonstances présentes, il n'en pouvait être autrement. Tous ces développements étaient, en effet, fondés dans leurs parties essentielles — bien que Jacobi ne l'ait pas fait remarquer lui-même dans ses premières publications — sur cette mine de découvertes déposée dans le travail d'Abel, tel qu'il était au mois de septembre. Les développements si connus et si beaux des fonctions elliptiques en séries, avons-nous dit, se reliaient comme conséquence avec ce qu'Abel avait déjà produit. Quand Jacobi introduisit les fonctions Θ, qu'on lui attribue ordinairement, il s'agissait aussi, en réalité, de fonctions qu'Abel, à la vérité sans les désigner sous ce nom, avait exposées implicitement, dans cette même première partie des *Recherches.* Jacobi prit les numérateurs et les dénominateurs de quelques fractions qu'il y trouva. Et, comme il interprétait une pensée très voisine et très naturelle, il en fit des transcendantes nouvelles. Il réussit à leur donner une autre *forme*, très élégante, en même temps qu'il montrait, dans un très beau théorème, l'importante utilité qu'on en pourrait tirer relativement à la réduction des intégrales de troisième espèce. Abel, pénétrant plus profondément au cœur de la question, ne voulut pas choisir ses propres numérateurs et dénominateurs tels qu'ils se présentaient, sans aucune modification réelle dans ses formules. Comme on voit dans son introduction au *Précis*, il passa à une série de transcendantes proportionnelles qui se présentaient naturellement et que d'ailleurs, dans ces derniers temps, Weierstrass a prises pour base de ses travaux. Et *précisément* ces mêmes fonctions transcendantes, chose digne de remarque, le clairvoyant Gauss, à qui appartiennent tous les droits de premier inventeur des fonctions elliptiques — avant qu'Abel les eût réinventées, — Gauss les avait depuis longtemps introduites dans les résultats alors inédits, de ses recherches.

Mais revenons encore une fois à la question de la découverte de la double périodicité.

Jacobi avait remarqué, au commencement d'août 1827, l'équation de substitution de sin φ à i tang ψ. Par là il fut amené, comme il dit, d'une transformation de k' en λ', en partant de celle de k en λ; et en faisant une conjecture heureuse, il arriva à la transformation complémentaire. C'était à une époque où il ne faisait usage d'aucune inversion, ni dans sa note à Schumacher, ni dans sa lettre à Legendre.

Dans le mémoire de vérification, daté du 18 novembre 1827 et, comme nous avons dit, deux mois après la publication des *Recherches,* Jacobi se sert de l'inversion, mais non de la double périodicité. Ces principes fondamentaux étaient alors connus tous les deux par les investigations d'Abel, et certainement Jacobi lui-même les avait bien remarqués dans ce mémoire très développé. Cependant, on peut admettre qu'en ce sens Jacobi se soit rapproché de la découverte en question, attendu qu'avec son équation de substitution, dont nous avons fait mention, le chemin à parcourir n'était pas très long s'il s'était appuyé seulement sur l'*une* des deux idées réformatrices, sur l'inversion abélienne. Si Jacobi, sous tous les rapports, indépendamment d'Abel, avait fait la découverte, il serait plus que singulier qu'il n'en eût fait aucune application dans son mémoire de novembre, et qu'il eût attendu jusqu'en avril avant de donner, dans le Journal de Crelle, une généralisation de son théorème de transformation. Là il la donna sous une forme très élégante, mais de telle sorte que la connexion avec le principe de la double périodicité se trouvât bien caché. Dans la lettre suivante à Legendre, il prend, au contraire, la route directe, et la connexion se montre ici manifestement.

Dans sa lettre à Legendre du 12 janvier 1828, Jacobi, comme nous l'avons vu, attribue à Abel la découverte de la double périodicité, et il ne demande ici rien pour lui-même. Plus tard Jacobi fait, naturellement, un fréquent usage de cette propriété des fonctions elliptiques; mais alors il ne pouvait plus être question que d'Abel comme de celui qui l'avait exposée.

Longtemps après, on voit Jacobi revendiquer maintenant pour lui-même comme une copropriété cette découverte de la double périodicité, ce qu'il n'avait jamais fait antérieurement, en termes exprès, comme ç'avait été si souvent le cas pour la théorie des transformations. Dans l'introduction à un mémoire non publié par Jacobi lui-même, et intitulé « *De divisione integralium ellipticorum in n partes æquales* », il dit qu'en même temps qu'Abel fit ses découvertes dans la théorie de la division et d'autres découvertes — celle de la théorie des transformations n'était pas désignée en particulier — il fonda, lui Jacobi, la théorie générale de la transformation des fonctions elliptiques. Il la fonda en partant et du principe de la double périodicité « *ad quod et ipse deveneram* » et d'un nouveau principe qu'il avait appelé, dans les *Fundamenta nova* : « *principium transformationis* ».

De cette déclaration bien tardive de Jacobi, où il accorde à Abel très peu de chose en dehors de ces mots « *præclare et eleganter* », mais où il s'attribue lui-même une découverte indépendante du principe de la double périodicité — de cette déclaration, on devrait ainsi conclure que c'était par un accident du hasard qu'il n'avait pas publié sa découverte avant d'être prévenu par Abel. Mais s'il l'avait fait, s'il ne s'était donc pas trompé quant à la vraie indépendance de ses propres mérites — comme le font si souvent les hommes éminents qui se groupent en première ligne autour d'une découverte accomplie, pour la développer et l'utiliser — s'il avait ainsi rencontré lui-même la simple pensée fondamentale et s'il en avait vu toute l'importance, alors certainement il n'aurait pas manqué de signaler *au plus tôt expressément* que cette pensée avait été aussi la sienne et qu'il avait reconnu, indépendamment, sa grande portée. Et, nous le répétons, un jeune homme dans de telles circonstances et désireux comme lui de se distinguer, n'aurait pas attendu jusqu'au 2 avril 1828 pour donner une note sur les transformations imaginaires. Il n'aurait pas non plus choisi une telle forme que le principe en question ne se trouvât que caché, et même tellement caché qu'il fallait des études pour le faire ressortir de ses formules.

Plus tard encore, dans l'année 1832, Jacobi affirme, pour la première fois en termes exprès, dans un mémoire publié par lui-même, qu'il avait trouvé lui aussi le principe dont il s'agit. Dans son célèbre mémoire « *Considerationes generales de transcendentibus abelianis* », il dit qu'après une observation faite par lui-même et par Abel, la fonction elliptique sin am ne change pas de valeur quand on change son argument en ajoutant une certaine période réelle ou une certaine période imaginaire. C'était au moins maintenant bien tard de le dire; et pour juger dans quelle étendue pouvait être vraie une telle prétention soudaine, il aurait été nécessaire alors de mieux expliquer les choses historiquement et analytiquement.

En somme, il existait donc une dépendance bien prononcée entre le travail de Jacobi et celui d'Abel; car tous les grands moyens auxiliaires contenus dans les *Recherches* étaient absolument indispensables pour pouvoir élever l'édifice de la théorie des fonctions elliptiques. Jacobi creuse de plus en plus ce travail fondamental d'Abel; son esprit inquiet en attend de jour en jour la continuation.

Avec quels détails ne signale-t-il pas, dans ses lettres et dans la suite de ses mémoires et de ses notes, l'intérêt et le soin minutieux avec lequel il s'empresse d'étudier cette théorie de la division abélienne, d'une si grande importance pour les théorèmes de la transformation! Et à une époque plus avancée, alors que, pour une grande part, la force même des circonstances avait exigé de lui, nous pouvons le dire, un tribut d'admiration pour les travaux de transformation d'Abel, comment ne répète-t-il pas alors, maintenant que l'on a ces travaux sous les yeux et que la ressemblance et la supériorité se montrent en chaque point, que dans cette théorie de la division se trouve cachée celle de la transformation — sans qu'Abel lui-même y eût pensé?

Abel était libre. Il parcourait ces domaines absolument seul, et il n'avait plus aucun besoin d'assistance. Avec un calme parfait, quand il fut pleinement maître du terrain, il se mit à exposer ses résultats.

Enfin, au mois d'avril ou de mai 1828, le second début de Jacobi dans le journal de Schumacher (avec son mémoire de vérification du 18 novembre) parvint à la connaissance du public norvégien. Abel en fut touché au vif, et il ne pouvait pas en être autrement; car il devait lui être impossible de méconnaître sous cette forme modifiée ses propres idées, mais il n'y trouvait pas son nom. Et ce qui allait ensuite lui sauter aux yeux, c'était qu'au fond, bien qu'avec un moindre degré de généralité, la démonstration du théorème de transformation était identique à celle qu'il avait envoyée en février pour terminer son mémoire.

Hansteen raconte qu'Abel « devint tout pâle », quand on lui remit le numéro des *Astronomische Nachrichten* où se trouvait le mémoire de Jacobi. Le narrateur ajoute, avec la tournure humoristique qui lui était propre, qu'Abel « dut courir chez le confiseur et y prendre un bon schnaps pour se remettre de son émotion. Il était en possession, » continue Hansteen, « depuis plusieurs années, d'une méthode générale qu'il communique ici, et qui embrasse de plus vastes résultats que les théorèmes de Jacobi. »

Schumacher, dans sa lettre à Gauss du 6 juin 1828, où il reproduit ce passage de la correspondance de Hansteen, dans le texte norvégien « pour ne pas altérer la naïveté de l'original », ajoute ces mots non moins caractéristiques : « Si jamais vous faisiez connaître vos recherches, il est probable qu'Abel n'en serait pas quitte cette fois pour un seul verre de schnaps. »

En voyant ainsi Jacobi lui « marcher sur les talons », Abel se décida à son tour à publier quelques mémoires plus étendus dans le journal de Schumacher : *Solution d'un problème général concernant la transformation des fonctions elliptiques* et *Addition,* etc.

C'était, comme il l'écrit à Holmboe dans une lettre passionnée, pour « la mortification de Jacobi » [1]. Et il donne d'autant plus d'éclat à sa pensée en se servant d'un mot patois exprimant la même chose et néanmoins intraduisible. Autre chose à remarquer, il commence à partir de cette époque à dater ses mémoires les plus importants, et il ouvre la marche par son beau mémoire algébrique du 29 mars, concernant une classe particulière d'équations résolubles algébriquement.

Il n'était pas cependant dans le caractère d'Abel de se récrier et de faire du bruit autour de sa personne et de ses travaux. Il gardait même le silence au sujet de la disparition de son mémoire de Paris, et plus tard seulement il en rappela l'existence. A l'égard de Jacobi, dont naturellement l'indiscrétion l'avait désagréablement touché, il ne sortit pas davantage de son calme, — semblable sous ce rapport à Gauss, qui, ayant conscience de sa propre richesse et nullement troublé de ce qui se passait autour de lui, continuait ses travaux. Abel conserve devant Jacobi, dans ses mémoires aussi bien que dans sa correspondance avec Legendre, la forme bienveillante et obligeante. Même cette expression violente que nous avons citée plus haut reçoit une certaine atténuation, si l'on considère son penchant fâcheux à exagérer l'énergie de ses propos quand il s'entretient avec des amis aussi intimes que Holmboe, et ce ne fut jamais qu'un emportement de peu de durée à côté des sentiments de bienveillance qui le distinguaient. Précisément à cette époque-là, il avait été excité par un événement d'une autre nature, qu'il avait appris par une lettre de Crelle, et il était dans ses heures sombres.

Ce qu'Abel se bornait à faire, c'était de se montrer dans toute sa supériorité — rendant pleinement justice à tout ce qui était digne d'être apprécié, — et de maintenir son indépendance comme étant *depuis longtemps* en possession de la théorie de la transformation. Il avait établi, dans ses *Recherches*, un théorème plus général que celui de Jacobi; il voulait maintenant se placer à un

---

(1) *Dödelse af Jacobi.*

point de vue encore plus général que celui qu'il avait choisi auparavant.

Nous allons voir maintenant quel sera l'effet de l'apparition, dans le Journal de Schumacher, de cette *Solution*. Il nous faut donc revenir à Jacobi et à Legendre.

Nous rappellerons que, pour Jacobi, il s'agissait de passer de la démonstration du premier théorème au théorème complémentaire. Et suivant Legendre il valait mieux expliquer aussi le passage à la multiplication. Mais au lieu de parvenir à celle-ci par deux transformations, il arriva de la première transformation, en passant par la multiplication, à son théorème complémentaire. A cela, il n'y avait au fond rien à redire, s'il ne s'était pas encore agi de sauver ces démonstrations du soupçon de dépendance à l'égard des travaux d'Abel; car des publications de Jacobi on aurait dû conclure qu'une telle dépendance n'existait pas.

Dans la réponse de Legendre à la lettre d'aveu de Jacobi, dans laquelle se trouve aussi la démonstration de ces passages, on lit entre autres choses: « Pour établir le principe de votre démonstration, il faut, dites-vous, recourir aux formules analytiques concernant la multiplication, *données pour la première fois* par M. Abel. Cet aveu, qui prouve votre candeur, qualité qui s'accorde si bien avec le vrai talent, me fait quelque peine; car, tout en rendant justice au beau travail de M. Abel, et le mettant cependant fort au-dessous de vos découvertes, je voudrais que la gloire de celles-ci, c'est-à-dire de leurs démonstrations, vous appartînt tout entière. Mais enfin je me consolerai aisément, la science n'y perd rien; vos démonstrations ne vous appartiennent pas moins, QUELQUE PART QUE VOUS EN AYEZ PRIS LES BASES, soit dans mes ouvrages, soit dans le travail récent et très estimable de M. Abel. »

Cette lettre du 11 mai fut bientôt suivie d'une autre, datée du 16 juin. « J'ai enfin réussi », écrit Legendre, « à déduire la démonstration du théorème II de celle du théorème I, sans avoir recours aux formules de M. Abel, ce qui m'a entièrement satisfait.

Ainsi Legendre avait réussi à poser lui-même la clef de voûte de l'édifice, et l'on pouvait maintenant regarder l'ancienne doctrine des transcendantes elliptiques comme terminée. Car Legendre ne se servit même pas de l'idée abélienne de l'inversion, et quand cet autre élément étranger, la multiplication abélienne, finit aussi par être éliminé de la méthode directe de démonstration, les lignes de démarcation reprirent leur pureté, et ainsi fut créé un ouvrage *suivant l'esprit de Legendre* et dans le *vieux style*. Legendre se propose maintenant de rédiger un mémoire qui contiendra la démonstration des deux théorèmes de Jacobi. Peu de temps auparavant, il avait aussi rédigé un premier supplément à son grand ouvrage fondamental, et le 15 octobre il l'envoyait à Jacobi. Ce supplément contenait les deux théorèmes de transformation.

Dans cette même lettre du mois de juin, le bienveillant vieillard ajoute encore quelques mots qui avaient évidemment pour but de consoler Jacobi et de lui faciliter la retraite, mais qui ont pu réveiller aussi chez lui des illusions. « Je serais parvenu sans doute, » dit-il, « beaucoup plus tôt à ce résultat, si j'avais pu me livrer à un examen plus approfondi des divers objets contenus dans votre lettre; mais l'état de souffrance où je suis resté pendant longtemps m'avait rendu incapable de tout travail, et m'aurait même empêché d'entendre mes propres ouvrages. »

Jacobi répond, le 9 septembre, à Legendre que sa maladie l'avait profondément affligé, et souhaite qu'il se soit bien trouvé de son voyage dans le Midi. « Ma dernière lettre », ajoute-t-il, « a été écrite un peu à la hâte; sans cela je n'aurais pas cru que l'on doit supposer connues les formules de multiplication pour la démonstration du théorème complémentaire. Aussi il avait été trouvé et communiqué à vous sans la connaissance de celle-ci. » Jacobi mentionne alors l'équation fondamentale qui constitue le principe du passage de la démonstration du premier théorème à celle du théorème complémentaire, et il indique comment le passage se fait. Mais ce n'était pas de cela qu'il s'agissait seulement; ce dont il était question, c'était de démontrer ces résultats sans employer la multiplication abélienne. Que dans l'intervalle qui venait de s'écouler, Jacobi lui-même ait rempli la lacune existante, ainsi que Legendre avait réussi à le faire, c'est à coup sûr extrêmement probable. Mais dans ce cas il a beaucoup trop oublié ce qu'il avait dit et développé dans sa dernière lettre, contenant son aveu tardif, et expressément personnelle; et, des paroles voilées que la bienveillance avait inspirées à Legendre, il avait tiré l'espoir de pouvoir regagner l'indépendance, perdue dans un nouveau moment de précipitation.

C'est dans cette situation toujours embarrassante que la *Solution* avait paru. La complète domination d'Abel sur ces matières et sa supériorité au-dessus de tous les doutes allaient se montrer de la manière la plus éclatante. Et cela d'autant plus, après toutes ces inductions et ces vérifications, et après toute cette peine pour arriver sans son aide à un résultat incomparablement plus restreint.

Dans la même lettre de septembre, Jacobi continue ainsi : « Vous aurez reçu sans doute deux mémoires de M. Abel, l'un inséré dans le *Journal de M. Crelle,* l'autre dans les *Nouvelles astronomiques de M. Schumacher*. Vous y aurez vu que M. Abel a trouvé de son côté la théorie générale de la transformation, dans la publication de laquelle je l'ai prévenu de six mois. Le second mémoire, inséré dans le Recueil de M. Schumacher, n° 138, contient une *déduction* rigoureuse des théorèmes de transformation, dont le défaut s'était fait sentir dans mes annonces sur le même objet. Elle est au-dessus de mes éloges comme elle est au-dessus de mes propres travaux. »

Dans ces paroles Jacobi a certainement exprimé une admiration bien sentie pour Abel. Nous pouvons d'ailleurs confirmer cette opinion par les expressions suivantes, tirées d'une lettre à Crelle, dans laquelle, suivant ce qu'Abel écrit à Mme Hansteen, Jacobi doit avoir dit : « Je tiens ce mémoire, inséré dans les *Astronomische Nachrichten* sous le titre de « Solution, etc. », pour un des plus beaux chefs-d'œuvre des Mathématiques. »

Malgré cela, on pourrait bien trouver que, dans cette expression où il s'adjuge le rang inférieur, ce n'est pas sans une certaine réserve; car ces mots semblent éveiller l'idée que, si Abel fait preuve d'une plus grande perfection, il y a néanmoins égalité au fond des choses. Mais cette égalité n'existe pas. C'est avec une tout autre généralité que la théorie de la transformation est sortie des mains d'Abel, et qu'elle avait été esquissée dans des parties plus élevées encore dans les *Recherches*. Il ne faut pas, en vérité, un aussi haut degré de modestie qu'on l'a prétendu, pour s'exprimer comme le fait Jacobi. Après ce qui s'est passé entre lui et Legendre, et surtout après que la faiblesse de son investigation, encore trop peu mûre, eut éclaté au grand jour, rien n'était plus naturel, nous dirions presque plus nécessaire pour un homme d'honneur qu'une telle expression de haute reconnaissance.

Mais il faut se souvenir des difficultés de la situation. Il est beau, de la part d'un homme de grand mérite qui se voit vaincu, de dire : « C'est au-dessus de mes éloges comme aussi de mes propres travaux. » Aussi devons-nous nous contenter de cet hommage sous une forme générale, et ne pas demander que Jacobi entre lui-même dans la réalité des choses, et qu'il se prononce, sans être provoqué, sur tant de détails montrant plus clairement son infériorité, — et cela précisément lorsqu'il avait fait un travail de *grande* portée, son plus beau chef-d'œuvre.

Sur Abel, qui n'avait jamais été cité par Jacobi comme l'auteur dans les recherches duquel il avait trouvé tant de moyens précieux pour ses propres investigations, — ces paroles de Jacobi, qui lui furent rapportées vers la fin de sa vie par Crelle et plus tard par Legendre, causèrent une heureuse impression. C'est ce rapport du géomètre français qui donna lieu à ce post-scriptum dans la réponse d'Abel du 25 novembre 1828, où il s'exprime avec des sentiments de si haute estime pour Jacobi, comme pour un mathématicien qui devait à un degré inespéré perfectionner, non seulement la théorie des fonctions elliptiques, mais encore les mathématiques en général. Ce post-scriptum ne fut cependant pas publié par Crelle, sans qu'on en sache d'ailleurs la raison.

Grâce aux appréciations sur Abel de la part de Jacobi, appréciations que par la force des circonstances il fut conduit à émettre dans sa correspondance si difficile avec Legendre, peu à peu celui-ci dirigea de plus en plus son attention sur le géomètre norvégien, jusque-là peu remarqué. Il arriva ainsi que Legendre laissa échapper, dans une lettre à Crelle, quelques mots d'éloge pour Abel. Crelle répéta à celui-ci les paroles de Legendre, et cela encouragea à son tour notre mathématicien, d'ailleurs si réservé, à écrire au vétéran de la science et à entamer avec lui une correspondance.

A la première lettre d'Abel, du 3 octobre, lettre d'une grande importance sans doute, mais qui par malheur n'existe plus, Legendre répondit dès le 25 du même mois, par une lettre très flatteuse, dans laquelle il lui répète les paroles déjà citées de Jacobi. Legendre avait cependant demandé d'autres renseignements, et il en résulta de la part d'Abel une lettre, expédiée vers la fin de novembre, c'est-à-dire peu de temps avant le voyage de Froland, d'où il ne devait pas revenir. Il arriva encore une autre lettre de Legendre, datée du 16 janvier 1829, et qui le trouva couché sur son lit de douleur.

Cette lettre, comme toute la correspondance en général, est de la plus haute importance, même en laissant de côté ce dont nous ne pouvons plus nous occuper, le contenu réel qui y était renfermé. Cette correspondance a contribué encore davantage à porter l'attention sur Abel et sur ses travaux; elle devint aussi, par un enchaînement de circonstances, le point de départ d'une discussion entre Legendre et Jacobi, qui a finalement abouti à tirer le mémoire de Paris de l'oubli où il était resté, bien qu'Abel lui-même ne parût pas disposé à se mêler personnellement de cette affaire. Du moins il ne s'était pas prononcé dans sa lettre assez explicitement pour que Legendre l'eût compris. Ce qui est hors de doute, c'est néanmoins que la question de la généralisation du théorème d'addition d'Euler a été touchée dans cette lettre; et les explications tout inconnues dans leurs détails qu'y donne Abel devaient devenir la première occasion de nouvelles déclarations de Jacobi, qui sont du plus haut intérêt et qui ont été fécondes en résultats.

Abel avait récemment publié un nouveau mémoire, d'un intérêt exceptionnel : *Recherches sur les propriétés générales d'une certaine sorte de fonctions transcendantes*. Il y avait considéré un important cas particulier de ce qui faisait l'objet du mémoire de Paris, et dans une note il fit observer qu'il avait présenté sur ce sujet, en 1826, un mémoire à l'Académie.

Ce remarquable travail n'échappa pas, dans de telles circonstances, à l'attention de Legendre, et ce qui contribua grandement à la faveur avec laquelle fut accueilli par lui ce mémoire, ce furent les rapprochements établis par la correspondance. Legendre s'exprima sur cette œuvre avec la plus haute estime, comme surpassant tout ce qu'Abel avait publié jusqu'alors, par la profondeur de l'analyse qui y régnait, ainsi que par la beauté et la généralité des résultats. Il est aisé de voir dès lors, d'après ce jugement, que Legendre ne connaissait pas encore le contenu de ce mémoire *plus étendu,* sur lequel lui même avait été choisi pour porter un *jugement*. Il semble évident que cette affaire était entièrement sortie de sa mémoire, et la remarque ajoutée par Abel dans la petite note ne paraît pas avoir produit un effet suffisant pour réveiller chez le vieux savant le souvenir du passé.

Mais le premier résultat du redoublement d'attention de Legendre pour les travaux d'Abel, ce fut qu'il commença à voir plus clairement l'état des choses. Ce changement se manifeste dans quelques mots adressés à Jacobi, mots d'autant plus remarquables, puisque par là il devait caractériser les rapports entre les publications de celui-ci et celles d'Abel, précisément au moment même où les travaux du géomètre norvégien venaient de cesser pour toujours. « De son côté », dit Legendre à Jacobi le 9 février 1829, « M. Abel publie, des mémoires qui sont de véritables chefs-d'œuvre, et », ajoute-t-il — en partie pour adoucir ses expressions, en partie aussi parce qu'il n'était pas au fait du véritable état de leurs rapports — « comme il n'a pas à sa disposition les moyens de faire imprimer l'ensemble de ses recherches, cette raison le détermine à développer davantage ce qu'il publie dans les journaux de MM. Crelle et Schumacher. Il obtient ainsi sur vous une sorte d'avantage, parce que vous n'avez guère publié jusqu'à présent que des notices qui ne font pas connaître vos méthodes. »

Plus bas, Legendre ajoute qu'il a reçu une « lettre fort intéressante » d'Abel, et mentionne sa « grande généralisation de la belle intégrale d'Euler. »

Cette entrée d'Abel en correspondance avec Legendre, et la haute estime toujours croissante qu'éveillaient chez celui-ci les investigations d'Abel, ne pouvaient pas laisser Jacobi indifférent. Dans sa réponse à Legendre, le 14 mars, il s'occupe donc de nouveau d'Abel d'une manière prononcée. Il rappelle encore une fois comment Abel, dans son premier mémoire, a passé à travers la transformation sans la traiter, « et qu'il ne paraît pas même y avoir songé ! » Il déclare plus bas qu'il ne veut « ni reproduire ni prévenir les travaux de M. Abel ; presque tout ce que j'ai publié dans ces derniers temps », ajoute-t-il, « sur les fonctions elliptiques contient des vues nouvelles ; ce ne sont pas des amplifications des matières dont M. Abel a traité ou même promis de s'en occuper. »

Après ces réponses de Jacobi concernant les relations entre ses propres travaux et ceux d'Abel, et se rapportant plutôt à des questions auxquelles il pouvait s'attendre qu'à la remarque même de Legendre, — laquelle, à l'égard d'Abel, n'avait d'autre but que de déterminer Jacobi à se hâter d'entrer en possession de ce qui était à lui, en publiant le plus tôt possible son œuvre, — après ses réponses vient la remarquable exclamation qui met l'alarme au camp, et qui devait devenir le moyen de sauver le mémoire de Paris d'un injuste oubli. Jacobi n'avait pas laissé inaperçue, comme Legendre, la note insérée au bas du texte des *Remarques*. Dans ces régions élevées, il n'était plus partie dans la cause, et à l'admiration qu'il éprouvait certainement pour Abel il pouvait donner pleine carrière, et avec une ardeur d'autant plus grande, il se mit donc en avant, puisqu'il y avait, dans tout ce qui s'était passé et que le monde ne connaissait pas, tant de choses qui motivaient une telle sortie. « Quelle découverte de M. Abel que cette généralisation de l'intégrale d'Euler! A-t-on jamais vu pareille chose! Mais comment s'est-il fait que cette découverte, peut-être la plus importante de ce qu'a fait dans les mathématiques le siècle dans lequel nous vivons, étant communiquée à votre Académie, il y a deux ans, a pu échapper à l'attention de vous et de vos confrères? »

A la suite de cet éclat, Legendre procéda maintenant à des recherches relatives au sort du précieux manuscrit, — qui reposait toujours au milieu des papiers de Cauchy. Il découvrit qu'il avait été désigné lui-même commissaire pour examiner ce mémoire, qu'il croyait d'ailleurs identique avec les *Remarques* dont nous venons de parler.

Dans la correspondance entre Jacobi et Legendre, le nom d'Abel figure très souvent, et par la force des circonstances qui se développèrent à cause d'une première faute commise, Jacobi fut contraint à reconnaître, au moins en partie, la dépendance de ses travaux relativement à ceux d'Abel. Beaucoup de grandes découvertes sont attribuées à Abel, surtout dans la lettre de Jacobi du 12 janvier 1828. Rien ne peut aussi être plus honorable pour Abel, ignorant de ce qui se passait autour de lui, que le grand intérêt qui s'attacha à ses recherches et l'impatience avec laquelle le public, et surtout Jacobi, attendait leur continuation. Mais il en est tout autrement de ce que publia Jacobi. Après les deux articles insérés dans les *Astronomische Nachrichten* — celui qui contenait les « énoncés » et l'autre que nous avons appelé son *mémoire de vérification*, — après ces deux articles, où le nom d'Abel ne se rencontre pas, il a été publié en tout par Jacobi, avant la date de ses *Fundamenta nova*, huit articles de lui, expédiés au *Journal de Crelle* pour y être insérés. Voilà maintenant comment les choses se passèrent relativement aux citations du nom d'Abel et de ses découvertes, qui devenaient les bases de tant de travaux futurs.

Nous avons d'abord une courte note intitulée « Addition au mémoire de M. Abel sur les fonctions elliptiques », et datée du 25 janvier 1828. Cette note a pour but d'indiquer en deux mots une simplification au procédé d'Abel dans sa théorie de la division, théorie déjà exposée dans la première partie des *Recherches*. Jacobi s'exprime ainsi : « M. Abel, dans son excellent mémoire sur les fonctions elliptiques, a prouvé le premier que les équations du degré nn, desquelles dépend la division d'une fonction elliptique de première espèce en n parties, peuvent être résolues algébriquement. Cependant la méthode de cet auteur est susceptible d'une grande simplification. »

Ensuite, dans une « Note sur les fonctions elliptiques », datée du 2 avril 1828, — où, entre autres choses, Jacobi, dans le même cahier du Journal où fut insérée la continuation des *Recherches* (tome III, 2e cahier), donne de nouvelles formes de développement pour les fonctions elliptiques, et en même temps fait connaître les transformations imaginaires, — Jacobi vers la fin de cette note termine par ces mots : « J'ajoute encore une remarque. M. Abel a proposé, tome II..., le théorème suivant.... » Jacobi s'occupe alors du « théorème à démontrer », proposé par Abel, et dont nous avons parlé auparavant. Au lieu d'essayer cependant à donner la démonstration qui était toujours le point faible dans les recherches pas encore assez mûries de Jacobi, — celui-ci fait observer qu'on peut étendre le théorème, de sorte qu'on ait un multiplicateur imaginaire au lieu d'un multiplicateur réel. Puis il termine par cette phrase : « Tout cela découle immédiatement des principes établis par M. Abel. » Le « problème à résoudre », qu'avait donné Abel en même temps qu'il proposa de démontrer le théorème, ne fut pas mentionné par Jacobi.

Enfin, dans la dernière de ces trois notes qui furent intitulées « Suite des notices sur les fonctions elliptiques », note insérée dans le tome IV, 2e cahier du *Journal*, et datée le 11 janvier 1829, on trouvera le passage suivant : « On pourra donc dire en quelque sorte que cette équation contient la solution générale des problèmes de la transformation des fonctions elliptiques sous une forme tout à fait différente de celle sous laquelle nous l'avons fait connaître, M. Abel et moi, dans nos recherches sur cette matière. »

Ce dernier article, Abel ne l'a pas même vu. Le cahier dont il s'agit fut publié le 28 mars 1829, et le 9 avril était le jour de sa mort. Les seules fois qu'il s'est vu nommé dans un travail quelconque de Jacobi, c'est donc dans les deux notes premièrement mentionnées. Là il est dit qu'Abel a démontré, le premier, que les équations dont dépend la division des fonctions elliptiques sont résolubles algébriquement — ce qui se rapporte plutôt à une découverte d'algèbre qu'à une exposition de nouveaux principes dans la théorie des fonctions transcendantes; — et ensuite il est dit qu'un certain théorème d'exercices qu'Abel avait proposé à démontrer pour les lecteurs du journal, « découle immédiatement des principes établis par M. Abel. »

D'ailleurs, puisqu'on penche à croire qu'il y a eu beaucoup de rapports des deux côtés entre Abel et Jacobi, il peut être intéressant de noter ce qu'Abel a pu voir des recherches de Jacobi, sur les fonctions elliptiques, après l'insertion dans les *Astronomische Nachrichten* des « Énoncés » et du mémoire de vérification de celui-ci. Tout se réduit à ces quatre choses : « Addition au mémoire de M. Abel sur les fonctions elliptiques, t. II, page 101 » (1 page); « Sur la décomposition d'un nombre donné en quatre carrés » (1 page); « Note sur les fonctions elliptiques » (4 pages); « Suite des notices sur les fonctions elliptiques » (8 pages). En somme, 14 pages environ, ou, en comptant rigoureusement, pas plus de 12.

Nous pouvons ajouter à cela qu'Abel avait proposé un problème à résoudre, appartenant à la théorie des nombres. A cela Jacobi donna une réponse, sans nommer l'auteur du problème. Il y donne un tableau calculé par un de ses amis, Busch, mais sans aucune tentative de solution. Cette réponse, en deux pages, a été vue aussi par Abel.

Mais nous ne voulons pas nous arrêter davantage à ces citations et à ces circonstances, concernant ce que, relativement à Jacobi, on pourrait bien appeler son temps de préparation Nous penserons maintenant à son ouvrage capital, les *Fundamenta nova,* produit de toutes ces études, et nous verrons alors quelle lumière cet examen va projeter rétrospectivement sur nos précédentes recherches et sur les rapports entre Abel et Jacobi.

Dans cet ouvrage, la théorie des nouvelles fonctions elliptiques allait être reprise depuis ses fondements. Là ou jamais on devait s'attendre à un compte rendu de ce qui appartenait à Abel et de ce qui appartenait à Jacobi, et en maint endroit on devait chercher un renvoi au premier. Le 18 janvier 1829, Jacobi annonce aussi que, dans des notes et des additions jointes à la première partie de son ouvrage, il exposerait ce qui était particulier à Abel, en rapprochant les méthodes de cet auteur de celles dont lui, Jacobi, avait fait usage. En février de la même année, il écrit la préface, et le 23 mai il informe enfin Legendre que l'impression est terminée, et qu'il lui en envoie un exemplaire.

Voici comment les choses se passent. Les *Fundamenta nova* commencent par un éloge d'Abel. L'addition et la multiplication sont attribuées à celui-ci, et quand l'auteur renvoie au tome II du *Journal* de Crelle, — mais à ce volume exclusivement, — où se trouve la première et principale partie des *Recherches*, il fait entendre, comme un écho des éloges contenus dans la lettre à Legendre, — ces mots bien connus, *nostra laude majore.*

Mais à partir d'ici, tout s'arrête. De belles paroles sans doute; mais quant à accomplir entièrement sa promesse d'exposer les choses comme elles étaient, Jacobi ne l'a pas fait dans le passage cité.

Jacobi réclame à cet endroit la priorité de la théorie de la transformation, mais il ne mentionne pas formellement Abel, et ne cite aucun de ses travaux sur ce sujet. Il garde ici le plus profond silence, chose bien étrange après qu'il a rendu à son émule un hommage si grand, en disant — bien que ce fût simplement dans une correspondance privée — que les travaux d'Abel sont au-dessus de ses éloges comme ils sont au-dessus de ses propres travaux! Non seulement, à cette occasion, il cite Legendre, mais il le cite à tout propos, ainsi, naturellement, que ses propres articles plus anciens. Gauss aussi est mentionné à plusieurs reprises; mais Abel disparaît. On n'aperçoit *rien* de ces *éclaircissements promis* sur ce qui appartient à celui-ci ou à Jacobi. Une seule fois pourtant, il est question d'Abel. Après avoir montré que la double transformation conduit à la multiplication, Jacobi répète que celle-ci est due à Abel, mais que le moyen qu'il propose lui-même pour effectuer le passage est plus court.

On peut dire que, en lui donnant ce qui est compris dans ces deux mots, il a donné en même temps à Abel tout ce qui est le plus fondamental, tout ce qui seul était absolument indispensable. Sans le vouloir, il a consenti à lui attribuer les « fondements nouveaux ». Il n'y avait non plus aucun sens, avons-nous dit plus haut, d'attribuer à Abel l'addition, chose très ancienne, s'il ne voulait pas par là reconnaître tacitement que c'était l'addition, sous la forme où elle donne l'idée de l'inversion, qui est l'œuvre d'Abel.

Mais hors de cela, il y a une grande série de faits qui sont oubliés. Dans la double périodicité avec le principe imaginaire, dans la division abélienne, tellement scrutée dans tous les sens par Jacobi; dans les transformations (prises avec toute leur généralité), dans les développements en séries, dans l'introduction de ces fonctions Θ, dont la base se trouve dans les *Recherches*, etc., il n'y a nulle part de place pour Abel. Et cependant sans lui les *Fundamenta nova* n'auraient jamais existé.

Une telle omission, où il s'agit même de ce qui touche le plus intimement nos éléments — les fonctions elliptiques, — ne peut pas être compensée par l'éloge le plus flatteur, dont Abel est l'objet, alors qu'on n'a plus à le rencontrer sur sa route, ou par un honneur abstrait ne consistant qu'en belles paroles ([1]).

([1]) Dans ce qu'a dit Jacobi peu de temps après, au sujet de la mort d'Abel, quelque chaud et quelque juste que soit son langage, cette circonstance principale, sa découverte des *fonctions elliptiques* et tous les grands progrès qu'on lui doit dans le

Cette omission se rencontrant dans un ouvrage qui a pour but, comme l'annonce son titre, de traiter les *Nouveaux fondements,*— livre se trouvant dans les mains de tous les géomètres, et ayant pour auteur un savant si distingué, un collaborateur et aussi, sans aucun doute, un admirateur de notre mathématicien, — personne n'aura plus raison de s'étonner de la confusion qui a dû se produire dans le public au sujet des droits de propriété de l'un et de l'autre et de ce que ces droits aient été altérés au préjudice de notre compatriote. Malgré toute la sympathie et l'honneur qui s'attachent unanimement au nom d'Abel, il y a une injustice qui subsiste encore, et il faut la réparer.

Cela fait, cette dernière marque de la faiblesse d'un grand esprit qui craignait ce nom d'Abel dans le voisinage de ses propres travaux, sera effacée. Même en cédant le pas à Abel comme au grand inventeur, il n'en sera pas moins un personnage historique, à jamais honoré. Et on lui attribuera avec plus de certitude ce qu'il aura ajouté par lui-même, quand la question de propriété, dans cette copropriété généralement supposée, pourra être tirée au clair; car, dans cette étrange communauté, non seulement la propriété d'Abel se perd, mais celle aussi qui revient à Jacobi.

On remarque d'ailleurs une étrange ironie du sort, dans ces circonstances. Les *Fundamenta nova* parurent à l'époque où Abel avait déjà depuis longtemps terminé ses travaux. C'était environ cinq mois après qu'il se fut alité dans sa dernière maladie, et six semaines après sa mort. Ainsi, de même qu'Abel avait *accompli* ses découvertes dans ce qu'elles avaient d'essentiel, *avant que* Jacobi eût *ait ses débuts*, de même il allait arriver aussi que, lorsque celui-ci présenta enfin au public ses recherches sur les fonctions elliptiques pour la première fois dans un ouvrage d'ensemble, — il n'existait plus d'Abel.

---

perfectionnement de cette théorie, rien de tout cela n'est mentionné non plus, pas même par un seul mot. Il y a là un très singulier oubli, d'autant plus caractérisé par le soin avec lequel est rédigé le court exposé des grands mérites d'Abel. Voir plus bas à ce sujet quelques mots de Jacobi extraits de la dernière partie de la lettre à Legendre du 14 juin 1829.

Nous ne nous arrêterons plus ni aux recherches d'Abel dans cette dernière période, ni aux rapports de ces recherches avec celles de Jacobi. Il fut cependant réservé à ce dernier, après la mort d'Abel, non seulement de développer encore un peu plus loin la théorie des fonctions elliptiques, mais aussi d'indiquer avec plus de précision la voie que devait suivre l'étude des transcendantes *Abéliennes*.

C'est qu'il existait aussi pour ces transcendantes une inversion, et sur ce point, comme il paraît, Abel lui-même s'était trompé dans ses premières études. Mais avec les années, ses investigations devaient être continuées avec une profondeur de plus en plus grande, et pour ce qui regarde ces mêmes sujets, à la mort du jeune maître, les progrès de la science s'arrêtèrent pour toute une série d'années.

Un travail de la plus haute importance, comme son mémoire présenté à l'Institut, n'était pas toujours accessible pour le monde scientifique; pendant un court moment, l'attention du public scientifique avait été fixée, mais la chose retomba bientôt dans l'oubli, et quinze années devaient s'écouler avant la publication de ce travail. Il s'écoula même un temps considérable — ce qui devait devenir peut-être d'une plus grande importance encore — avant que l'on connût la lettre d'Abel à Crelle, lettre datée Paris le 9 août 1826 [1], où il donne un exemple très instructif de sa théorie, en exposant, aussi brièvement que complètement, les formules fondamentales relatives au plus simple cas appartenant aux transcendantes hyperelliptiques. Cette lettre, si précieuse pour les chercheurs désirant de pénétrer dans les nouveaux mystères, fut publiée vers le milieu de l'année 1830; car elle se trouve insérée dans le cinquième tome du *Journal*, c'est-à-dire dans le premier des deux tomes qui parurent dans cette même année. Surtout avant ce temps, il y avait donc assez d'énigmes à résoudre avant de voir bien clairement s'il existait encore ici une inversion, et en cas affirmatif de quelle manière elle pouvait s'effectuer.

---

[1] *Œuvres complètes*, nouvelle édition, tome II, page 267 (ancienne édition, tome II, page 263).

Au milieu de toutes ces hautes généralisations, il devait être fort difficile pour un investigateur nouveau, même avec les qualités éminentes d'un Jacobi, de trouver sans quelque indication de l'auteur la véritable clef. Rien d'étonnant donc si, dans les premiers temps, il fut arrêté par ses essais infructueux; il en avait été ainsi avec Abel lui-même pendant nombre d'années, avant qu'il réussît, au moyen de son théorème d'addition, à jeter des fondements nouveaux. Les complications avec les périodes multiples ne pouvaient guère échapper longtemps à l'attention des mathématiciens s'occupant de ce sujet; et, de bonne heure, elles auraient dû pousser d'abord Abel, et plus tard, à son tour, Jacobi, à des efforts réitérés jusqu'à ce que l'énigme fût résolue. S'il y avait ici une issue, unique ou non, de ces difficultés qui se rapportent aussi à l'inversion, nous ne nous en occuperons pas. C'est seulement vers cette issue dont nous parlons que nous pouvons dire que tous les efforts d'Abel ont convergé.

Or chacun des travaux ayant le moindre degré de difficulté mathématique — et ces difficultés avaient été très grandes — était, à la mort d'Abel, entièrement terminé; en sorte qu'on pouvait passer du principe aux applications, dans le sens où il avait été préparé par lui, seulement au moyen de quelques mots d'introduction, naturellement mis *en tête* d'une seconde série de travaux. Tel était l'ordre rationnel et économique des investigations d'Abel; c'est ainsi qu'il posa, en tête de ses *Recherches*, l'inversion comme le principe qui pénétrait tout. Par un autre procédé, déduit de l'inversion généralisée, ouvrant les applications, à la fin de la théorie générale, ou comme un article isolé, il aurait même risqué, pendant le cours d'un long travail où il fallait d'abord traiter les nouvelles fonctions elliptiques, de perdre le fruit de ses efforts quand viendrait le temps de développer les conséquences.

Au milieu de l'année 1830 fut donc publiée la lettre d'Abel. Jacobi, depuis un an, avait alors terminé ses *Fundamenta nova*, et il ne travailla plus pendant longtemps avec la même énergie et le même succès d'autrefois. Maintenant, après un silence d'un an, il écrivit de nouveau à Legendre, et il y parla alors de ces transcendantes d'un ordre supérieur qu'Abel avait introduites.

Dans cette lettre, datée du 2 juillet 1830, il exprime d'abord son regret que les distractions d'un long voyage et d'autres circonstances eussent interrompu le cours de ses travaux, et qu'il n'avait pu reprendre sitôt le fil de ses recherches ordinaires; il était trop accoutumé à lui parler de mathématiques et à lui raconter quelque chose de nouveau qui pouvait mériter son indulgence, pour remplir une lettre avec les seuls sentiments de sa reconnaissance. Plus loin, dans la même lettre, il dit qu'en ce qui regarde ses propres occupations, il a entrepris un bon nombre de recherches sur différentes matières, recherches qu'il voudrait avoir finies avant de retourner aux fonctions elliptiques et aux transcendantes d'un ordre supérieur qui sont de la forme.... « Je crois entrevoir à présent », continue-t-il, « que toutes ces transcendantes jouissent des propriétés admirables et inattendues auxquelles on peut être conduit par le théorème d'Abel, qui établit une relation entre plusieurs de ces transcendantes qui répondent à différentes valeurs de x (1). »

Il s'écoula maintenant deux années avant que Jacobi, bien qu'il eût fait pendant ce voyage la connaissance personnelle de Legendre, reprît de nouveau son ancienne correspondance avec lui. En attendant, Legendre avait terminé son grand ouvrage sur les

---

(1) Le voyage de Jacobi commença dès l'année 1829, peu de temps après l'achèvement de ses *Fundamenta nova*. Pendant cela, il fit à Paris la connaissance personnelle de Legendre, avec lequel il avait déjà entretenu une correspondance si suivie et si intime. A son retour, il passa par Göttingue pour faire pareillement la connaissance de Gauss. Ses premières publications dans le Journal de Schumacher avaient bien aussi eu pour but d'attirer l'attention de ce grand géomètre, et cela lui réussit aussi; car les deux astronomes commencèrent, comme on sait, à échanger, dans le cours de plusieurs années, leurs opinions au sujet de Jacobi lui-même et de ses nouvelles découvertes, — échange d'opinions pendant lequel Gauss s'exprima toujours avec réserve, tandis que Schumacher, qui n'avait pas de confiance en Jacobi, donna souvent un libre cours à ses pensées et à ses sentiments. A en juger par une lettre de Schumacher, où il avertit son ancien correspondant de la possibilité d'une visite de Jacobi à son retour de Paris, il faut bien conclure que celui-ci ne revint pas à Königsberg avant le printemps de 1830, et le long arrêt dans la correspondance avec Legendre s'explique ainsi très naturellement.

fonctions elliptiques; il l'annonça dans une lettre à Crelle en date du 24 mars 1832 : « Vous verrez », disait-il, « que je suis parvenu à tirer du beau théorème de M. Abel une théorie toute nouvelle, à laquelle je donne le nom de *Théorie des fonctions ultra-elliptiques,* laquelle est beaucoup plus étendue que celle des fonctions elliptiques et cependant conserve avec celle-ci des rapports très intimes. En travaillant pour mon propre compte, j'ai éprouvé une grande satisfaction de rendre un éclatant hommage au génie de M. Abel en faisant sentir tout le mérite du beau théorème dont l'invention lui est due, et auquel on peut appliquer la qualification de « *monumentum ære perennius* ».

Crelle s'adressa alors à Jacobi, en le priant de donner dans son *Journal* un compte-rendu de l'œuvre de Legendre. « C'est une œuvre », dit Crelle (1), « qui présente un intérêt singulier, en ce qu'elle constitue un monument vraiment digne érigé au génie d'Abel, de ce grand géomètre prématurément enlevé à la science, qui dès sa vingt-quatrième année, au fond des lointaines contrées du Nord, presque dépourvu de tout secours, recula les barrières des connaissances mathématiques au delà de ce qu'avaient pu faire les Euler et les Lagrange, et qui vraisemblablement a emporté encore dans sa tombe de précieux trésors de vérités du règne des mathématiques. » Après avoir maintenant cité l'hommage rendu par Legendre à la mémoire d'Abel, Crelle continue comme il suit, en réunissant dans un même éloge chaleureux l'illustre vétéran des mathématiques françaises et le jeune mathématicien de l'extrême Nord, sitôt ravi à la science. « On ne sait pas ce qu'on doit le plus admirer d'un octogénaire, encore dans la force et l'ardeur de la jeunesse, se plongeant dans les régions les plus abstraites de la science, et reculant leurs barrières au-delà des limites connues, ou de cet empressement à reconnaître le mérite, quand il se présente chez un jeune homme qui pourrait être le petit-fils de l'illustre savant ! Plût à Dieu qu'un pareil bon vouloir fût général ! ce serait un spectacle bien digne de la science !

(1) *Journal de Crelle*, tome VIII, page 413.

Comme d'habitude, le juste et le bien se trouvent encore ici réunis. Abel aussi était capable, avec une impulsion du cœur vraie et naturelle, d'apprécier le mérite d'autrui. L'égoïsme lui était inconnu.

» Personne », ajoute Crelle, « ne peut guère mieux comprendre et apprécier le nouveau travail de Legendre que Jacobi, du même âge qu'Abel et de la même famille intellectuelle; Jacobi qui aussi dès ses jeunes années, avec la même force et le même succès, marcha dignement à son côté. »

Dans une parenthèse, Crelle donne un supplément à ses appréciations. Lui, le protecteur actif de tous les deux et les connaissant aussi tous deux personnellement, il parle de ce qui s'est passé et il en forme son jugement. Comme sincère ami d'Abel, il parle avec autorité quand il donne beaucoup à Jacobi. Mais il juge le passé comme trop rapproché de ces événements et des mystères de leur origine, et jamais le temps qui est témoin d'un progrès hors ligne ne le comprend à fond et à l'heure de sa naissance. Les vraies proportions ne peuvent être reconnues qu'à une plus grande distance et lorsque maints secrets sont enfin révélés. « A Jacobi aussi », dit Crelle, « la théorie des fonctions elliptiques doit sa perfection nouvelle, et il est arrivé au même but sans connaître les travaux simultanés d'Abel. »

Comme éditeur du *Journal*, Crelle avait donc fait à Jacobi la demande de rédiger un aperçu de l'ouvrage, et celui-ci consentit à s'en charger pendant son séjour à Berlin, avant de retourner à Königsberg.

La date du rapport que fit ainsi Crelle dans le tome VIII de son *Journal* était le 22 avril 1832. Jacobi, dans sa réponse, exprime d'abord son consentement aux désirs de Legendre, et il varie, dans des paroles éloquentes, la pensée de ce dernier, quand il parle du monument éternel qu'Abel s'était élevé par son théorème. Jacobi attache le nom d'Abel à ces grandes découvertes, et il dirige son attention plutôt vers l'avenir qui en découlera, peut-être un avenir lointain, que vers le passé et le fini. « Legendre », dit-il, « donne à la transcendante $\int \frac{f(x)\,dx}{\sqrt{X}}$, lorsque X surpasse le quatrième degré, le nom d'ultra-elliptique. Nous aimerions mieux l'appeler la *transcendante abélienne,* puisque Abel, le premier, l'a introduite dans l'analyse, et qu'il a montré dans un vaste théorème sa grande importance. A ce théorème lui-même, comme le plus beau monument de cet esprit extraordinaire, on devait bien attribuer le nom de *théorème d'Abel.* Car nous pensons, d'accord avec l'auteur, qu'il porte toute l'empreinte de la profondeur de son esprit. Comme il énonce dans une forme simple, sans aucun appareil de calculs, la plus profonde et la plus vaste pensée mathématique, nous considérons ce théorème comme la plus grande découverte de notre temps, bien qu'un grand travail futur, dans un avenir peut-être lointain, puisse seul nous éclaircir sur toute son importance. »

Quelque temps après, le 27 mai, Jacobi fait mention à Legendre du rapport qu'il avait donné de son œuvre. Il s'excuse du long intervalle de temps qui s'était écoulé sans qu'il lui donnât aucun témoignage de son dévouement et lui rendît compte de ses travaux. Il aurait bien voulu pouvoir l'avertir de l'achèvement de quelque ouvrage plus étendu, mais pendant tout ce temps-ci il n'avait pu regagner ni le goût ni l'énergie de jadis. Ce n'auraient été que des ouvrages commencés ou même seulement projetés dont il aurait dû lui faire mention.... Depuis les huit mois de son mariage, il avait cependant repris ses occupations ordinaires avec un zèle redoublé, et il espère que les années suivantes le dédommageraient, en quelque sorte, du peu de fruit que lui avaient porté les trois précédentes.

L'attention de Jacobi s'était donc fixée dès lors vers les nouvelles et très hautes transcendantes d'Abel et vers son théorème; et bien que le mémoire présenté par lui à l'Institut fût retombé de nouveau dans l'oubli, il n'était pas douteux que le bon moment fût maintenant venu pour soulever la grande question qu'avait posée Abel à la science future. En ce sens, la lettre d'avertissement publiée deux années auparavant dans le *Journal de Crelle* était une acquisition de la plus haute valeur. On voit déjà la direction des pensées de Jacobi par un article sur les transcendantes hyperelliptiques ou sur le théorème d'Abel, dans une note datée du 14 mai 1832. Mais l'important petit mémoire qui lui succéda, et qui a pour titre « *Considerationes generales de transcendentibus abelianis* », fut l'événement décisif qui se préparait. Dans cet article, portant la date du 12 juillet 1832, il montrait que l'inversion des intégrales abéliennes devait se faire par l'inversion des sommes.

Ici Jacobi, bien qu'il parlât du mémoire intitulé *Remarques*, etc., prit en réalité son point de départ dans la lettre d'Abel à Crelle, et en faisant cela, le résultat ne pouvait se cacher longtemps. Il a eu le mérite d'être le premier à approfondir la question et à renouer les fils rompus; mais Abel avait mis tout en ordre, et ce n'était pas le hasard qui dirigea la marche de ses idées. Au contraire, tout avait été arrangé par lui de la meilleure manière, comme seul pouvait le faire un esprit doué de vues profondes dans l'avenir même de la science qu'il préparait.

Abel, dans sa lettre, avait donné les moyens pour la réduction d'une somme de trois transcendantes hyperelliptiques, transcendantes appartenant à cette classe qu'il fallait d'abord soumettre à l'examen lorsqu'il s'agissait de passer de la théorie préparatoire à la série des applications. Cette somme de *trois* transcendantes fut réduite, par un procédé algébrique, à une somme de *deux*, ce qui était aussi la dernière limite des réductions. Et il déclara qu'au moyen de la formule fondamentale qu'il y donna explicitement, on pourrait établir une réduction pareille (à une telle somme de deux transcendantes) quelque grand que fût le nombre des transcendantes à sommer.

Il s'ensuit, en premier lieu, qu'une telle somme de deux transcendantes simples constituerait une *nouvelle transcendante* ou, comme nous dirons, une transcendante *binaire*. Abel avait remarqué une propriété d'après laquelle on se procurerait une réduction à une somme d'un nombre déterminé, ici à deux. Et c'était un trait bien marqué dans ses investigations, que la manière dont il effectue d'abord les réductions aussi loin qu'elles peuvent se faire d'après la nature des choses, et qu'il traite ensuite les expressions irréductibles, qu'il obtient en tirant de l'impossibilité de pousser plus loin les simplifications les plus efficaces ressources pour ses études. Celui donc qui s'était un peu familiarisé avec l'esprit de ses recherches devait nécessairement, dans cette somme binaire qui n'était plus réductible, rencontrer une nouvelle fonction à étudier; il fit aussi mieux ressortir l'unité qu'elle représentait en la renfermant dans une parenthèse qu'il serait en cas contraire superflu d'introduire.

Même sans avoir étudié beaucoup les travaux d'Abel, un mathématicien habile n'avait pas dû manquer d'essayer bientôt de considérer cette somme irréductible comme constituant elle-même une transcendante. Et alors en se figurant effectuée la réduction relativement à quatre transcendantes données et simples (au moyen du théorème fondamental se rapportant à trois), il établirait quelque chose de plus symétrique et de plus analogue à la formule d'addition pour les transcendantes elliptiques. En effet, la réduction précédente de quatre à deux sera, en même temps, une réduction d'une somme de *deux* transcendantes *binaires* à une *seule* de la même espèce, et la réduction s'opère au moyen d'une relation algébrique entre les variables.

Mais, de plus, personne ne put aussi éviter de reconnaître que, dans les formules algébriques exposées dans la même lettre, il y ait deux quantités, α et β, qui ne se présentent pas, bien qu'elles se trouvent dans les transcendantes données. Il s'ensuit qu'on pourra particulariser les dernières de deux manières, sans altérer cette relation algébrique; ce qui entraînera la possibilité d'établir une couple de formules d'addition, sans changer toujours la dite relation. L'une de ces formules se rapporte à la première subdivision des transcendantes binaires en question, l'autre à la seconde. Et la plus complète correspondance est ainsi rétablie avec des faits connus qui se présentent dans les fonctions elliptiques.

D'après cela, pour imiter le procédé d'inversion dans la théorie de ces transcendantes hyperelliptiques, le chemin à suivre devrait être : d'essayer d'abord s'il existe une inversion directe, c'est-à-dire une inversion relativement aux transcendantes *simples;* d'essayer ensuite, s'il se présente des difficultés, s'il existera une inversion pour les transcendantes *binaires,* dont il avait à la fois deux à considérer, chacune d'elles dépendant d'une couple de variables x et y. Dans ce dernier cas, l'une de ces transcendantes composées sera égalée à u, l'autre à v, et en se figurant les équations résolues par rapport à x et y, on aura les fonctions inverses cherchées.

C'est maintenant cela que fit Jacobi en retrouvant la pensée qui se cache dans la lettre d'Abel, et qui ne demande plus comme on le voit, pour être dégagée, une profonde analyse, mais seulement le bon sens d'un penseur. L'attention de Jacobi fut dirigée de nouveau vers ce sujet à une époque où, à côté des anciens moyens, on avait obtenu, dans la lettre d'Abel, une indication très courte et très claire pour guider dans sa marche difficile entre toutes les généralités. Mais dès lors, comme il résulte des dates du rapport de la lettre à Legendre et du petit mémoire de Jacobi, il ne s'écoula pas longtemps avant que l'énigme fût résolue; et l'on pouvait ainsi passer aux travaux d'application, en d'autres termes aux travaux où l'on avait à considérer l'une après l'autre des hautes fonctions inverses dont il est question ici. Jacobi donne un exposé de son beau travail dans le mémoire du *Journal de Crelle* que nous avons mentionné; plus tard cependant il le développa dans un court article pour l'Académie de Pétersbourg, article intitulé : « *Notes sur les fonctions abéliennes* », et inséré aussi dans le tome XXX du dit *Journal*. Mais comment tout avait été bien préparé par Abel, on en peut juger mieux par ce fait que la note elle-même n'avait guère plus d'étendue qu'une seule page, et néanmoins tout était aussi clair et élégant comme il était court dans l'exposé.

Jacobi fit cependant plus. Il examina le fond des choses dans ses recherches sur la périodicité ; et par ses investigations célèbres sur les fonctions Θ il prépara une étude approfondie des nouvelles fonctions inverses.

Abel avait désiré lui-même de pouvoir entreprendre ces

travaux d'applications auxquelles devait aboutir son théorème. On en aura un témoin dans ces mots qui terminent son dernier mémoire : « Démonstration d'une propriété générale d'une certaine classe de fonctions transcendantes », mémoire, ou plutôt note, qu'il envoya en toute hâte à Crelle pour sauver au dernier moment sa grande découverte qui était restée ensevelie et oubliée à Paris. Dans ce mémoire, où il donna la démonstration de son théorème d'addition dans toute sa généralité, il déposa son testament scientifique. Quoique datée de Christiania (le 6 janvier 1829), la pièce est envoyée de Froland, et certainement elle fut écrite dans une heure critique avec la crainte de ce qui pouvait bientôt arriver.

Dans ces paroles finales, il parle des « nombreuses applications » qu'il ferait de son théorème, et « qui jetteront du jour sur la nature des fonctions transcendantes dont il s'agit. » Certainement il est difficile de comprendre quel serait le sens de ces paroles, si l'inversion, vers laquelle tendent ses investigations, n'était pas clairement devant ses yeux.

Les voies et moyens n'étaient pas cependant indiqués encore d'une manière explicite; pour cela le temps lui avait manqué, bien qu'il eût fini tous les grands travaux préparatoires. Il fut donc réservé à Jacobi de renouer les fils rompus depuis si longtemps. Là comme ailleurs, il fut non seulement le plus proche collaborateur d'Abel, mais aussi son héritier direct, qui, après sa mort, comme chef légitime, devait régler la direction du nouveau développement. C'était aussi Jacobi, plutôt que tout autre, qui devait expliquer au monde ce qu'était Abel.

XV.

Froland et la mort d'Abel.

Nous allons maintenant laisser de côté les objets d'ordre transcendant; nous reviendrons à Abel lui-même et à ce qui le regarde personnellement. Toute l'année 1827 s'écoula sans qu'une seule issue s'ouvrît devant lui, et l'on ne peut douter que, durant tout ce temps, sa position ne fût des plus pénibles. Le prochain départ de Hansteen pour la Sibérie offrit cependant à ce moment une perspective favorable. Ce professeur ayant renoncé temporairement à l'enseignement dont il était chargé à l'Académie militaire, ses fonctions furent partagées provisoirement, de manière qu'Abel, après la disjonction du cours d'astronomie, devait faire un cours de mécanique de deux leçons par semaine. Pour cela, il devait toucher, à partir du commencement de l'année 1828, les deux tiers des appointements de Hansteen, savoir, par mois, 11 spd. 13 skl. (1) en monnaie de Norvège. Telles furent les modestes ressources qu'il obtint, et qu'il devait de nouveau perdre deux ans après quand il eut terminé ce voyage scientifique.

Peu de temps après, cependant, il s'opéra une nouvelle amélioration temporaire dans sa situation. L'absence de Hansteen laissait encore un poste à remplir à l'Université. Abel fut alors recommandé par le Sénat universitaire pour être chargé, en qualité de *docent*, de suppléer Hansteen, pendant cet intervalle, dans ses fonctions de professeur. Cette nomination fut sanctionnée par une résolution du 16 février, et, le 10 mars 1828, le Sénat lui envoya sa nomination officielle. Tant qu'il remplirait ces fonctions de *docent*, il devait recevoir 400 spd. (2) d'appointements annuels.

Sa principale fonction à l'Université fut maintenant d'enseigner

---

(1) 67 fr. 14 c.

(2) 2224 francs.

l'astronomie aux élèves qui se préparaient à subir l'*examen philosophicum,* — et il s'en tira sans trop tourmenter de mathématiques et de formules abstraites les nouveaux étudiants.

Cette augmentation d'appointements qu'il obtint ainsi, l'aurait bien certainement, d'après les circonstances et les exigences de l'époque, mis à même de vivre sans souci tant que cette position devait durer. Bien qu'il fût fiancé, il lui fallait renoncer toutefois à tout projet d'établissement. Mais le désordre économique était arrivé à une telle extrémité, qu'avec toute l'épargne possible, il serait exposé pour longtemps à des soucis continus et accablants. Il parvint, vers la fin de la dernière année de sa vie, à pouvoir cesser d'emprunter pour les besoins quotidiens, et à voir diminuer un peu ses dettes.

« Je suis pauvre comme un rat d'église », écrit-il en juillet ou en août, on ignore à qui. — « Je n'ai plus maintenant que 1 spd. 60 skl. (1), que je dois donner en pourboire. Pourtant, je n'ai pas dépensé un skilling mal à propos. Le marchand est payé, 103 spd. 26 skl. (2), tout ce que je lui devais. »

On ne connaît pas cependant au juste la date de ces communications, vu qu'elles n'existent que comme notes ajoutées sur un bout détaché d'une enveloppe. Qu'elles appartiennent en tout cas à une époque aussi récente, sans doute à la visite faite pendant les vacances de 1828 à l'usine de Froland, c'est ce que l'on peut conclure de ces lignes : « J'ai reçu une lettre de Schumacher. Mon article est imprimé et parti pour Königsberg. Si vous voyez Elisabeth, saluez-la cordialement pour moi, ainsi que les Treschow.

» Votre ruiné. »

Dans une lettre encore plus récente, il écrit, au sujet de son état pécuniaire, à Mme Hansteen, qui était alors à Copenhague chez sa sœur, Mme Frederichsen. A en juger par le contenu de cette lettre, elle a été envoyée en novembre, c'est-à-dire pas plus d'un mois avant qu'il quittât Christiania pour n'y plus

(1) 8 fr. 34 c.
(2) 572 fr. 68 c.

revenir. Il dit entre autres choses : « Je reste toujours au chiffre 400 ([1]), et j'ai des dettes par dessus les oreilles; mais j'ai toutefois tant économisé, avec de la peine et des épargnes, que j'ai réussi à en diminuer un peu le chiffre. Cependant mon ancienne hôtesse, Dronningen ([2]), n'a pas eu un sou de moi, et je lui dois 82 spd. ([3]). Je suis parvenu à réduire la Banque à 160 ([4]) et le marchand de drap de 45 à 20 ([5]). D'autre part, je dois au cordonnier, au tailleur et au restaurateur, mais je n'emprunte plus. Mais pour cela ne me plaignez pas. Je finirai bien par m'en tirer. »

La position embarrassée dans laquelle il se trouvait, et que l'amélioration survenue dans ses finances n'avait pas encore fait disparaître, ne pouvait pas échapper à l'attention de ses amis, tant compatriotes qu'étrangers. Le Sénat universitaire — du moins dans les premiers temps après son retour — avait pris chaudement les intérêts d'Abel; mais les modiques ressources d'une part, d'autre part le manque de pénétration pour prévoir la grande portée de ses travaux, et — nous pouvons le dire — son importance nationale, tout cela formait d'insurmontables obstacles. Et en face des résistances éternelles qu'on ne pouvait vaincre, le zèle se refroidissait. A l'étranger, c'était Crelle surtout qui montrait le plus d'activité. On voit aussi Gauss et Humboldt intervenir en faveur d'Abel pour lui obtenir du ministre des cultes de Prusse une chaire à l'Université de Berlin. En France aussi le mouvement se propagea dans le monde scientifique, provoqué non seulement par l'admiration pour ses travaux, mais aussi indubitablement par le bruit qui devait s'être répandu de l'indigne état de détresse dans lequel il avait vécu et dont les conséquences ne pouvaient maintenant disparaître sur-le-champ. Des académiciens français ([6]) adressèrent une lettre au « Roi de Suède » pour l'engager à faire venir Abel à « l'Académie de Stockholm. »

([1]) Pour ses appointements.
([2]) La Reine
([3]) 455 fr. 92 c.
([4]) 889 fr. 60 c.
([5]) De 227 fr. 40 c. à 111 fr. 20 c.
([6]) Legendre, Poisson et Lacroix.

Quelque étrange que cela puisse paraître, aux efforts de Crelle en sa faveur, Abel opposait souvent une certaine résistance, tant il lui semblait dur de « s'expatrier ». D'autres fois, il désirait partir pour chercher une position meilleure, et il formait ce souhait surtout à cause de sa fiancée. Mais quand il s'agissait de prendre une part un peu active aux démarches qui étaient faites pour lui procurer une position, ou même de prêter aux solliciteurs le moindre concours, c'était là quelque chose de tellement contraire à son caractère réservé, que lui-même, à l'occasion d'un article louangeur, publié par un journal de l'époque, sous le titre de «*Dernier tableau de Christiania et de Stockholm*», et occasionné par le bruit de sa nomination à Berlin, il se sentit compromis, comme si l'on eût pu l'accuser d'avoir provoqué cet article.

Pendant qu'Abel restait hésitant s'il devait accepter l'invitation éventuelle à Berlin — pour laquelle, en juin, les circonstances furent très favorables, — il adressa une interpellation au Sénat universitaire pour savoir s'il pouvait s'attendre à obtenir quelque position fixe auprès de l'Université. Sa position de *docent* restait toujours incertaine, et au retour de Hansteen, tout serait fini.

Le jour même où son interpellation fut remise au Sénat, le 21 juin, celui-ci écrivit au vice-chancelier, le comte Wedel Jarlsberg, qu'il regrettait de ne pouvoir proposer à ce jeune homme de talent une position fixe, grâce à laquelle il pourrait être conservé à l'Université et à sa patrie. Néanmoins le Sénat avait cru de son devoir de soumettre l'affaire aux autorités compétentes, au cas où il pourrait être offert aux frais de l'État à M. Abel un poste correspondant à ses mérites déjà reconnus dans le monde savant, et équivalent à celui qu'il avait l'espoir fondé d'obtenir dans une université étrangère, où vraisemblablement, après un court essai comme *privatdocent,* il obtiendrait une nomination comme professeur.

Telle était donc la réponse qu'il obtint. — Mais, malgré la modicité des ressources d'alors, la proposition de l'Université, à ce qu'il nous semble, — dans un but comme celui-ci — aurait dû être faite sur un ton moins désespéré. Le pays qui, tout à l'heure, n'avait pas reculé devant un plus grand sacrifice pour la science en votant les frais de voyage du professeur Hansteen en Sibérie, aurait bien dû être consulté d'une autre manière que celle qu'on avait choisie; car, pour le résultat, un pareil appel aux autorités équivaudrait à leur demander un refus.

Peu de temps après, la situation commença à s'aggraver aussi d'une autre manière. Il arriva de la part de Crelle de mauvaises nouvelles. La nomination éventuelle à l'Université de Berlin semblait s'en aller en fumée. Il y en avait un autre, disait-on, qu'il fallait d'abord pourvoir; mais qui était cet autre, Crelle n'en voulut rien dire. « Lui-même » (Abel) « ne connaissait aucune capacité de cette force. » Tout cela naturellement mit Abel de fort mauvaise humeur; en outre, il se sentit compromis, comme nous venons de le dire, parce qu'il avait même touché ce point, surtout à ce moment, où il semblait évident qu'il ne résulterait rien des efforts de Crelle en sa faveur.

Ajoutez à cela, au milieu des soucis toujours renaissants qui l'agitaient — pour lui-même et pour sa fiancée, — qu'il n'avait plus pour se distraire les visites si animantes à la famille Hansteen. Depuis le 19 mai 1828, Hansteen lui-même était parti pour son voyage, et peu de temps après la bonne consolatrice d'Abel, Mme Hansteen, avait aussi quitté Christiania pour se rendre à Copenhague. Il se sentit maintenant plus seul que jamais, et sa mélancolie augmenta, en même temps que les suites de cette vie d'études active à l'excès ne pouvaient manquer aussi de se faire sentir.

A l'approche de l'automne, il se trouva souffrant pendant un mois ou un mois et demi; il gardait même le lit, comme il avait fait aussi à Berlin un peu avant son retour. Pour le *Journal,* il avait, au milieu de tout cela, « une épouvantable besogne à mettre en ordre. » Crelle lui avait offert, à cette époque, un ducat pour chaque feuille d'impression, et il ne pouvait plus, maintenant, dire non pour ce secours qui lui était ainsi promis. « Mais il n'en reste pas grand'chose », dit-il dans une lettre; « la gêne où je suis m'a forcé de l'accepter. »

Des travaux excessivement fatigants, peu de repos, des chagrins qui le rongeaient sans cesse, avec cela peut-être les suites d'une véritable indigence et d'un régime fort irrégulier; tout cela devait maintenant entraîner des suites funestes. Sa santé fragile était minée, et le moindre choc suffisait dès lors pour hâter la catastrophe (1).

Vers le milieu de décembre, il partit pour Froland afin d'y célébrer la Noël avec sa fiancée et la famille Smith. Il y arriva, après un long voyage au cœur de l'hiver, le 19 décembre 1828. Il était insuffisamment vêtu, dit-on, pour un pareil voyage, et à son arrivée il se sentit indisposé.

Avant son départ, il avait présenté une demande pour que ses honoraires comme *docent* fussent augmentés de 200 spd. (2) par an, à partir du 1er janvier 1829. Le Sénat adressa au Vice-Chancelier une déclaration officielle, dans laquelle il fit observer qu'Abel ayant dû « se charger de tous les cours appartenant au professeur Hansteen comme professeur de l'Université,... et maintenant, dans le second semestre », ajoute-t-il plus loin, « ayant prouvé son habileté dans le poste qu'on lui a confié, le Sénat ne peut se dispenser de constater que la justice et l'équité demandent qu'il reçoive l'augmentation d'appointements par lui humblement demandée. » Par résolution du 9 février, et par suite bien assez tôt pour que cette décision expédiée de Stockholm le trouvât encore en vie sur son lit de souffrance à l'usine de Froland, il reçut la notification de son augmentation de traitement, et ainsi, au point de vue économique, l'horizon commençait un peu à s'éclaircir.

Il avait commencé à faire jour, et aussi dans d'autres directions on apercevait maintenant poindre une lueur plus consolante.

On se rappelle qu'Abel était entré en correspondance avec Legendre. A sa première lettre, du 3 octobre 1828 il avait été fait une réponse sympathique. Il en parle en quelques mots à Mme Hansteen : « Pour dire la pure vérité », écrit-il, « ce que je

(1) Abel, comme Newton et Kepler, vint au monde avant terme. Quant à Abel, c'est à force de soins et de précautions qu'il parvint à conserver sa vie, et il resta faible tant qu'il vécut.

(2) 1112 francs.

vous ai raconté, c'était en partie pour faire un peu de poussière et en partie aussi parce que je crois que cela vous fera plaisir, chère madame Hansteen, d'apprendre les succès que j'ai, puisque vous prenez une si grande part à mon heur et à mon malheur. Il ne faut donc pas que vous preniez cela pour une fanfaronnade. »

Cette réponse de Legendre était datée du 25 du même mois, et l'on peut voir par là que, dans la lettre d'Abel dont il était question, celui-ci a parlé, entre autres choses, de ses découvertes dans la théorie des transcendantes *plus élevées que les transcendantes elliptiques*. Il est donc d'autant plus regrettable qu'on n'ait pas pris soin de garder ou de retrouver cette lettre d'Abel (du 3 octobre), si elle existe encore, puisqu'il n'a guère pu parler à Legendre précisément des mêmes choses dont il s'occupa dans son mémoire pour l'Institut, mémoire qui devait être jugé *par Legendre lui-même.* Tout le monde sait de quelle importance a été pour les investigations futures la publication de la *seconde* lettre d'Abel à Legendre, Vraisemblablement il en serait de même de la *première* qui est perdue.

Dans la lettre de Legendre du 25 octobre, on remarquera cette phrase, d'un intérêt historique : « La fin de votre lettre me confond par la généralité que vous avez su donner à vos recherches sur les fonctions elliptiques, *et même sur des fonctions plus compliquées*. Il me tarde beaucoup », ajoute-t-il, « de voir les méthodes qui vous ont conduit à de si beaux résultats; je ne sais si je pourrais les comprendre, mais ce qu'il y a de sûr, c'est que je n'ai aucune idée des moyens que vous avez pu employer pour vaincre de pareilles difficultés. Quelle tête que celle d'un jeune Norvégien ! »

Plus haut, dans la même lettre, Legendre cite ces mots de Jacobi sur les travaux d'Abel dans le journal de Schumacher, mots qui sont devenus maintenant si célèbres : « Ce numéro contient une *déduction* vigoureuse des théorèmes de transformations dont le défaut s'était fait sentir dans mes annonces sur le même objet. *Elle est au-dessus de mes éloges, comme elle est au-dessus de mes travaux.* »

Et nous le dirons, ces mots de Jacobi étaient, pour un homme de cœur tel que fut Abel, plus qu'il n'en fallait. Il répondit chaleureusement ([1]).

La seconde lettre de Legendre parvint à Abel lorsqu'il était déjà alité, et qu'il ne pouvait plus répondre aux questions qu'on lui adressait. Les expressions du vénérable savant ont dû produire sur Abel un effet extraordinaire. Maintenant on rendait honneur à cette œuvre — sans jour ni date — qu'il avait produite dans ses années d'étudiant — et avec laquelle il n'avait pu se faire jour dans la grande ville cosmopolite. Et cependant il apprit, par cet éloge tardif, à quel point ce même Legendre, qui devait être son juge, qui l'avait encouragé une première fois et ensuite oublié, avait une connaissance imparfaite de ce qu'Abel avait fait dans ce travail. Le sort injuste de ce mémoire — après une attente de deux ans et demi, et peut-être avec le sentiment d'une mort prochaine — il le voyait écrit au milieu d'un glorieux éloge. Il ignorait que Jacobi, au même moment, allait pousser le cri d'alarme qui devait tirer le mémoire de l'oubli. Lui-même heureusement avait cependant mis en sûreté le plus essentiel, au moment où le danger était imminent. Ce fut le grave travail d'Abel du 6 janvier.

Mais bien que tout le contenu de cette lettre flatteuse ne fût pas absolument satisfaisant, il s'y trouvait cependant beaucoup de choses qui durent lui causer un grand contentement — sans parler de la haute estime que Legendre avait pour les découvertes algébriques d'Abel, dont il disait qu'elles devaient être considérées comme le plus grand pas qu'il restait à faire en analyse, — sans parler non plus des hommages que le géomètre octogénaire lui rendait dans ces belles paroles d'adieu : « Adieu, monsieur ; vous êtes heureux par vos succès dans vos travaux ; je désire que vous le soyez encore par une position sociale qui vous permette de vous livrer

---

([1]) Voir le *post-scriptum* de la lettre d'Abel inséré dans les *Œuvres complètes*. Il est d'ailleurs bien singulier que ce *post-scriptum* ne se trouve pas dans la première publication de ladite lettre dans le *Journal de Crelle*, après la mort d'Abel. Elle est maintenant en la possession de notre Université, grâce au don que M. le professeur Weierstrass a bien voulu en faire.

tout entier aux inspirations de votre génie. » Mais, à côté de ces paroles chaleureuses, il y avait aussi une action, et cette action était sur le point de porter des fruits. Dans un post-scriptum Legendre ajoute : « J'ai reçu il y a quelque temps une lettre de M. Humboldt, dans laquelle il me fait savoir que le ministre de l'instruction publique à Berlin a reçu du roi l'autorisation de former un séminaire, pour l'étude des hautes mathématiques et de la physique, dans lequel vous serez appelé comme professeur avec M. Jacobi. »

Abel avait aussi des nouvelles de Crelle, fort encourageantes pour lui. La perspective d'obtenir une chaire à Berlin était maintenant des plus sérieuses, et la chose pouvait être regardée comme faite. Il semblait avoir triomphé lui-même de sa répugnance à s'arracher de son pays natal, et il envisageait l'avenir avec plus de satisfaction.

S'il désirait ardemment une chaire, c'était surtout à cause de sa fiancée. Cette jeune fille s'était élevée chez des étrangers par son travail, et elle aussi avait eu bien des contrariétés à l'occasion de son projet d'alliance, qui, jusqu'à ce moment, avait été sans espoir. Elle avait cruellement souffert de la nouvelle séparation qui avait eu lieu à Copenhague, quand Abel y passa au retour de son voyage, pour y rester très peu de jours auprès d'elle, et rentrer ensuite dans sa patrie, sans gagne-pain et sans espoir. Lui-même ne tenait guère aux honneurs; mais c'était elle qui représentait l'élément ambitieux et qui désirait s'élever dans le monde. Que de fois ne discutèrent-ils pas gaîment, pendant cette maladie fatale, leurs projets de vie commune! Il connaissait les sentiments de la jeune fille; aussi ne pouvait-il lui causer plus de joie qu'en lui décrivant dans quelle situation ils se trouveraient un jour à Berlin. « On ne t'appellera pas *madame* ou ma *femme* », disait-il en plaisantant; « mais on dira : *Der Hr. Professor, mit seiner Gemahlin.* »

On comprend bien que cet engagement lui ait créé plus d'une difficulté. Mais, malgré les chagrins qu'il entraîna, il est d'une haute importance pour l'histoire. Sans lui, notre mathématicien aurait indubitablement été perdu plus tôt pour notre pays, et son établissement à Berlin aurait changé la marche des événements et les relations des acteurs. Ces fiançailles avaient été conclues dans un temps meilleur, où l'espoir d'obtenir une position assurée (sans abandonner les études transcendantes) semblait réalisable. En tout cas, elles dataient d'une époque où l'on était venu à bout, en luttant, de bien des choses que le plus grand nombre n'arrive pas à surmonter; mais alors le courage de la jeunesse n'était pas encore perdu.

A la Noël de 1824, Abel avait fait son premier voyage à Soon, petit village maritime, situé, comme nous l'avons déjà dit, au bord du Fjord, à quelques milles de Christiania. Il l'avait entrepris sur l'invitation qui lui avait été adressée d'y venir fêter la Noël par un de ses élèves, à qui il donnait des leçons de mathématiques. On raconte que lui et plusieurs de ses compagnons de voyage avaient loué un bateau de pilote, et que, dans le trajet, ils avaient fait naufrage, ou (selon d'autres) qu'ils étaient rentrés au port, à cause des vents contraires. Le voyage, d'après cette dernière version, aurait été continué jusqu'à Risör, d'où était la famille de sa mère. Mais il est à croire qu'il y a ici une confusion de deux événements. Ce qu'il y a de vrai, c'est le tableau qu'on se fait de ce temps-là, tableau que, même dans les parties les plus importantes de notre récit, nous ne devons pas perdre de vue. Un marchand de l'endroit recueillit, avec l'hospitalité la plus empressée, Abel et ses compagnons morfondus. En quittant ce séjour, il en sortit fiancé.

D'après un autre narrateur, il aurait souvent raconté lui-même sa première rencontre avec sa future. Il est vrai que la chose n'est pas d'un grand intérêt, mais elle donne un aperçu des sentiments du jeune homme à cette époque, et présente un contraste frappant avec sa triste fin. Ce fut donc à Copenhague, lors de son voyage de l'été de 1823, qu'il rencontra sa fiancée pour la première fois. C'était au bal, dit-on, et il l'avait invitée à la danse. Or, ni elle ni lui ne savaient danser. Mais quand ils s'aperçurent qu'il fallait tourner pour valser, ils se mirent tous les deux à tourner à contresens. — Telle fut la circonstance qui, plus tard, amena Stine (Crelly) à devenir la fiancée de Niels-Henrik.

Christine Kemp était fille d'un chaudronnier de Copenhague. C'était une jeune fille vive et courageuse, désireuse de s'élever. De bonne heure, elle avait dû quitter la maison paternelle pour gagner son pain. Elle était ainsi venue habiter un petit village sur la côte, où elle remplissait dans une famille les fonctions d'institutrice. C'est là (si nous avons bien compris les versions assez discordantes que nous venons de mentionner), c'est là qu'elle rencontra de nouveau Abel, et que leur alliance fut conclue.

Pendant le long voyage de son fiancé à l'étranger, elle revint en Danemark, chez une sœur qui habitait Aalborg, et, en 1827, au retour d'Abel, ils se rencontrèrent à Copenhague, où ils passèrent ensemble quelques jours. Plus tard, par l'intermédiaire d'un oncle d'Abel, le capitaine Tuxen, à Copenhague, qui pendant un séjour à Tvede avait fait visite à la famille Smith, à l'usine de Froland, on obtint pour Christine un emploi de gouvernante pour les jeunes enfants de la maison. Cela donna lieu aux voyages d'Abel à Froland, où, sans compter la famille Hansteen, il trouvait un autre chez soi.

A Froland il passait ses meilleurs moments. Là il était fréquemment la vie et l'âme de cette société, soit qu'il s'agît de jouer quelques petites niches aux dames, soit qu'il se joignît, en hiver, aux petits garçons, qui se laissaient glisser du haut des toits dans les profonds amas de neige. Il ne pouvait cependant pas supporter longtemps ces exercices. S'il s'agissait, au contraire, de passer la soirée au jeu de cartes, « alors il était solide ». Il aimait à jouer et jouait très bien, et, au déplaisir de ses adversaires, avec tact et prudence. Mais il ne tenait guère au gain; cela l'amusait, parce qu'il s'occupait du jeu comme d'un art, dont il avait établi à son usage les règles et les principes. Il était donc toujours impatient de voir allumer les bougies quand le jour commençait à baisser.

Mais, avant tout, il aimait à rester dans le salon avec les dames de la maison; souvent il y travaillait et faisait sa correspondance, sur le papier le plus mince et de sa plus fine écriture, pour économiser les frais de poste. Lorsqu'alors il se levait de son travail, il n'avait pas de plus grand plaisir que de dérober un mouchoir dans une poche, ou de fouiller dans une boîte à ouvrage. Quelque chose qu'il eût prise, il était impossible de se fâcher contre lui. Dans sa manière d'agir, il était sous beaucoup de rapports un enfant; la tristesse et la gaieté alternaient chez lui, et à quiconque ne lui était pas trop étranger, il adressait son singulier *du* (toi). Il pouvait passer toute sa journée à amuser les petits enfants, et à se divertir avec eux, et il les imitait parfois en respectant peu les convenances. Comme il leur ressemblait, à eux et à lui-même, quand il vidait la pelote aux aiguilles remplie de tripoli pour en ôter les gros grains, et que, s'apercevant qu'il avait mis l'objet hors de service, il restait tout confus ainsi qu'un enfant coupable! Ou lorsque, se trouvant dans la famille, il demandait qu'on lui servît davantage d'un plat, quoiqu'il sût très bien qu'on ne lui en donnerait plus; et qu'alors, au grand émoi des convives, il arrachait la terrine des mains de la grave et sévère maîtresse de la maison, pour y pêcher les raisins secs qui étaient au fond! Mais il fallait le prendre comme il était; on ne pouvait lui rien refuser, et personne ne s'offensait de ses manières. Son bon cœur compensait surabondamment ce qui lui manquait en savoir-vivre, et la gravité froissée finissait elle-même par un éclat de rire. Il savait cependant limiter ces péchés contre les règles des bonnes manières, partout où il savait que ses licences seraient mal vues, — c'est-à-dire partout où il fallait que le *vous* réservé reprît sa place ordinaire. Rien de plus charmant que ses rapports avec Mme Hansteen, soit qu'il lui racontât quel chagrin il éprouvait de voir Crelly se tant fatiguer au travail, ou que, arrivé jusqu'à sa porte, il revînt sur ses pas de peur de l'importuner.

A tous les points de vue, et non seulement dans les profondes recherches, cette étrange nature primesautière se manifestait avec tous ses bons côtés, et quelquefois aussi ses côtés inférieurs. Voilà pourquoi il se sentait tant à l'aise là où il pouvait montrer son âme sympathique, et où il se voyait, comme il le dit quelque part, « au milieu de tous les anges. »

A son arrivée à Froland, Abel se sentit indisposé, et il avait un air maladif. Mais, comme il était toujours très vif, la crainte qu'inspirait à ses amis l'état précaire de sa santé se dissipa bientôt, et les sombres soucis des premiers jours finirent par tomber dans l'oubli.

Il ne se passa, du reste, rien de propre à raviver ces soucis avant le 6 janvier. Mais l'événement de ce jour, quoique peu significatif en lui-même, s'est fixé dans la mémoire de son entourage. On raconte, en effet — ou comme premier signe de la grave maladie qui était sur le point de se développer, ou bien comme quelque chose d'assez extraordinaire pour qu'on se le rappelât encore, en consultant ses souvenirs sur ce qui se passa dans les jours immédiatement antérieurs à la catastrophe — on raconte que « le 6 janvier, Abel monta, de temps en temps, et plus souvent que de coutume, dans sa chambre. »

C'est ce que raconte, en fixant la date, une des dames qui soignèrent alors Abel conjointement avec sa fiancée, c'est-à-dire une des deux filles de la famille.

Et, sans doute, ce ne fut pas à son travail ordinaire qu'il alla dans ces heures où il disparut et se réfugia dans sa chambre. Du moins ce ne fut pas exclusivement pour de telles raisons qu'il chercha la solitude, attendu qu'il ne semble pas qu'Abel revînt bien souvent à ses recherches et qu'il pût s'y attarder longtemps. Pour lui le travail intellectuel, à dater de ce jour, ne consista en autres choses que de se rappeler une ancienne et très courte démonstration; ce qui ne put lui présenter aucune difficulté l'obligeant à changer ses habitudes.

Nous avons dit qu'il aimait à travailler au milieu de la famille. Là il étudiait et écrivait. Et c'est ce que confirme aussi la dame dont nous venons de parler, et qui relève qu'en s'occupant de ses études mathématiques, « il les interrompait souvent pour prendre part, avec de gaies plaisanteries, aux conversations et causeries de son entourage; rarement il choisissait une chambre séparée pour son travail. »

Quoi qu'il en soit, au jour où il ressentit une indisposition plus grave, il se passa silencieusement un événement de très haute importance pour l'histoire des mathématiques. Mais, qu'il ait travaillé comme autrefois dans la famille et cherché du repos de temps en temps, ou que, cette fois, par suite de son malaise, il se tînt une grande partie du jour dans sa chambre avec les travaux auxquels il se livrait, personne ne soupçonua qu'un fait extraordinaire allait s'accomplir.

Abel, à cette époque, était constamment occupé de son dernier grand mémoire : le *Précis,* etc.; mémoire qu'il ne lui fut pas donné d'achever. Mais, ainsi qu'on le reconnaîtra d'après la date (ajoutée évidemment par Crelle) de la note : « Démonstration d'une propriété générale d'une certaine classe de fonctions transcendantes », *ce même jour* (le 6 janvier 1829) *Abel donna la démonstration de son grand théorème d'addition.* Il l'avait bien fait déjà dans le *Mémoire de Paris;* mais il n'avait pas donné encore le théorème et la démonstration dans le *Journal,* où il s'était borné, jusqu'à présent, dans ses célèbres *Remarques,* à traiter le cas hyperelliptique.

Abel interrompit donc soudainement ses travaux réguliers pour donner ce théorème général, qu'il avait gardé si longtemps dans l'attente d'une publication de son mémoire par l'Académie. Un pressentiment, semble-t-il, de ce qui pouvait bien lui arriver le poussa à ne plus ajourner la publication dans le *Journal* de cette ancienne découverte. Le théorème en question était la base du mémoire oublié, et ce mémoire (à moins qu'il ne vînt de Legendre une réponse satisfaisante à sa dernière lettre) devait bien maintenant être regardé comme une chose perdue, sinon rejetée avec honte.

Cependant cet état d'inquiétude ne l'empêcha pas de penser à une continuation de ses travaux sur les transcendantes « abéliennes ». La possibilité d'un danger prochain le poussait à prendre au plus tôt les mesures qui préviendraient la perte de ce qu'il y avait de plus *beau* et de plus *fondamental* dans ce qu'il avait réussi à découvrir.

Il ne put combiner immédiatement, dans l'état de faiblesse où il se trouvait, un travail de proportions aussi vastes, et sans doute il n'eût même pas voulu s'y arrêter, s'il l'avait pu, à un moment où il était fortement occupé d'un autre travail, travail bien important et de grande étendue, son *Précis*. Dans cette position, il se borna à rédiger ce qui était le plus important, et il ne se donna pas même le temps de parler de ces nombres *déterminés* sur lesquels d'ailleurs il fixait toujours son attention. Se contentant de poser la base fondamentale de la théorie générale, relative aux hautes transcendantes qu'il introduisait, il finit en prononçant ces mots remarquables, les derniers de son testament scientifique :

« Je me propose », dit-il, « de développer dans une autre occasion de *nombreuses applications* de ce théorème, qui jetteront du jour sur la nature des fonctions transcendantes dont il s'agit. »

Et Crelle, à qui Abel fit envoyer cette « Démonstration, etc. », dans une lettre (la dernière qu'il reçut de sa main), Crelle changea — et c'était presque son droit, comme on put s'en apercevoir — la trop modeste phrase « qui jetteront du jour » en celle-ci : « qui jetteront un *grand* jour » sur la nature de ces fonctions. Ce mot « grand » a dû, d'ailleurs, être supprimé dans la nouvelle édition, où fut rétablie l'expression plus simple de l'auteur, expression par laquelle, à la vérité, il appelait plus fortement l'attention sur ce qui est *plus essentiel*, sur les « nombreuses applications ».

L'état d'inquiétude continua, et Abel, qui eût dû attendre la prochaine arrivée à Christiania de la réponse de Legendre, pressa son départ autant qu'il put. Il devait, du reste, reprendre, au milieu du mois, son cours de mécanique et d'hydrodynamique, professé à l'École du Génie, et, un un peu plus tard, ses leçons sur l'astronomie à l'Université. L'astronomie surtout ne l'intéressait guère : les problèmes dont cette science s'occupe n'étaient pas sa spécialité, non plus que la rédaction des almanachs, comme il venait d'en faire un pour l'année où l'on entrait. Ces cours sur des objets qui ne lui étaient pas encore familiers lui prirent beaucoup de temps, et cela, à une époque où peut-être il était plus que jamais surchargé de grands travaux scientifiques.

Le 8 janvier, il fut décidé qu'il se mettrait en route pour Christiania. Ce jour-là, il était cependant plus indisposé : il se plaignait d'un rhume et de frissons dans le dos; en somme, il n'était pas comme à son ordinaire.

Le 9 au matin, tous ses hôtes furent anxieux en le voyant cracher du sang. Il avait aussi des accès de toux, d'ailleurs assez légers encore. Son voyage fut ajourné, et on envoya chercher de suite le médecin cantonal. Celui-ci trouva l'état critique, et prescrivit le repos absolu et des précautions sévères.

Pendant quelques jours, Abel continua à ressentir des élancements dans la poitrine; mais peu à peu l'état s'améliora. Après deux à trois semaines, il fut considéré comme convalescent, et on lui permit même de rester levé quelques instants. Peut-être céda-t-on trop ainsi aux désirs du malade, qui aspirait à reprendre ses travaux. Tout danger imminent semblait cependant disparu, et il était, d'ailleurs, pour lui d'un vif intérêt de pouvoir continuer son *Précis*. Il en avait envoyé, depuis quelque temps, plusieurs chapitres, appartenant à une première partie, pour être publiés dans le *Journal*.

Il restait maintenant hors du lit quelques heures de l'après-midi, s'occupant ardemment à écrire (1).

Son état commença cependant bientôt à s'aggraver. Il ne supportait plus guère de parler. La toux et l'épuisement s'accroissaient,

(1) En 1874, on a trouvé un fragment de son *Précis*, formant la continuation des parties publiées dans le *Journal de Crelle*. Ce fragment, qui a été ajouté dans la nouvelle édition, constituera les additions faites par Abel à cette époque.

et, après une amélioration d'une semaine au plus, ou plutôt d'une dizaine de jours, il dut reprendre le lit, pour ne le quitter que dans les courts moments que demandait l'arrangement de sa couche.

Abel, retombé sur son lit de douleur, ne put se délivrer de ses pensées. Il s'occupait toujours de ses recherches chéries, mais il ne pouvait plus écrire. Il pressentait certainement, dès lors, son impuissance à accomplir les grands plans en vue desquels il avait travaillé. Il dut sentir bien vivement la gravité de la perte qu'il faisait ou qu'il était menacé de subir pour toujours, et cette idée devait l'accabler d'autant plus, qu'il lui fallait dès lors garder pour lui seul ses pensées. Par la négligence de hauts personnages, les grands fruits de ses efforts lui avaient été ravis, et il avait été témoin du partage de sa propriété, partage qu'avait fortement favorisé la situation touchant presque à la misère dans laquelle il s'était trouvé au retour de l'étranger.

Ainsi plongé, par moment, dans un état moral bien sombre, il jetait aussi des regards en arrière sur la « pitoyable vie qu'il avait dû mener », et il se plaignait amèrement de l'insouciance, ou même de l'injustice, auxquelles il avait été exposé par ceux qui, placés au sommet de la société, avaient eu à décider de son sort.

Il conserva toujours son amitié pour Holmboe. L'entrée de celui-ci à l'Université avait bien fermé sa propre carrière. Mais Abel sentait généreusement; et Holmboe (à ce qu'on dit) n'aurait pas voulu accepter de place, au préjudice de son jeune élève, s'il n'eût su d'avance qu'un tel sacrifice de sa part aurait été inutile. Ce fut aussi Holmboe qui, plus que tous les autres et avec beaucoup d'empressement, lui vint en aide dans maints embarras. Et néanmoins, après tant de grands malheurs et de grands succès, il était impossible qu'Abel ne pensât point qu'il avait été commis une injustice à son égard. Il put donc arriver que, par un léger sourire, il laissât entrevoir combien le sort avait été étrange ici-bas dans la distribution des rôles.

D'ailleurs, il serait assez naturel qu'une certaine gêne se fût introduite dans les rapports qu'Abel, « endetté jusqu'aux oreilles », et obligé de renouveler sans cesse ses demandes d'argent, conservait avec bon nombre de ses anciens camarades. Rien d'étonnant même à ce que cette gêne ait fini par se glisser entre lui et Holmboe, qui avait eu à supporter tant de charges, semblables aux obligations qu'Abel avait envers ses parents pauvres. Très caractéristique est, à cet égard, un passage d'une lettre écrite, en septembre, à Mme Hansteen, qui se trouvait alors à Copenhague. « Je vous assure », y dit Abel — en exposant à quel point il vivait solitaire, « bien trop solitaire » —, « je vous assure que je ne fréquente, à la lettre, pas une seule personne. »

Pendant sa maladie, il s'entretint souvent avec les amis qui entouraient sa couche, de l'extrême pauvreté dans laquelle il avait dû vivre une grande partie de sa vie. Comme nous le savons, en effet, pendant plusieurs années de sa première jeunesse, il n'avait eu d'autre ressource que la charité des quelques personnes qui, lorsqu'il eut subi médiocrement son examen d'entrée à l'Université, se cotisèrent pour lui permettre de continuer ses études. Ses protecteurs pensaient bien qu'il ferait tous ses efforts pour avancer dans la carrière académique, ainsi que le font les autres étudiants qui aspirent à devenir quelque chose ou à s'assurer un avenir. Plus tard — sans parler de Holmboe — des hommes comme Rasmussen et Hansteen lui vinrent encore en aide; bien que le premier se soit opposé, dans la suite, à la demande qu'Abel fit d'une bourse de voyage, déclarant que le jeune homme « aurait auparavant dû passer un examen ».

Vers la fin de cette première période, en 1823, alors qu'Abel avait déjà jeté les fondements de sa découverte des fonctions « inverses des transcendantes elliptiques », Rasmussen lui fournit généreusement, de sa propre bourse, les fonds qu'il fallait pour un voyage d'étude à Copenhague. Quant à Hansteen, voyant le misérable état de sa garde-robe, il lui donna « deux habillements complets ».

A partir de cette époque, et pendant deux ou trois ans, Abel mena une vie plus douce. C'est le temps où il reçut une subvention de l'État, et où il passa sa première année à l'étranger. Mais bientôt les jours d'épreuve revinrent, et plus durs que jamais. Vers la fin de son séjour à Paris, puis tant qu'il resta à Berlin pour la seconde fois, et pendant le temps d'abandon qui ne finit qu'après son retour dans sa patrie, il se trouva souvent dans les plus graves embarras, ne se procurant de l'argent qu'avec la plus grande difficulté. Ajoutons, d'ailleurs, qu'il lui en fallait aussi pour donner une légère assistance à ses parents dont la situation était plus malheureuse encore que la sienne (1).

Lorsque Abel faisait des retours sur toutes les tristesses de sa vie, il advint souvent que sa fiancée, émue d'une douleur profonde et ne pouvant supporter de l'entendre réveiller tant de sombres souvenirs, se retira pour être seule quelque temps. Les deux sœurs de la maison, Hannah et Marie (celle-ci était l'aînée), se voyaient alors obligées de donner presque tous les soins au malade, et se partageaient cette charge douloureuse.

Abel plaignait profondément sa fiancée bien-aimée; il sentait quelle part de responsabilité lui incombait dans le grand malheur qui allait les frapper, elle et lui; et ne cessait de s'adresser des reproches dans leurs entretiens intimes. Il se proposait de faire telle ou telle chose dans le cas où il reviendrait à la santé : il devait commencer une vie nouvelle; et il s'accusait d'être la cause des douleurs que sa fiancée allait éprouver.

Reconnaissons-le, en effet, sans trop le regretter — car il y avait un lien intime entre le génie d'Abel et son infortune — il fut, en partie, l'auteur de ses propres souffrances. Quand ses camarades ne voulurent pas le laisser seul, dans l'état de tristesse où il se trouvait au printemps de 1826, il se laissa entraîner par eux de Berlin à Dresde, de Dresde à Vienne, et, plus loin encore, de Vienne en Italie. Alors que ses ressources étaient épuisées et

(1) Il avait, entre autres parents, un frère plus jeune que lui, auquel il fournissait les moyens de continuer ses études à l'Université. Quand Abel mourut, ce frère dut s'adresser à Holmboe pour avoir de quoi quitter Christiania et prendre une place de précepteur. Mieux placé que le reste de la famille, il put continuer dans la suite ses études, et il suivit la carrière ecclésiastique comme son père et son grand-père.

que son avenir était devenu plus qu'incertain, bien qu'appartenant à une famille malheureuse, ruinée, dispersée, il ne sût résister à la tentation de faire à Paris de grands achats de livres. Quelquefois enfin et plus souvent qu'il n'était raisonnable pour un homme dont la situation était aussi précaire, il alla, sans trop calculer, après des études prolongées, chercher un délassement (dont il avait peut-être besoin pour se tenir en haleine) dans les théâtres de Paris ou d'Allemagne.

Malheureusement, il ne pouvait faire ces dépenses qu'en recourant de plus en plus aux emprunts.

En somme, bien qu'Abel — au dire de ses camarades — ne se montrât pas ordinairement prodigue, il commit une série d'imprudences qui finirent par le jeter dans des embarras dont il ne devait plus se tirer. Alors, il se laissa aller à ses inspirations, sans se soucier des conséquences!

Au reste, Abel n'était pas généralement triste. Ce n'était que par moments qu'il était sombre. Son caractère était doux et patient. Il plaisantait encore, vivement et aimablement, comme autrefois, avec ses amis attristés. Sa chambre de malade était le lieu où se réunissaient tous ceux qui s'entr'aidaient pour le mieux soigner.

Pour consoler sa fiancée et lui faire plaisir, il l'entretenait volontiers de l'heureuse vie qu'ils allaient bientôt mener ensemble à Berlin. Il discutait aussi avec elle tous les détails de leur futur emménagement. Les renseignements qu'il recevait alors lui permettaient, en effet, d'espérer qu'il obtiendrait une place à l'Université de Berlin.

Quand il songeait à cette ville ou à son séjour en Allemagne, il parlait souvent de Crelle, de ce mathématicien de Berlin qui fut son traducteur, et avec lequel il avait entretenu une correspondance si suivie. C'était pour ce dernier qu'il avait fait coudre par les dames de son entourage ces petits cahiers du papier le plus mince, sur lesquels on le vit souvent écrire avec la plus grande attention et de son écriture la plus menue. Il parlait également d'un professeur du nom de Jacobi, qu'il avait [1] rencontré à Paris, et qui l'avait intéressé vivement comme étant « le seul qui le comprît. »

Au contraire, le nom de Legendre n'est pas de ceux que les intimes dont Abel fut entouré à son lit de mort se rappellent avoir entendu prononcer par lui. Néanmoins, il dut recevoir, pendant sa dernière maladie, la très aimable lettre du vieux mathématicien, pour lequel il avait conservé beaucoup de respect et d'affection, bien que son entourage n'en ait gardé aucun souvenir. Il semble qu'Abel ait voulu taire son insuccès à Paris, insuccès qu'il ressentait comme un affront à son honneur de savant. C'est ce qui explique peut-être qu'il n'ait pas mentionné fréquemment le nom de Legendre.

Quoi qu'il en soit, Abel, malgré son silence, était fort préoccupé du sort de son Mémoire (de 1826). Sans doute, il avait effleuré cette question délicate dans la lettre, malheureusement perdue, qu'il écrivit le 3 octobre et qui paraît avoir présenté un grand intérêt historique et scientifique. Comme dans sa réponse, si flatteuse d'ailleurs, Legendre ne lui fournit aucun renseignement sur ce point, il y revint dans une nouvelle lettre du 25 novembre, c'est-à-dire peu après son départ pour Froland.

Dans cette lettre, pleine des renseignements les plus précieux sur ses travaux, il appelait l'attention de Legendre sur « un petit Mémoire, inséré dans le 4e cahier du tome III du *Journal de Crelle* ». Or, il était question dans une note de cet opuscule (les célèbres *Remarques*, etc.) d'un « Mémoire présenté à l'Académie royale de Paris, vers la fin de l'année 1826. »

La nouvelle réponse de Legendre dut être attendue par Abel, dont l'état empirait de jour en jour, avec une impatience aussi légitime que vive : d'une part, on s'occupait sans doute à Paris de son Mémoire trop longtemps négligé; de l'autre, il gardait un secret qu'il ne pouvait révéler qu'après avoir reçu les renseignements qu'il attendait.

---

(1) D'après la légende.

La lettre de Legendre, si chaude et si bonne, parvint-elle à Abel? On n'en peut douter, bien qu'elle fût adressée à Christiania, et que l'on n'ait pas la preuve directe que le destinataire l'ait reçue. Datée du 16 janvier (1829), elle mit bien un mois pour arriver à Froland. Elle dut, en effet, passer par Christiania; puis, après un retard, plus ou moins long, aller à Arendal. De là, elle ne put partir que par occasion; car la poste s'arrêtait à l'usine de cette ville maritime. On avait l'habitude à Froland d'envoyer chercher les lettres par un jeune garçon qui faisait ce long chemin.

Ce n'est donc que quelques semaines après sa rechute qu'Abel a pu recevoir la lettre de Legendre, non moins honorable pour l'un que pour l'autre. Quand elle arriva, après de longs détours, les forces du malade étaient déjà bien diminuées; il ne lui restait guère qu'un mois et demi à vivre; et, moins qu'auparavant, il ne lui était possible de parler et de s'expliquer longuement.

Dans sa lettre si affectueuse (comme nous l'avons déjà dit), Legendre lui apprenait qu'il savait par une lettre de Humboldt qu'Abel serait appelé, comme professeur, avec Jacobi, à l'Université de Berlin. Mais il ne fournissait aucun renseignement sur le Mémoire. Évidemment Legendre n'avait pas compris l'allusion que renfermait la lettre d'Abel.

Aussi regardons-nous comme bien difficile de deviner ce qui dut faire l'impression la plus forte sur Abel dans cette circonstance. Ce fut-il les nobles paroles de Legendre, exprimant pour lui, jeune homme, la plus haute admiration, et s'intéressant activement à son avenir? Fut-ce au contraire l'assurance (confirmée d'ailleurs par Crelle) d'être appelé à l'Université de Berlin, en même temps que Jacobi (le confident de ses grandes découvertes), mais de l'être au moment où il ne pouvait presque plus espérer de jouir des avantages qu'on lui offrait si tard? Ou bien, fut-ce de voir qu'après deux ans et demi de tentatives réitérées et d'attente, il n'était plus question de son plus beau travail, dont il était si fier, et qui était perdu pour toujours?

Cette dernière alternative semble la vraie, d'après le récit d'une des dames qui soignèrent Abel. — « Du jour », raconte-t-elle, « où nous entendîmes qu'il allait être nommé à l'Université de Berlin, nous le vîmes dépérir sensiblement, et ses plaisanteries, naguère si vives, cessèrent pour toujours. »

Legendre n'avait donc pas compris l'allusion si délicate d'Abel ! Il n'avait pas suffisamment remarqué la note sur laquelle son attention devait se fixer ; et tant d'efforts multipliés aboutissaient, non à la délivrance du Mémoire captif, mais à la manifestation d'une admiration profonde !

Toutefois, le résultat qu'Abel poursuivait fut atteint ; mais indirectement, et sans qu'il ait pu le soupçonner ou seulement l'espérer. En effet, dans une lettre datée du 9 février, Legendre parla à Jacobi des communications fort intéressantes qu'il avait reçues d'Abel, et qui contenaient une si large généralisation de la belle intégrale d'Euler. Il attira plus spécialement son attention sur cette matière, en citant le « 4e cahier du tome III du *Journal de Crelle*, page 313 ». C'est alors que Jacobi, dans sa lettre du 14 mars, jeta le cri d'alarme, et que les yeux du vieux Legendre s'ouvrirent.

Mais jamais Abel n'a pu connaître ce fait, si heureux pour lui : il devait mourir sans en rien savoir et en gardant son secret.

A partir de ce moment, Abel perdit de plus en plus l'espérance de recouvrer la santé. Par moment, toutefois, il ne voulait pas croire à une fin fatale de sa maladie. Et son médecin le confirmait dans ses illusions, pour ne pas lui enlever tout espoir.

Mais le travail de sa pensée ne s'arrêtait jamais. Son cerveau surexcité ne pouvait retrouver le repos dont il avait tant besoin. Il semble qu'il pensait à sa gloire perdue, et qu'il avait hâte de la reconquérir.

Quinze jours avant sa mort, il dit à une des sœurs qui le soignaient, à Hannah, dont le mari était marin : « Si j'avais le bonheur de vivre encore un mois, je deviendrais immortel aux yeux de ton mari et de tous les marins. » Il essaya ensuite d'expliquer en quoi consistait sa découverte. Mais Hannah — non plus que les autres personnes de son entourage — ne put le comprendre. Doucement, il en exprima sa surprise. Et, comme on voyait combien ses pensées l'obsédaient, on s'efforça de le distraire et de changer le cours de ses idées.

Ainsi qu'il arrive si souvent aux phthisiques, il se persuada de temps en temps, jusqu'à l'heure suprême, que sa maladie n'était pas mortelle.

Souvent il restait immobile, pressant ses doigts amaigris, et, quand le symptôme fatal, avec le dépérissement général, vint se montrer, il s'écria quelques jours avant sa mort : « Regardez donc, ce n'est pas vrai ce qu'on a dit à Paris! Je n'ai pas la phthisie. »

A l'approche du printemps, ses forces étaient épuisées, et sa fin approchait rapidement. Il allait être séparé de ses projets au moment où toutes les fatalités qui l'avaient poursuivi étaient surmontées et qu'un avenir meilleur semblait prochain. Et celle avec qui il avait espéré « vivre si heureux », lorsque le moment du bonheur allait luire, après avoir tant lutté dans l'espoir si court de jours meilleurs, se trouvait de nouveau abandonnée, après avoir jeté un coup d'œil fugitif sur un riant avenir. Enfin vint l'heure de la délivrance. L'agonie de la dernière nuit fut violente; vers le matin elle s'apaisa. Christine fut infatigable! Des bras secourables entourèrent le mourant — tant qu'il resta quelque souffle de vie — pour le maintenir commodément sur sa couche; puis apparut la froide sueur de la mort. Alors Christine repoussa presque brusquement Marie, qui accourait en toute hâte à son aide. — Elle voulait se réserver à elle seule ses derniers moments.

Le 6 avril 1829 fut le jour de la mort d'Abel; à onze heures du matin, il rendit le dernier soupir, tranquillement et en paix. Il avait alors vingt-six ans et demi.

Huit jours après, le 14 avril, il fut inhumé près de l'église de Froland, dans le lieu de sépulture, non enclos encore, de la famille Smith.

Des villes et des villages d'alentour, on accourut en foule à la maison mortuaire, pour l'accompagner à sa dernière demeure. Le bruit de sa mort se répandit au loin. Dans ces pays, d'où était issue sa famille, et où il était connu depuis le temps où il grandissait au presbytère de Gjerrestad, et où il visitait la ville de Risör, le fameux Niels-Henrik avait laissé plus d'un souvenir; et les paysans et les habitants des villes se transportèrent de plusieurs lieues, pour lui rendre à l'usine de Froland les derniers devoirs.

Mais dur comme sa vie fut le jour où le long cortège se rendit à l'église. L'hiver recommença ses rigueurs, un affreux tourbillon de neige se déchaîna avec furie.

On ne s'apercevait guère, cependant, de la perte que la patrie venait de faire. Le conseil de l'Université fut informé du décès, et sans aucun doute cette nouvelle toucha vivement plus d'un de ceux qui étaient le plus attachés au mort et à l'Université. Mais aucune marque de sympathie portant un caractère général ne se manifesta. Aucun journal ne consacra une mention à cet événement. Une lettre d'annonce, à laquelle peu de gens firent attention, et qui fut bientôt oubliée, informa ses parents et amis qu'il n'était plus.

Mais la nouvelle de la perte que venait de subir la science se répandit au delà de nos frontières. Holmboe, naturellement, en informa Crelle aussitôt que possible, et le 20 mai la réponse de celui-ci parvint à Christiania. Par l'intermédiaire du professeur Maschmann, Crelle avait déjà appris le fatal événement, et il s'était rendu en toute hâte au ministère de l'instruction publique pour lui en donner communication. La nomination à Berlin n'était pas encore officiellement expédiée. Crelle avait alors posé à Abel la question de son acceptation définitive; mais la lettre ne parvint à sa destination que quelques jours après la mort d'Abel. Une annonce du décès, suivie de quelques brefs commentaires, parut aussi à l'étranger, et par là le bruit de sa perte se répandit vite dans le monde mathématique, d'abord en Allemagne, et quelque temps après en France. Un nécrologe plus étendu, destiné à l'insertion dans les journaux allemands et français, fut en même temps préparé par Crelle ; mais les matériaux de ce travail devaient être préalablement recueillis à Christiania.

Déjà, le 12 mai, Schumacher écrivait à Gauss : « Vous avez sans doute vu dans les journaux la mort d'Abel. Legendre a publié un second Supplément, dans la préface duquel il parle d'Abel de manière à faire croire qu'il le met au-dessous de Jacobi. Je sais de vous que c'est précisément le contraire qu'il faut croire. »

Le 19 mai, Gauss répondit : « La mort d'Abel, que je n'ai vue annoncée dans aucun journal, est une bien grande perte pour la science. Si par hasard on imprimait ou devait imprimer quelque chose touchant les circonstances de la vie de cette tête éminemment distinguée, et que cela tombât entre vos mains, je vous prie instamment de me le communiquer. Je désirerais aussi avoir son portrait, s'il est possible de se le procurer. Humboldt, avec qui j'ai parlé de lui, avait le désir marqué de faire tout pour l'attirer à Berlin. »

Un peu plus tard encore, le 23 mai, Jacobi envoya à Legendre un exemplaire de ses *Fundamenta nova,* qui venaient de paraître ; mais dans la lettre qui accompagne cet envoi, il ne dit rien qui fasse soupçonner qu'il connût la mort ou même la maladie mortelle d'Abel. Chose singulière d'ailleurs! pour la première fois, ce nom, qui revenait toujours et toujours sous sa plume, et qui se trouve dans toutes ses lettres, sans aucune exception, depuis celle du 12 janvier de l'année précédente, ce nom ne paraît nulle part ici. Et cela à l'occasion de cette œuvre fondamentale qu'il avait commencée et finie à l'époque où ses pensées étaient toujours fixées sur les recherches d'Abel. — Toutefois, nous retrouverons Jacobi dans une autre occasion.

Dans sa réponse du 4 juin, Legendre adresse ses remercîments pour l'envoi de l'exemplaire, et ajoute à la fin le *post-scriptum* suivant : « En fermant cette lettre, je viens d'apprendre avec une profonde douleur que votre digne M. Abel est mort à Christiania des suites d'une maladie de poitrine, dont il était affecté depuis quelque temps, et qui a été aggravée par les rigueurs de l'hiver. C'est une perte qui sera vivement sentie de tous ceux qui s'intéressent aux progrès de l'analyse mathématique, considérée dans ce qu'elle a de plus élevé. Au reste, dans le court espace de temps qu'il a vécu, il a élevé un monument qui suffira pour rendre sa mémoire durable et donner une idée de ce qu'on aurait pu attendre de son génie, *ni fata obstetissent.* » — Dans ces derniers mots, on peut voir, pour ainsi dire, le premier germe de l'exclamation bien connue, proférée dans une lettre à Crelle, au sujet du théorème d'Abel : *Monumentum œre perennius!* Et en mémoire de Legendre, ces mots furent, après sa mort, insérés dans le *Journal*, comme fac-simile de son écriture.

Le 14 juin, c'est Jacobi qui prend la parole. « Peu de jours après l'envoi de ma dernière lettre », dit-il, « j'appris la triste nouvelle de la mort d'Abel. Notre gouvernement l'avait appelé à Berlin, mais l'appel ne l'a pas trouvé parmi les vivants. L'espérance que j'avais conçue de le trouver à Berlin a été ainsi cruellement déçue! Les vastes problèmes qu'il s'était proposés, d'établir des critères suffisants et nécessaires pour qu'une équation algébrique quelconque soit résoluble, pour qu'une intégrale quelconque puisse être exprimée en quantités finies (1), son invention admirable de la propriété générale qui embrasse toutes les fonctions qui sont des intégrales de fonctions algébriques quelconques, etc., etc. (2), marquent un genre de questions tout à fait particulières, et que personne avant lui n'avait osé imaginer. Il s'en est allé, mais il a laissé un grand exemple. »

Peu de temps après, le 20 juillet, Crelle, ayant reçu de Holmboe quelques renseignements biographiques, date de ce jour son nécrologe d'Abel, dont nous allons donner quelques passages (3).

« Tous les travaux de M. Abel portent l'empreinte d'une

(1) Il s'agit ici du mémoire de Freiberg, car le commencement du « *Précis*, etc. » d'Abel n'avait été publié à Berlin que quatre jours auparavant.

(2) Dans ce double etc., etc., doit être comprise la création des fonctions elliptiques et tout ce qui s'y rapporte. Cela ne se trouve pas annoncé parmi les découvertes spécialement énumérées.

(3) D'après une lettre de Crelle à Holmboe, datée du 10 mai, Crelle avait appris la mort d'Abel quelques jours plus tôt par le professeur Maschmann.

sagacité et d'une force de tête extraordinaires et souvent vraiment étonnantes, même sans considérer la jeunesse de l'auteur. Il pénétrait, pour ainsi dire, souvent jusqu'au fond des choses, avec une force qui semblait irrésistible, les saisissait avec une énergie si extraordinaire, il les prenait de si haut et s'élevait tellement au-dessus de leur état actuel, que les difficultés semblaient s'évanouir devant la puissance victorieuse de son génie....... Mais ce ne sont pas les grands talents seuls de M. Abel », dit-il en terminant, « qui le rendaient si respectable et qui feront toujours regretter sa perte. Il était également distingué par la pureté et la noblesse de son caractère, et par une rare modestie, qui le rendait aussi aimable que son génie était extraordinaire. La jalousie du mérite d'autrui lui était tout à fait étrangère. Il était bien éloigné de cette avidité d'argent et de titres, ou même de renommée, qui porte souvent à abuser de la science, en en faisant un moyen de parvenir. Il appréciait trop bien la valeur des vérités sublimes qu'il cherchait, pour les mettre à un prix si bas. Il trouvait la récompense de ses efforts dans leur résultat même. Il se réjouissait presque également d'une nouvelle découverte, soit qu'elle eût été faite par lui ou par un autre. Les moyens de se faire valoir lui étaient inconnus : il ne faisait rien pour lui-même, mais tout pour sa science chérie. Tout ce qui a été fait pour lui provient uniquement de ses amis, sans la moindre coopération de sa part. Peut-être une telle insouciance est-elle un peu déplacée dans le monde. Il a sacrifié sa vie pour la science, sans songer à sa propre conservation. Mais personne ne dira qu'un tel sacrifice soit moins digne et moins généreux que celui qu'on fait pour tout autre grand et noble objet, et auquel on n'hésite pas d'accorder les plus grands honneurs. Gloire donc à la mémoire de cet homme également distingué par les talents les plus extraordinaires et la pureté de son caractère, d'un de ces êtres rares que la nature produit à peine une fois dans un siècle ! »

Ce nécrologe de Crelle ne fut pas seulement inséré dans son *Journal* mathématique ; il chercha à lui donner la plus grande publicité possible, « pour que la renommée honorable », écrit-il à Holmboe, « que le défunt aurait conquise sans aucun doute, s'il avait vécu plus longtemps, lui revienne après sa mort. » Holmboe, dans la même pensée, rédigea une biographie un peu plus complète pour le *Magazin for Naturvidenskaberne*. Les appréciations de Crelle furent reproduites en même temps dans les journaux norvégiens, afin qu'elles parvinssent à la connaissance générale de tous les habitants de notre pays.

Il est inutile de reproduire ici ce que Holmboe a écrit; cela coïncide pour tout ce qui est essentiel, avec ce qu'il dit dans l'avant-propos des *Œuvres complètes*, publiées en 1839, aux frais de l'État. Il est cependant d'un intérêt particulier pour notre récit de mentionner les paroles touchantes, ajoutées par Boeck au tableau présenté par Holmboe de la vie et de l'œuvre du mathématicien que nous venions de perdre. Nous allons reproduire la fin de ces additions.

« A mon retour de l'étranger, en 1828, je le trouvai très découragé; mais après le départ du professeur Hansteen il le fut encore davantage. La perspective d'un emploi à Berlin, que lui avaient fait entrevoir les lettres de Crelle, ne lui rendit pas son courage, comme on s'y serait attendu — bien qu'il en fût très content, surtout à cause de sa position de fiancé à une jeune fille, pour laquelle il avait une affection plus tendre qu'il ne voulait le laisser voir à la plupart de ses connaissances. Il lui coûtait beaucoup d'être forcé de quitter la Norvège. Maintes fois, en me parlant de sa position future, il disait qu'il était terrible de se reléguer ainsi soi-même, d'errer à l'étranger, peut-être pour ne jamais revoir sa patrie. Quand il parlait de ce sujet, il était toujours ému ; il ne pouvait dissimuler la douleur de ne pouvoir dans son pays travailler pour sa science. Aussi y avait-il des moments où il était décidé à repousser toute proposition de l'étranger, quoiqu'il vît bien l'incertitude de sa position s'il restait. Il savait qu'au retour de Hansteen, il se trouverait sans ressources et sans espoir d'obtenir des émoluments fixes. Il n'attendait nullement, de la part de l'Université, qu'elle se montrât plus énergique, et qu'elle fît pour lui des démarches plus décisives, — et une telle crainte n'était-elle pas trop fondée? — N'avait-on pas dit qu'on était embarrassé d'Abel, qu'il était ou qu'il serait plus tard une charge pour l'Université? Et puis il lui manquait l'examen d'état. Tandis que les hommes de science les plus illustres se répandaient en éloges sur ses travaux de génie, ses découvertes et ses mérites scientifiques; tandis qu'une Université étrangère, une des plus célèbres de toute l'Europe, considérait comme un honneur de le compter parmi ses professeurs, et qu'un État étranger voulait pourvoir plus largement à son bonheur temporel, en lui assurant une position honorable, — il a trouvé dans sa patrie à peine la reconnaissance de ses talents et pas le moindre encouragement. Tout cela était bien fait pour abattre ses espérances et son courage. Dans de telles circonstances, il ne trouva que dans ses études et dans son activité les moyens de s'assurer un avenir plus doux. Par ses travaux, il dut chercher à maintenir et accroître l'estime et la réputation qu'il s'était acquises, et qui déjà lui avaient ouvert des perspectives plus riantes. Mais ses efforts ont contribué à sa mort prématurée. Il prenait peu de repos, il cherchait peu les distractions; des études excessives ébranlèrent son système nerveux; une immobilité continue exerça une influence funeste sur sa poitrine; il suffit d'un seul choc, et il succomba. Son désir que le pays de ses pères recouvrît sa poussière a été exaucé. Maintenant ses soucis sont terminés, il n'est pas allé chercher son pain sur la terre étrangère, mais la Norvège a perdu son fils!

» Sa mémoire vit dans le tendre souvenir de ses amis; la postérité prononcera son nom avec respect; l'homme du Nord sera fier du compatriote qui n'est plus! »

Ces publications en l'honneur d'Abel ne furent pas sans influence, ni ici, ni à l'étranger. Nous ignorons quels rapports elles eurent avec les plaintes portées contre l'Académie des Sciences de Paris, qui laissa passer encore bien des années avant de faire imprimer le mémoire de Paris; mais, en tout cas, elles contribuèrent à diriger l'attention sur Abel et sur son œuvre.

L'année suivante, en 1830, l'Académie partagea également le grand prix de 3000 francs, pour les sciences mathématiques, entre Jacobi et les héritiers d'Abel (1). C'était une marque exceptionnelle d'approbation des résultats des travaux des deux mathématiciens.

Mais chez nous aussi il se produisit un peu de mouvement dans les esprits. Le grand honneur qu'Abel venait de recevoir, joint aux paroles de Boeck, produisit un effet considérable. Une plainte parut dans nos journaux contre le Sénat de l'Université, et celui-ci eut à défendre sa conduite. De bonne heure, l'Université avait pris ouvertement et avec vigueur les intérêts d'Abel, et tout le monde le reconnaissait volontiers; mais on ne peut nier que, dans les derniers temps, elle eût faibli.

Nous ne nous arrêterons cependant pas plus longtemps à ces discussions. Une intervention trop faible et trop tardive apparaît plus d'une fois dans l'histoire d'Abel. Le sombre « trop tard » résonne aussi des hauteurs extrêmes de la société, dans ces paroles du comte v. Platen au prince Oscar : « Le savant Abel a terminé sa carrière, juste au moment où j'espérais pouvoir répondre aux désirs, si encourageants pour lui, de votre Altesse Royale. »

Nous allons, en finissant, retourner encore une fois à Froland.

C'est Keilhau que nous introduirons pour envoyer les derniers adieux à la tombe d'Abel.

Quelques années s'étaient écoulées. Keilhau avait entrepris un voyage dans le village, — et il était allé visiter le cimetière.

La vue de cette sépulture, sans clôture et sans pierre tumulaire, pour abriter un si grand nom, « le révolta ». Il écrivit alors à Hansteen et à Boeck, en exhortant les amis du défunt à s'entendre pour élever à la mémoire d'Abel un modeste monument. Smith, conjointement avec un pharmacien d'Arendal, avait déjà formé le projet d'en élever un de son propre chef; mais Keilhau trouva

(1) Les 1500 francs furent acceptés avec reconnaissance par la très pauvre famille, qui se composait de la mère, de la sœur et des cinq frères du mathématicien défunt.

blessant que cet honneur fût rendu par des étrangers. Il ne doutait nullement que, par une souscription générale, il fût possible d'obtenir une somme considérable, d'autant plus qu'à ce moment le Storthing était réuni; mais un tel recours au public, pour se procurer « des dons forcés et faits de mauvaise grâce », lui sembla odieux, et « du moins, dans sa tombe », dit-il, « notre ami ne mendiera pas! »

Aussi ne fut-il pas question d'un pompeux mausolée. Cela n'eût pas concordé avec les sentiments du défunt. Rien que l'aspect des lieux et les modestes environs auraient contrasté péniblement avec un monument d'apparat.

« Le cimetière », ajoute Keilhau, en donnant une description pittoresque du lieu où repose l'illustre mort, « le cimetière, qui d'ailleurs, à l'exception de la famille Smith, ne reçoit d'autres morts que les habitants natifs de la paroisse de la vallée, entoure la simple église succursale, située sur une colline, à un détour du Nidelven. Sur les falaises, en remontant la rivière, on aperçoit, çà et là, quelques fermes. Du reste le pays est une contrée sauvage, presque uniquement couverte de sombres forêts de sapin, et tout à fait dépourvue de l'aspect imposant propre à nos grandes vallées. Pourtant c'est là justement que notre ami a trouvé un dernier asile si touchant. Cet asile sera rarement visité par un digne appréciateur de son génie; mais cela pourra bien arriver parfois dans le cours des années, et alors ce sera lui qu'on viendra visiter. Que ce voyageur trouve alors un signe sûr et impérissable, au but de son pèlerinage! »

Les amis et les protecteurs du défunt se cotisèrent donc pour lui élever un monument de souvenir et d'immortalité. Il y avait en tout huit souscripteurs: Treschow, Mme Hansteen, Schjelderup, Holmboe, Rasmussen, Hjort, Boeck et Keilhau. Le tombeau de Körner fut pris pour modèle. La fonte fut coulée à l'usine de Froland, et l'emplacement entouré d'une grille.

A l'église succursale de Froland, au milieu de ces sombres et sauvages forêts, s'élève maintenant un monument de fer qui peut défier les années. Quelque pèlerin saura en trouver l'endroit!

APPENDICE

APPENDICE

I.

Le départ de Dresde. — Séjour à Prague et à Vienne.

C'est à Dresde que pour la dernière fois « les jeunes savants voyageurs » se trouvèrent tous ensemble réunis. Abel et Keilhau venaient de Freiberg, accompagnés aussi par Möller. Huit jours après arrivèrent Boeck et Tank.

Mais la prolongation de cette réunion ne pouvait guère à la longue se concilier avec les intérêts différents des voyageurs. Les idées de Tank, portées vers la poésie et la philosophie naturelle, s'accordaient peu avec la manière prosaïque de voyager des autres, et entre les deux géologues, Möller et Keilhau, se manifestèrent des opinions divergentes. Le résultat fut donc que Tank et provisoirement Möller resteraient à Dresde, tandis que Boeck, Keilhau et Abel continueraient leur voyage vers le sud.

Il est vrai qu'Abel devait aller à Goettingue et à Paris. Mais il avait toujours peu d'envie de visiter la première de ces deux villes, et il était encore trop tôt pour se rendre à Paris. D'ailleurs, « il n'était pas bon de laisser Abel seul; il aurait pris en haine lui-même et son prochain, et il aurait été continuellement de mauvaise humeur ». « Certainement », écrit Boeck, « Abel n'aura rien à apprendre d'une telle vie de voyage. Mais il pourra voir un peu le monde, il fera de bonnes connaissances et perdra de vue quelques-unes de ses anciennes relations. »

Et puis c'était aussi un bonheur pour Boeck et Keilhau d'avoir Abel avec eux. Il pouvait les aider à faire des observations avec les instruments que leur avait donnés Hansteen, et il pouvait leur donner des avis utiles, s'ils se trouvaient embarrassés dans leurs calculs.

Abel, de son côté, sentait que par une telle dépense de son temps et de sa subvention, sa position deviendrait fausse.

Quant à ces « *magnetica* », il ne s'y entendait que médiocrement; il ne comprenait pas la méthode d'observation, et par conséquent il n'osait pas faire des calculs de peur d'arriver à une formule inexacte. Les services qu'il pouvait rendre n'étaient donc pas, en effet, bien considérables; car les deux observateurs, installés suivant l'occasion, étaient toutefois forcés d'avoir recours à Hansteen pour éclaircir les difficultés trigonométriques.

Évidemment Abel craignait le mécontentement de son professeur, au sujet de ces plans de voyage, soit qu'il s'agît de visiter Leipzig ou les bords du Rhin, ou de partir pour le midi. Holmboe lui faisait moins de peur; cependant il éprouve aussi vis-à-vis de lui le besoin de se justifier. Et cette défense présente un intérêt historique, puisqu'elle témoigne à quelle époque reculée il avait déjà achevé les principales de ses découvertes, notamment celle des fonctions elliptiques.

« Tu n'avais pas cru », écrit-il d'abord — dans sa lettre à Holmboe, datée du 16 avril — le jour même de son arrivée à Vienne, — « tu n'avais pas cru, je pense, que j'arrivasse à Vienne; mais il me semblait que je ne devais pas laisser échapper la bonne occasion de voyager avec Boeck et Keilhau. Hé bien! je vais encore plus loin; je passe par Trieste, Venise, Vérone, Turin (pour voir Plana), et enfin, j'arrive à Paris. Cependant le plan de voyage n'est pas encore bien fixé. Moi, du moins, je l'abrègerai bien un peu.

» Il doit te sembler bien horrible », ajoute-t-il, « de gaspiller tant de temps en voyages; mais je ne crois pas qu'on puisse appeler cela du gaspillage. On apprend dans un pareil voyage maintes choses bien curieuses dont je pourrai tirer plus de profit que d'une étude acharnée des mathématiques. Outre cela, il me faut toujours, comme tu sais, quelques périodes de paresse pour pouvoir faire rage avec des forces renouvelées. Quand je serai à Paris, ce qui aura lieu, je pense, en juillet ou en août, je commencerai à travailler avec fureur. Je lirai, j'écrirai. J'élaborerai alors mes affaires d'intégration, la théorie des fonctions elliptiques, etc., ce que, grâce à Crelle, j'espère bien voir imprimé à Berlin, quand j'y retournerai. »

Dans cette défense, il est donc affirmé qu'avant le 16 avril 1826, Abel avait déjà fait faire un pas très considérable à sa découverte principale sur la *théorie des fonctions elliptiques*. Et cela ne regarde pas moins la *théorie des fonctions abéliennes*.

La nouvelle théorie des fonctions elliptiques, fondée sur son ancienne idée de l'inversion et sur la double périodicité, inventée aussi depuis longtemps, était alors bien mûrie et considérablement avancée. Car sans cela, il n'aurait pas pu dire qu'il voulait élaborer ces choses, et qu'il espérait les voir imprimées, non sous forme de mémoires insérés dans un journal, bien entendu, mais sous celle d'un Ouvrage de plus grande étendue.

Souvent, il faut s'en souvenir, Abel parle de l'éventualité de faire imprimer des travaux, trop volumineux pour le *Journal*. Le 30 janvier de la même année, il en parle encore, et cela précisément au moment où, grâce à son actif concours, le journal allait paraître, et où les mémoires arrivaient l'un après l'autre pour être publiés. Dans sa lettre à Hansteen, datée de ce jour, il ne fait cependant qu'exprimer en général l'espérance d'avoir un éditeur de ses recherches sur le calcul intégral. Les fonctions elliptiques ne furent pas cette fois mentionnées expressément.

Abel, Boeck et Keilhau effectuèrent donc leur départ de Dresde, et maintenant l'intérêt se concentre principalement sur les petits événements de chaque jour.

Au passage de l'Erzgebirge, dit-il, il tombait de la neige. On était dans les derniers jours d'avril. Mais quand les voyageurs furent descendus dans la vallée, ils y trouvèrent le plus beau temps du monde, et une contrée belle et fertile s'étendait devant eux. Tout était changé, raconte Abel, depuis qu'ils avaient franchi la frontière de Bohême; — les gens et le pays. On voyait partout des statues de saints le long des chemins. Celle qu'on rencontrait le plus souvent était celle de saint Népomucène. Mais à côté de ces statues, stationnait une foule de mendiants, surtout d'aveugles; ils restaient sur le chemin toute la journée.

Le premier jour, ils arrivèrent à Teplitz, lieu renommé déjà de ce temps par ses bains chauds, et où pendant les mois d'été affluait une foule énorme de personnes riches, malades ou non. Plus loin on passa par le Mittelgebirge, d'où s'ouvre une large vue sur la Bohême. Cela avait l'air d'une plaine immense.

Le jour d'après ils arrivèrent à Prague; c'était le troisième jour depuis leur départ.

Ils avaient projeté de rester deux ou trois jours dans cette ville. Mais ils y demeurèrent toute une huitaine, Boeck y ayant trouvé plusieurs objets d'histoire naturelle qui l'intéressaient.

Abel pendant ce temps parcourait la ville pour en visiter les curiosités et jouir de la vue du paysage et de la cité. « Une partie de celle-ci », raconte-t-il, « est située à une grande hauteur; elle s'appelle le Hradschin. D'une tour qui y est construite, on a une *vue épouvantable;* par un ciel clair, on peut voir, dit-on, le Mittelgebirge, l'Erzgebirge et le Riesengebirge. » Abel y monta, mais il ne vit rien. Cependant il trouva que Prague n'était pas « une laide ville », et qu'elle est fort bien située.

« Derrière le Hradschin », ajoute-t-il encore, « se trouve l'Observatoire dont se servit Tycho Brahe. A présent on en a fait un établissement militaire. Mais dans une des innombrables églises de la ville, on voit son tombeau. »

Naturellement Abel n'oublie pas le théâtre de Prague. Il aime l'art dramatique à la folie. Ce théâtre était aussi un des meilleurs d'Allemagne, et là il vit Eslair dans le rôle de Guillaume Tell. Eslair était un artiste de Munich, qui était considéré comme le meilleur acteur de l'Allemagne. Abel aussi fut entièrement captivé. « Ah! », s'écrie-t-il, « tu aurais vu ce que c'est que jouer! »

Le jeune habitant du Nord trouva le ton des gens de Prague assez grossier. Garder au théâtre le chapeau sur la tête! Et à l'estaminet — oui donc, là il n'est pas gentil. Des individus à mine suspecte se rencontrent partout, et aussi des femmes avec de grandes cruches à bière devant elles.

« La consommation de bière », dit-il, « est très grande dans les États d'Autriche où nous avons été jusqu'ici. La première question qu'on vous fait dans un lieu public, c'est : *Schaaffens Bier, Gnaaden?* Mais nous nous en tenons toujours aux vins qui, d'après mon goût, sont fort bons ici et pas trop chers. Deux bouteilles de bon vin coûtent environ un mark et demi en argent de Norvège. Mais on peut aussi avoir du vin à quatre ducats la bouteille. »

Abel alla visiter à Prague un professeur d'astronomie, David. « C'est un vieux grognon », dit-il, « et ce monsieur semblait avoir peur des étrangers. » Abel en conclut que ses connaissances devaient être très minces. « A Prague », poursuit-il, « il existe un autre mathématicien, Gerstner, que l'on dit très fort. Mais apprenant qu'on lui donnait le nom de vétéran, j'eus peur ; car ce nom est ordinairement réservé pour les gens qui ont fait autrefois quelque chose, mais qui, à présent, ne valent plus rien. Aussi fis-je bien de ne pas y aller, car, à ce que j'ai entendu dire, il ne peut presque ni voir, ni entendre. »

« De Prague, nous sommes partis dans une voiture de louage qui devait nous conduire à Vienne pour le prix de 24 écus [1], ce qui n'est pas trop cher, vu que la route est longue de presque 40 milles de Norvège. Nous roulions fort commodément dans une voiture vitrée *(Glaswagen)*. A quelques milles de Prague, nous voilà tout près de l'Elbe, et nous pûmes voir le Riesengebirge couvert de neige. Nous avions une chaleur de près de 20 degrés, ce qui nous gênait particulièrement dans les observations magnétiques que nous faisions d'ordinaire deux fois par jour, midi et soir. Sur la route de Vienne, on voit un nombre prodigieux de

---

[1] 133 fr. 44 c.

villes, et ici l'on ne fait presque pas attention à ces villes qui chez nous ne seraient pas regardées comme si insignifiantes. Dans les auberges où il nous est arrivé de passer quelque temps, nous étions ordinairement très bien, et le prix était modéré; cependant nous n'avons pas trouvé à beaucoup près la propreté de l'Allemagne du Nord.

» Le pays au sud de Prague n'est pas aussi plat que la partie du nord, mais très fertile. Quand on pénètre en Moravie, le pays prend, en revanche, une physionomie assez stérile et ressemble à beaucoup de contrées de la Norvège. Mais quand on entre en Autriche, il se transforme tout d'un coup. L'Autriche est le pays le plus fertile que j'aie vu; et si bien cultivé! Pas un endroit qui ne soit ou un champ ou un vignoble. Il est arrivé souvent qu'autour de nous, aussi loin que nous pouvions voir, nous n'apercevions que des champs. Les terres servant de pacage ne se rencontrent que fort rarement.

» Après avoir voyagé en voiture pendant quatre jours, nous arrivons à Vienne peu de temps avant le coucher du soleil. A une très grande distance, nous pouvions déjà voir le haut de la tour de saint Étienne, qui est immensément haute. Quelque temps après toute la ville passa en revue devant nous, et un peu plus tard, nous traversons une branche du Danube. Après avoir subi une visite indulgente, nous roulons à travers Leopoldstadt et, passant par le Ferdinands Brucke, nous entrons dans la ville, et nous descendons à l'hôtel le plus cher, dit l'hôtel « *Zum wilden Mann* ». Nous sommes encore ici, mais nous délogerons aujourd'hui. Nous avons retenu des chambres privées, au prix de 30 fl. par mois, environ 15 écus. C'est très cher.

» Il fait cher vivre à Vienne, le séjour coûte beaucoup surtout aux étrangers. Nous payons notre dîner au moins un demi-écu par tête, et cependant il serait mal de nous accuser de vivre somptueusement, surtout relativement aux Viennois qui mangent énormément.

» L'autre jour, nous avons été chez un oncle de Möller qui demeure ici dans la ville, et qui s'est converti depuis longtemps au catholicisme. Il nous a reçus fort bien et nous a invités à dîner chez lui. Il a presque oublié à parler le norvégien, mais il le comprend fort bien. Il est marié, et il a un fils adulte. Nous avons aussi été chez l'ambassadeur de Suède, et nous sommes tous invités chez lui pour demain. »

« Il se dépense d'ailleurs une quantité épouvantable d'argent », dit Abel dans un passage précédent. — Il y a en général beaucoup d'*épouvantable* et d'*effroyable* dans sa lettre de Vienne. — « Il faut demeurer dans un hôtel et cela coûte énormément cher. Et puis, ajoutez à cela qu'ici, à Vienne, il y a des occasions du diable de vivre à gogo...... » — Ici des mots indéchiffrables. — « L'autre jour, j'ai observé quelqu'un qui, en commençant son repas, déboutonna ses culottes. Il s'en donna une terrible charge.

» Vienne est une grande ville, auprès de laquelle Berlin disparaît. Une foule immense dans les rues qui en partie sont étroites; rien que des maisons (à cinq, six, sept étages) et une infinité de boutiques, d'églises, etc. La plus haute tour, celle de Saint-Étienne, est l'édifice le plus élevé que j'aie jamais vu. Je demeure tout auprès. L'intérieur (c'est de celui de l'église que je parle) est magnifique, et l'on s'y tue à travailler pour le catholicisme. Ce culte a vraiment beaucoup de solennité, et il ne faut pas s'étonner que la foule y tienne beaucoup.

» Vienne a cinq théâtres, qu'il me faut visiter tous; l'un est dans la ville, les quatre autres dans les faubourgs. Parmi ceux-ci, il y en a un qui se distingue; il est situé dans le faubourg de Léopoldstadt, et l'on y a l'occasion d'y étudier les Viennoises; — on n'y joue à peu près que des pièces qui concernent la ville de Vienne, particulièrement ses habitants des classes inférieures. La foule qui le fréquente y est énorme. Ce théâtre s'appelle *Beim Casperl*, parce que le rôle comique a continuellement été celui d'un *Schildknappe* (écuyer) nommé Casperl. A présent, on voit plus souvent le fabricant de parapluies Staberl, la classe ouvrière de Vienne en personne, un personnage extrêmement comique. J'y ai été une fois, et je me suis bien amusé. Les spectateurs sont furieusement remuants; ils applaudissent et font du tapage sans cesse. La plupart des pièces qu'on y joue ne sont du reste qu'un tissu interminable des sujets les plus absurdes et des caricatures les plus exagérées. Mais les acteurs sont excellents.

» J'ai été aussi dans un autre théâtre, le Théâtre Impérial et Royal, qui est très grand. On y donnait une fort bonne pièce, et, comme on peut le croire, on l'a jouée extrêmement bien. Quelle jouissance délicieuse qu'un excellent théâtre! Voilà quelque chose qui nous manque tout à fait et que nous n'aurons probablement jamais. — Il est aussi fort utile d'y aller à cause de la langue. On y entend ce qu'il y a de meilleur et de plus pur. Je puis dire que ce que je sais d'allemand, je l'ai appris dans les théâtres de Berlin, car ailleurs je n'ai eu que peu d'occasions de l'entendre parler. A présent cela va assez bien, et je puis me tirer d'affaire partout sans être gêné. Je crains plus le français; cependant cela ira bien aussi, quand je serai un jour là où il faut le parler.

» Les étrangers sont ici fort observés, et on est tellement questionné que cela nous paraît étrange. Keilhau a été interrogé sur ce qu'était son père, et il a été obligé de raconter toute l'histoire de sa vie. — Pour avoir la permission de rester à Vienne, il faut présenter des garanties constatant qu'on a assez pour se soutenir. »

Quelques jours plus tard, le 20 avril, Abel continue sa lettre. Il fait froid et il vente, et c'est avec beaucoup de peine qu'il peut écrire. L'écriture de cette longue lettre, rédigée à la hâte, n'est pas par conséquent facile à déchiffrer, d'autant moins qu'elle a été écrite en long et en travers, de manière que le tout forme un réseau de carreaux.

Il raconte qu'il avait dîné chez l'ambassadeur de Suède, le baron Croneberg. Il ne s'y trouvait que les trois Norvégiens, trois dames, le baron et sa femme. Ce fut un vrai dîner de Vienne. On mangea énormément, surtout la belle-mère du baron, *eine geborne Wienerin*. « Moi, je ne manquai pas l'occasion non plus », dit Abel, « mais, à vrai dire, je n'ai nulle envie de recommencer. »

Crelle, comme nous l'avons dit plus haut, avait muni Abel de lettres de recommandation auprès de Bürg et de Littrow. Bürg n'était encore que professeur à l'École Polytechnique, mais il était sur le point d'être nommé professeur à l'Université. En ce moment il n'était pas à la ville, mais Abel espérait cependant lier connaissance avec lui chez Littrow. Celui-ci aussi était impossible à trouver. Abel le découvrit enfin à force de questions; il se présenta un jour de très bonne heure chez lui, — à sept heures du matin.

Littrow était très affable et il le reçut de la manière la plus obligeante; ils causèrent de différentes choses, et Abel fut invité à venir le voir souvent, et surtout à dîner chez lui le dimanche suivant.

Abel le dépeint comme un homme fort affable. Il avait la taille de Hansteen, à qui il ressemblait aussi beaucoup. « Mais on dit aussi qu'il a la tête près du bonnet », écrit-il à son correspondant. « Quand il est contrarié, il est vif comme la poudre. »

Abel voyait très souvent Littrow, et il se trouvait certainement fort bien au milieu du nombreux cercle qu'il y rencontrait. Car ici tout le monde était plein de vie et de gaieté. On y trouvait toujours l'occasion de discuter « des sujets énormément intéressants. »

« C'est un homme tout à fait excellent », dit-il — dans une lettre envoyée plus tard à Hansteen — « et il a une femme on ne peut plus affable, avec laquelle il a eu douze enfants quoiqu'elle n'ait que trente-quatre ans.

» Elle est Polonaise », poursuit-il, — en esquissant à petits traits cette agréable vie de famille, « et elle prise beaucoup. Dans sa jeunesse, elle a aussi fumé comme un turc. Ainsi s'exprimait son mari. En revanche, elle raconta maintes jolies histoires sur lui. »

Il n'est peut-être pas sans intérêt de noter qu'il fut invité par Littrow à envoyer des articles aux *Annalen der Sternwarte*. A cela, il répondit que naturellement il voulait profiter de cette bonne occasion. Selon toute probabilité, il n'a eu dans la suite aucune relation avec Littrow; toutefois c'est un point sur lequel on n'a pas une complète certitude. Abel se prononce d'ailleurs avantageusement sur un cours d'astronomie élémentaire et populaire que Littrow venait de publier, et il annonce que la troisième partie de son cours d'astronomie théorique, embrassant la partie physique, allait bientôt paraître.

Revenons de nouveau sur la lettre de Vienne : il y est encore dit une chose qui n'est pas sans intérêt. Holmboe demande la permission d'Abel pour faire insérer dans le *Magasin* quelques uns des mémoires qu'il avait laissés à Christiania. Il désirait aussi avoir l'opinion d'Abel sur quelques expériences scientifiques qu'il avait entreprises. Abel y répond ainsi :

« Quant à tes recherches sur les formules pour l'expression de π et d'autres arc tang, je n'ai pas encore vu les formules dont tu parles. Je crois que le tout, bien lié ensemble, sera d'un bon effet. Quant à mes mémoires, je pense que ce qu'il y a de mieux à faire, c'est de ne pas s'en servir trop, vu qu'ils ne s'accordent pas précisément avec le *Magasin*.

» D'ailleurs, ce que tu as déjà et plus encore est avec le plus grand plaisir à ton service. »

Dans l'enveloppe de la lettre de Vienne, il est écrit : « Frauenhofer est très malade et probablement mort. » Le cachet porte le monogramme B. M. K., et il est donc celui de Keilhau. Du reste, la lettre a été envoyée entre le 20 et le 30, elle est arrivée à Berlin le 30, à Stralsund le 4 mai, et a été reçue à Christiania le 13 mai. Il a donc fallu à peu près un mois pour que cette lettre parvînt, et elle n'a pas passé par Hambourg, ainsi qu'elle aurait dû le faire.

II.

Abel à Holmboe.

« Bolzano (Botzen, dans le Tyrol italien), le 15 juin 1826.

» En ce moment, je viens de recevoir ta lettre datée du 22 mai, et je t'en fais mille remercîments; car tu ne peux pas croire quel plaisir j'ai à recevoir des nouvelles du pays et surtout de toi.

» J'ai reçu la lettre ici à Botzen; à mon passage à Venise, il y a huit jours, elle n'était pas encore arrivée. Tu peux juger par là avec quel soin je compte le temps.

» Je suis bien content qu'en somme tu prennes plaisir à mon voyage, et je crois aussi que le plan n'est pas trop mal conçu. Tu ajoutes que cela doit être une vie bien heureuse; or, je ne voudrais pas pour beaucoup avoir manqué ce voyage (1); mais tu seras peut-être étonné quand je te dirai que je suis fort satisfait d'être arrivé à ce point et de me trouver hors de l'Italie.

» Ce que je viens de voir m'a intéressé infiniment, mais c'est un pays du diable pour les voyageurs. Je vais te raconter mon voyage en peu de mots.

» Je quittai Vienne en compagnie de Möller et de Tank, le 25 du mois passé, à dix heures du soir, par la soi-disant *Eilpost* — (ainsi appelée, parce qu'elle marche assez vite, pas aussi vite cependant qu'on va d'ordinaire en Norvège. Dans l'Allemagne du Nord on donne à un tel véhicule le nom de *Schnellpost* ou, par moquerie, celui de *Sneelpost,* parce que là elle se traîne un peu plus lentement) — pour me rendre à Graz, ville située à vingt et quelques milles (de Norvège) de Vienne. C'est un sentiment bien

(1) Le texte original contient une erreur d'écriture qui fait dire à l'écrivain le contraire de sa pensée. Nous l'avons corrigé d'après l'évidence du sens.

étrange que celui de quitter pour toujours une ville aussi grande et assez variée, surtout quand on s'y est bien amusé. J'étais de mauvaise humeur et je passai une nuit fatale, presque sans dormir, ainsi que tu peux bien te l'imaginer. La première chose que je fis, quand le jour vint à poindre, fut d'observer mes compagnons de voyage, et après quelques méditations je découvris que, sans compter nous trois, il se trouvait dans la voiture deux Allemands, trois Italiens, d'affreux drôles, surtout un « *Kaufmann von Venedig* » qui faisait un tapage terrible.

» Entre Vienne et Graz, à peu près à mi-chemin, on traverse un col des Alpes, le Simmering, et c'est par là que communiquent l'Autriche et la Styrie. Ici le paysage commence à devenir fort beau; je croyais être en Norvège, tant est grande la ressemblance entre notre pays et la Styrie. Le chemin traverse une vallée assez étroite arrosée par la Mur, qui contribue beaucoup à animer la scène. A chaque moment un nouveau site charmant; mais si le pays était beau, les habitants ne l'étaient guère. Partout on rencontre des individus couverts de goîtres. C'est horriblement dégoûtant. On dit que cela vient de l'eau. Au sud de Graz, cette maladie ne se voit que rarement.

» A huit heures du soir nous arrivâmes bien fatigués à Graz, et après avoir soupé on se mit au lit. Le lendemain, Möller et moi, nous allâmes contempler le paysage, qui est extraordinairement beau; on a surtout une vue charmante d'une montagne située tout près de la ville. Au moment où je m'asseyais pour dîner, Boeck et Keilhau se présentèrent à la porte [1]. Ils étaient partis à pied de Vienne quelques jours avant notre départ. Ils avaient pris une autre route et s'étaient amusés magnifiquement; mais ils avaient été très incommodés par la neige. Cette rencontre nous fit grand plaisir, car nous ne savions pas ce qu'ils étaient devenus, et ce ne fut que par un coup de hasard qu'ils arrivèrent à nous rejoindre.

» Graz est une belle ville qui a 40000 habitants, un nouveau

---

[1] L'écrivain fait ici un jeu de mots impossible à traduire.

joli théâtre, où nous allions tous les jours, car il fallait maintenant faire nos adieux au théâtre allemand qui nous avait donné beaucoup de jouissances.

» Le 29 mai, je quittai Graz en compagnie de Boeck, de Keilhau et de Möller. Nous avions loué un *Lohnkutscher* qui devait nous conduire à Trieste en quatre jours et demi, moyennant 44 fl. (environ 21 spd. de Norvège). Nous fîmes un très agréable voyage. Le paysage est fort beau. Des champs fertiles, de grands fleuves (la Mur, la Save et la Drave) et de hautes montagnes font beaucoup d'effet. Les nuits que nous passions n'étaient pas au contraire aussi agréables; car les auberges sont mauvaises. Tout est si sale! et à bon marché cependant. Ce que nous vîmes de plus remarquable pendant le voyage, ce fut la galerie souterraine bien connue auprès d'Adelsberg, à quelques lieues de Trieste. Cette cavité s'étend à plusieurs lieues dans la montagne, et il faut 24 heures pour arriver à la limite où l'on est parvenu jusqu'à présent. Elle s'étend encore plus loin, mais là on est arrêté par un profond et large trou. Nous n'y fîmes qu'un petit bout de chemin. Au travers de la même montagne passe aussi un fleuve qui coule pendant trois lieues sans être visible à l'œil humain. Nous le vîmes entrer et sortir.

» Le cinquième jour nous entrâmes en Italie et nous dinâmes dans la première ville italienne, Sissena. Les habitants étaient allemands, mais le dîner était italien, du macaroni, etc. Il fallut nous contenter de plats maigres, vu que c'était un vendredi.

» Le vin rouge s'appelle ici vin noir, et peu s'en faut qu'il ne mérite ce nom. Il a l'air d'être colossalement bon; mais c'est presque toute sa qualité.

» Nous n'étions pas loin maintenant de la mer, et bientôt nous arrivâmes près d'un endroit d'où on pouvait l'embrasser d'un coup d'œil. Nous descendîmes de voiture pour mieux jouir du paysage. Tout à coup, sans y penser, nous avions les flots d'Adria s'étendant devant nos yeux. Bien au-dessous de nous Trieste, et là, dans le golfe, toute une foule de navires. D'une part nous voyions la côte d'Istrie, d'autre part celle de la Vénétie. La vue était en effet très belle, cela ne peut être nié; cependant il s'en faut de beaucoup qu'elle puisse être comparée à celle de l'Egeberg (1). Mais sur nous, privés depuis si longtemps de l'aspect de la mer, elle faisait naturellement une impression de plaisir, d'autant plus que c'était l'Adria que nous contemplions.

» Nous descendîmes la falaise et peu de temps après nous étions à Trieste où nous nous logeâmes *all' Albergo all' Aquila nera (Zum schwarzen Adler).* Pour nous tirer d'affaire, il nous fallait caqueter en quatre langues, en norvégien, en allemand, en français et en italien, et de ces quatre langues nous nous sommes servis à tour de rôle tant que nous sommes restés en Italie.

» La première chose que nous fîmes c'est d'aller prendre un bain de mer. Pour nous procurer un bateau nous eûmes beaucoup de difficultés, car personne là-bas ne comprenait ni l'allemand ni le français, et nos connaissances en italien étaient fort minces. Enfin une cinquième langue nous tira d'embarras; nous tombâmes par hasard sur un matelot anglais, et Möller parle anglais.

» Trieste est une fort belle ville de 36000 habitants et d'un commerce très actif. Il y fourmille des gens de nations sans nombre. On y trouve bien tous les peuples de l'Europe, y compris des Turcs et des Grecs, puis des Arabes et des Egyptiens. Dans le port étaient aussi quatre bâtiments norvégiens chargés de poisson, deux de Bergen et deux de Drontheim. Nous sommes montés à bord de trois d'entre eux; nous avons invité un des deux capitaines de Bergen, ainsi qu'un autre Norvégien nommé Larsen, et nous avons nagé dans les plaisirs de la dégustation des vins classiques.

» J'ai remis un bout de papier par le patron de Bergen à l'adresse du lecteur Bohr, en lui envoyant quelques livres avec prière de te les remettre. Je te prie de les recevoir et de les garder jusqu'à mon retour.

» A Trieste j'ai vu pour la première fois une comédie italienne

(1) Christiania est situé au pied de l'Egeberg.

« *Il Dottore e la Morte* ». A l'extérieur du théâtre on avait fait peindre les scènes les plus remarquables avec les titres en lettres longues d'une aune.

» Le 7 juin à minuit nous quittâmes tous les cinq Trieste par le bateau à vapeur pour nous rendre à Venise. A huit heures nous en aperçûmes légèrement les tours, et peu de temps après nous étions à l'ancre dans cette ville singulière. Je ne pouvais me figurer que je me trouvais réellement à Venise. Nous étions tout près de la célèbre place Saint-Marc. Nous fûmes bientôt entourés d'une infinité de gondoles, qui toutes voulaient gagner quelque chose. Ces gondoles sont longues et étroites; elles ont comme une petite maison placée au centre, dans laquelle on est assis et où l'on est conduit à l'aide d'une rame.

» Nous prenons l'une de ces embarcations, après avoir traité du prix cependant, car sans cela on serait rançonné; tout le monde à Venise ne songe qu'à marchander. Il y a une telle infinité de fainéants, de mendiants et de filous qu'il faut toujours être sur ses gardes. Nous descendîmes à l'hôtel de l'Europe, qu'on nous avait recommandé comme un des meilleurs, mais il était suffisamment mauvais et passablement cher.

» Nous fîmes venir un domestique de louage pour nous conduire dans la ville et nous en faire voir les curiosités. Nous louâmes deux gondoles et nous nous mîmes en route; car comme en d'autres villes on va en voiture ou l'on se promène à pied dans les rues, ici l'on parcourt des canaux, qui remplacent les rues. On peut cependant à Venise arriver aussi partout à pied, mais les rues étant très étroites et très tortueuses, on préfère aller en bateau.

» C'est une vue mélancolique que la traversée de Venise. Partout on voit les traces d'ancienne magnificence et de misère présente. De superbes palais entièrement déserts, et beaucoup sont presque en ruines; des maisons horriblement laides dans lesquelles une ou deux chambres peut-être sont occupées; des ruines de bâtiments tombées à terre ou démolies et qui ont été belles dans leur temps. Tout porte le témoignage de la décadence. On compte que plus de la moitié de la ville reste déserte. Venise n'a plus maintenant que 80000 habitants. Le lieu le plus remarquable de la ville est la place Saint-Marc. C'est une place magnifique, entourée des plus beaux édifices avec des colonnes à l'infini. Cette place est surtout animée le soir et bien avant dans la nuit. Le public visite alors les innombrables cafés qui se trouvent sous les colonnades. D'un côté j'en comptai 25, dont plusieurs très grands. De l'autre côté, il y a de splendides boutiques.

» Sur la place Saint-Marc il y a une tour isolée très haute, la tour Saint-Marc. Nous en avons fait l'ascension jusqu'au sommet, nous avions là une vue ravissante de la ville. C'est une vue sans doute la seule de son espèce; car partout on voit de l'eau et pas de terre, si ce n'est dans le lointain. Vis-à-vis de la tour est située la pompeuse église de Saint-Marc, construite toute en marbre avec les ornements les plus splendides. Presque tous les murs sont incrustés de mosaïques, le sol également, etc. Tout à côté de l'église se trouve l'ancien palais des Doges, sous le toit duquel on voyait autrefois les Plombs de Venise, connus par l'histoire de Casanova. Ils ont été détruits par les Français.

» Je pourrais te raconter encore beaucoup de choses sur Venise; mais il faut me résumer, puisque j'ai encore à écrire aujourd'hui à ma fiancée.

» Le 10, nous quittâmes Venise et nous nous rendîmes sur deux gondoles à Fussina, où nous avons loué un vetturino pour nous conduire à Padoue. Peu de temps après nous y étions installés et nous nous trouvions à l'aise maintenant dans une voiture excellente, grande et spacieuse. Nous suivions le cours de la Brenta, à travers le pays le plus fertile et le mieux cultivé qu'on puisse imaginer. Toute cette contrée était plate comme la mer et ressemblait à un grand jardin. Partout des champs labourés, des vignes et des arbres fruitiers.

» Après un voyage de six heures nous étions à Padoue, une ville horriblement laide, la plus laide que j'aie jamais vue. Après avoir visité quelques églises, etc., — nous vîmes entre autres choses la maison habitée par Tite-Live, et qui a été conservée jusqu'à présent — et après y avoir passé un jour et une nuit chèrement payés dans une mauvaise auberge, nous partîmes le lendemain pour Vicence, située dans un charmant paysage. Nous y avons dîné et le soir, après un agréable voyage, nous sommes arrivés à Vérone.

» Nous sommes allés voir plusieurs des curiosités de la ville, par exemple, une porte du temps des Romains, un pont construit par Vitruve sur l'Adige qui traverse la ville et avant tout un immense amphithéâtre de l'antiquité, pouvant contenir 23000 spectateurs. — Le 12 nous avons quitté Vérone, et en suivant dès lors le cours de l'Adige à travers une vallée étroite, bordée de montagnes d'une énorme hauteur, nous descendons dans le Tyrol. Hier 14 juin, nous sommes arrivés à Botzen. A présent nous allons faire pendant quelques jours une excursion à la vallée de Fassa et dans les régions montagneuses. Puis nous nous rendrons en toute hâte à Schaffhouse, d'où nous partirons, Möller et moi, directement pour Paris, et j'espère y arriver dans un mois ou plus tôt. Pour Paris, j'ai reçu une lettre de recommandation de Littrow adressée à Bouvard, et cette lettre, je pense, me sera fort utile, car elle est bonne.

» N'oublie pas maintenant, je te prie, de m'écrire tout de suite et de m'envoyer autant de nouvelles que cette fois, à l'adresse suivante: Mallet frères, à Paris. J'aurais voulu t'écrire encore beaucoup d'autres choses, mais je suis pressé, et il faut donc que je finisse. Quand je serai à Paris, je le ferai mieux (quand j'aurai reçu ta lettre).

» Salue bien Hansteen et madame Hansteen de ma part. Si la lettre est en route, je la recevrai bien. Fais-lui aussi compliment de sa décoration. Il fallait bien qu'elle arrivât un jour.

» Salue mes amis que tu verras, et n'oublie pas absolument de m'écrire tout de suite.

» Ton ami,

» N. H. ABEL. »

---

(1) Le cachet porte une forge derrière une maison avec l'épigraphe : *Bene qui caluit bene vixit,* et avec les initiales N. B. M. (Möller).

III.

Voyage à Paris. Séjour dans cette ville.

Abel, avec Möller qui était venu le rejoindre, poursuivirent maintenant leur voyage de Botzen vers Paris. Ils allèrent par Innsbruck au lac de Constance; puis ils firent une pointe de quelques jours en Suisse en passant par Zürich, Zug, le lac des Quatre-Cantons, et gagnèrent Bâle par Lucerne. Chemin faisant, ils firent l'ascension du Rigi pour jouir de la vaste perspective que l'on a de son sommet sur les Alpes Suisses. De Bâle enfin, après un voyage sans interruption de trois jours et quatre nuits, ils arrivèrent à Paris le 10 juillet.

Keilhau resta dans le Tyrol. Mais il avait l'intention de se rendre à Paris, tandis que Boeck alla par Zürich à Munich pour y reprendre ses études physiologiques. Tank, comme nous l'avons vu, avait déjà quitté la compagnie.

Cependant Abel ne demeura pas longtemps avec Möller. Fatigué de la vie de voyage, qui durait depuis longtemps, celui-ci retourna au milieu d'août, ou peut-être un peu plus tard, en Norvège. C'était à cette époque que Keilhau était attendu à Paris, et avec lui Abel avait espéré « de camper pendant l'hiver » ; mais cet espoir ne fut pas de longue durée.

La vie distrayante des vacances, qui se prolongea jusque dans les premiers temps du séjour à Paris, avait essentiellement contribué, sans doute, à mettre Abel en état de se remettre au travail avec de nouvelles forces. Et c'était un travail d'une haute importance qui l'attendait à présent. Assez de temps toutefois avait été perdu; car le but de son séjour à l'étranger était d'étudier, et c'était pour cela que des moyens lui avaient été accordés aux frais de l'État. Aussi, après tant de voyages, les embarras économiques devaient certainement recommencer. Hansteen ne pouvait donc voir avec plaisir une telle dépense de temps et d'argent. Vivant au loin, exempt de tous soucis, il ne pouvait bien juger à quel point cette vie de vacances était alors utile et même nécessaire pour Abel. Il ne soupçonna pas que cela dût porter bonheur à la science qu'Abel fût ainsi entraîné par des amis prévoyants, qui ne voulurent pas le laisser seul avec sa tristesse.

A présent il se défend de nouveau contre les reproches que Hansteen lui adresse et lui avait déjà adressés depuis longtemps.

« Me voici enfin au centre de tous mes désirs mathématiques, à Paris » — écrit-il à Hansteen, le 12 août 1826. « J'y suis déjà depuis le 10 juillet. Il vous semble sans doute que cela arrive un peu tard, et que je n'aurais pas dû faire le long détour par Venise. Cher professeur, je regrette beaucoup d'avoir fait quelque chose qui ne vous plaise pas; à présent que c'est fait, je n'ai qu'à recourir à votre bonté; j'espère que vous avez assez de confiance en moi pour croire qu'en somme je saurai profiter de mon voyage. Je le ferai certainement. Je ne puis donner d'autres raisons pour m'excuser que la grande envie de connaître un peu le monde; et voyage-t-on seulement pour étudier la science dans toute sa rigueur? A partir de maintenant je travaillerai avec d'autant plus de zèle. »

Cependant Abel dut bientôt abandonner l'espoir de trouver à Paris un séjour fort agréable. Il lui était difficile de lier des connaissances intimes, ce qui lui avait été beaucoup plus aisé en Allemagne. L'ancienne vie avec de bons camarades était presque interrompue; jusque bien avant dans l'automne, le monde savant était resté inabordable pour lui, et plus tard il ne réussit pas non plus à s'y introduire; à la réserve que gardent les Français avec les étrangers s'ajoutait aussi, comme en un obstacle assez grave, sa grande discrétion, et puis, au commencement, la difficulté de se faire comprendre. Il ne faut donc pas s'étonner de ce que le mal du pays se soit manifesté de bonne heure. Abel de plus en plus se renferme ainsi en lui-même et ne vit que pour ses travaux.

Pendant quelque temps il n'avait pas senti la gêne; à présent les embarras pécuniaires s'annoncèrent. La vie de voyage avait retranché beaucoup sur les moyens qui étaient à sa disposition, et l'empressement qu'il mit à se procurer des livres utiles contribua également à cette baisse des fonds qui devait bientôt lui donner tant de soucis.

« J'ai acheté plusieurs livres nouveaux de mathématiques, et j'ai pensé à en acheter encore d'autres, surtout quelques mémoires, qu'on ne peut pas avoir si l'on n'est pas sur les lieux; mais puisque cela va coûter cher, j'ai eu l'idée de proposer à Holmboe de faire l'achat de concert avec moi. Entre autres, il me faut absolument la partie mathématique du *Bulletin de Férussac.* »

Par bonheur, Görbitz s'intéressait à lui. Görbitz, artiste-peintre, était le compatriote d'Abel, et il habitait Paris depuis longtemps. Il connaissait fort bien la grande ville, et il était toujours prêt à secourir ceux de ses compatriotes qui la visitaient. Pendant un séjour passager à Paris, quelques années auparavant, Hansteen était allé le voir. Abel, qui dans ce lieu étranger se trouvait dans un embarras d'où il semble qu'il n'ait pu sortir sans le secours de quelqu'un, se souvint de cette visite. Ainsi il se lia de bonne heure avec Görbitz, qui s'empressa de lui prêter l'assistance dont il avait besoin. Abel allait très souvent le chercher.

C'est à cette circonstance qu'on doit l'excellent portrait de notre mathématicien, fait par cet habile artiste, qui, de son côté, a étudié sans doute avec intérêt les traits caractéristiques d'Abel.

Du reste, on n'entend parler que fort peu de quelque intimité avec des compatriotes. En passant il mentionne, — mais seulement pour la curiosité du fait, — un musicien nommé Skramstad. C'était un paysan compositeur, assez connu dans ce temps-là. Il demeurait dans un coin de la ville avec deux Suédois, et « il s'habillait en paysan de Hedemarken [1] avec des bas de laine verts et un gilet rayé. » « Je ne l'ai pas vu », dit Abel, « mais j'en ai entendu parler. Il parle suédois. »

Un jour il était avec Keilhau chez l'ambassadeur à un « dîner

---

(1) District norvégien.

diplomatique». Tous deux *eurent leur plumet,* raconte-t-il, «mais un tout petit». Du reste, il pouvait s'attendre à une pareille réunion diplomatique. Car le 24 décembre de chaque année, le comte Löwenhjelm réunissait chez lui tous les Suédois et Norvégiens qui demeuraient à Paris, et alors ils étaient tous mis, en bonne forme, sous la table.

Abel vivait donc tranquillement et n'avait guère le loisir de prendre qu'une très mince part aux divertissements qu'offre la grande capitale. De loin en loin il alla au théâtre : c'était, nous le savons, sa passion favorite. Cependant, à peu près un mois après son arrivée, il n'avait pas encore été à la comédie.

Quand il était las de travailler, il se promenait dans le jardin du Luxembourg ou bien il allait au Palais-Royal, ce « lieu de perdition », comme le surnommaient les Parisiens. « On voit des femmes de bonne volonté en assez grand nombre», poursuit-il. «Elles ne sont pas indiscrètes du tout; la seule chose qu'on entende, c'est : «Voulez-vous monter avec moi, mon petit ami? petit méchant». Naturellement, en ma qualité de fiancé, etc., je ne prête pas l'oreille à leurs discours, et je quitte le Palais-Royal *sans la moindre tentation*. Il y en a qui sont fort belles. »

Il y avait alors bien peu de faits d'un intérêt universel. Talma avait été malade à la mort, écrit-il au mois d'août, mais à présent il est hors de danger. Toutefois ce rétablissement de sa santé ne dura pas longtemps. La mort du grand tragédien, qui eut lieu vers la mi-octobre, fut un événement. Force gens assistèrent à son convoi funèbre, et le Théâtre-Français, ainsi que les autres théâtres, furent fermés pendant deux soirs.

» Le corps fut porté au cimetière», dit Abel, «sans entrer à l'Église, ce qui est d'ailleurs l'usage. En comédien, il était exclu de la communion des fidèles. Ridicule, mais indifférent!»

« Les jésuites veulent tout diriger », écrit-il, « et les feuilles publiques sont remplies de controverses à leur propos. C'est une diable de canaille! » Et puis il raconte l'histoire d'un jeune jésuite « qui avait dénoncé un grand nombre d'entre eux et qui voulait encore en dénoncer trois cents autres. D'après sa description, il faut qu'ils soient les hommes les plus détestables de la terre. Ils ont voulu l'égorger, mais il l'a évité. »

Les travaux et les études d'Abel furent souvent interrompus par une correspondance fort développée, dont il ne nous reste cependant que bien peu de fragments, Il donna à pleines mains des lettres détaillées à ses amis; en même temps accablé sous le poids de la solitude, il pouvait y glisser un mot sur leur long silence. Il reçut cependant souvent des lettres de Crelle, aussi souvent, dit-il, que de sa fiancée. Quel dommage que ces lettres de Crelle et surtout celles d'Abel à ce dernier — desquelles sans doute on aurait pu tirer tant de détails sur l'histoire du développement de la science à cette époque — aient à peu près toutes disparu sans laisser de traces! Des communications d'Abel avec Crelle il ne nous reste que quelques extraits, insérés dans le *Journal* après la mort d'Abel.

De même qu'Abel menait une vie solitaire sans être remarqué du monde scientifique, qui ne le connaissait pas encore, de même son habitation, qu'après assez de peine il avait trouvée avec l'aide de Görbitz, était d'une apparence fort modeste.

Pour mieux apprendre le français, il s'était installé dans une famille, rue Sainte-Marguerite, 41, faubourg Saint-Germain, où il avait tout dans la maison, le blanchissage compris, moyennant 120 francs par mois. On y était très prévenant, mais la chambre était mauvaise, dit-il. Le ton était lascif; toutes sortes d'équivoques étaient débitées sans la moindre crainte et par les hommes et par les femmes. Et on péchait sans doute passablement contre la décence, puisque Abel même, qui n'était pas prude à l'excès, s'en trouvait scandalisé. Le maître de la maison était un savantasse. Il était même un peu mathématicien, mais fort sot; sa femme était une étourdie de trente-cinq ans ou bien davantage.

Accompagné de son hôte, Abel alla rendre visite à Legendre. Il se peut aussi qu'ils aient songé à visiter en compagnie d'autres mathématiciens. Or Legendre sortait pour se promener en voiture et quelques paroles seulement furent échangées. Abel dit d'ailleurs de lui à sa manière stéréotypée : « C'est un vieillard, le plus excellent homme du monde, dit-on; comme mathématicien, on sait assez qu'il est renommé. » Cependant l'espoir de lier une connaissance ne se réalisa pas. Legendre recevait une fois par semaine, ce qui ouvrait une chance à Abel. Mais bien que celui-ci doive avoir rencontré Legendre au moins une seconde fois, il faut croire que cette rencontre fut très rapide. Sans cela, Abel n'aurait pas manqué d'occasion pour en parler, et, de son côté, Legendre ne l'aurait pas si facilement oublié, s'il avait existé entre eux quelque chose de plus que des entretiens fortuits.

Il est plus vraisemblable qu'Abel eut un accès plus ou moins complet chez le baron de Férussac, l'éditeur d'un *Bulletin* qui traitait aussi la branche des mathématiques. Abel avait été voir le baron en août, mais sans le trouver chez lui. Il pouvait cependant aller à ses soirées, dit-il, une fois par semaine; il avait alors l'occasion d'avoir des revues et des livres nouveaux. Et en cette saison, où les bibliothèques étaient fermées et tout le monde en villégiature, cela était un assez grand avantage. On sait aussi qu'Abel fournit des articles pour le *Bulletin*, « un diable de travail et bien ennuyeux », comme il dit, « quand on n'a pas écrit soi-même le mémoire. »

Mais que n'aurait-il pas fait pour Crelle, « l'homme le plus honnête qu'on puisse imaginer » !

Abel avait apporté une lettre de recommandation de Litrow à Bouvard, directeur de l'Observatoire. Il n'en résulta pourtant aucune liaison suivie. Bouvard le reçut amicalement, lui fit voir l'Observatoire et s'offrit à le présenter aux mathématiciens les plus célèbres, s'il voulait se rendre à l'Institut. Mais Abel ne pouvait pas accepter cette offre tout de suite, « car il fallait donner d'abord un peu de mouvement à sa langue française ».

De longtemps il n'eut donc que très peu d'occasions de faire connaissance avec les mathématiciens. Quant à Poisson, il ne fit que l'entrevoir dans une promenade publique [1]. Du reste, tout le monde scientifique était invisible.

---

[1] « Il me paraît être un peu entiché de sa personne », dit Abel, « mais il n'en doit pas être ainsi. »

IV.

Comment les travaux de Paris forment une série de travaux ayant leur origine dans ceux qu'Abel rédigea à Christiania, antérieurement à son départ.

Nous le savons, déjà à Christiania, avant de partir pour l'étranger, Abel avait découvert les *fonctions inverses des transcendantes elliptiques*. Il avait découvert, en outre, son *théorème d'addition,* et cela, *dans toute sa généralité*. Nous en avons la preuve dans le mémoire préliminaire : *Sur la comparaison des fonctions transcendantes*.

De Vienne, dans sa lettre à Holmboe, il avait aussi annoncé qu'en arrivant à Paris il composerait « ses choses intégrales, la théorie des fonctions elliptiques, etc. ».

Il peut donc y avoir de l'intérêt à considérer un peu plus attentivement que nous ne l'avons fait jusqu'à présent quelques-uns de ces travaux préliminaires. On y reconnaîtra le développement des idées d'où devaient naître bientôt des branches toutes nouvelles des mathématiques, et l'on y verra comment ces idées ont mûri, d'année en année, avant que l'auteur les eût exposées dans une série d'importants mémoires. Il en ressortira également, d'une façon plus claire, comment Abel s'était créé de bonne heure, pour ses recherches, une méthode excellente, qui l'a puissamment aidé dans l'élaboration de ses conceptions successives.

Il se proposa d'abord d'approfondir les questions relatives, d'une part à la *résolution des équations algébriques,* et de l'autre à l'*intégration des différentielles algébriques*. Cependant, dans cette vague généralité, il n'y avait encore rien de nouveau. On devait plutôt n'y voir qu'un premier essai d'imaginer des problèmes à force de travail, et de provoquer des pensées, qui naîtraient pendant l'effort. Il pouvait même paraître peu original, et certainement peu sensé, de vouloir essayer de résoudre les equations du cinquième degré; et quant à faire avancer sensiblement la question d'intégrer des expressions différentielles ayant un très haut caractère algébrique, il n'était guère probable qu'il y eût, de ce côté, grand'chose à espérer pour la science. De part et d'autre, en tout cas, il s'agissait primitivement de problèmes trop peu circonscrits pour être pratiques, à moins qu'ils ne tombassent aux mains d'un investigateur hors ligne.

Mais aux mains d'un ingénieux et sévère penseur, sachant poser à la nature une série de questions méthodiques, dont chacune pût recevoir une réponse déterminée, les choses devaient se transformer rapidement à mesure qu'il avancerait son travail et qu'il apprendrait à mieux distinguer le possible et l'impossible du milieu de ses premières illusions.

Un livre manuscrit, écrit en norvégien, tout récemment découvert (au commencement de l'année 1884), et antérieur à l'été de 1823, prouve qu'Abel fit un premier pas dans l'étude de très hautes différentielles algébriques, en effectuant les *réductions qui conduisent aux intégrales hyperelliptiques*. Dans un très court article, il considère la différentielle la plus générale s'exprimant rationnellement au moyen de la variable indépendante et d'un radical quelconque du second degré, dépendant de la même variable; il montre (ce qui naturellement ne présente encore aucune difficulté) que, si l'on ne s'occupe pas de certaines parties algébriquement et logarithmiquement intégrables, qui peuvent être séparées comme des parties additives, alors le problème se réduit à un plus simple, à l'intégration d'une différentielle, dont la fonction numérateur est une fonction rationnelle P de la variable, tandis que le dénominateur est le radical de second degré, dont le carré R est une fonction entière quelconque. Jusqu'à ce point, rien n'était donc encore remarquable, sinon le fait même d'avoir commencé à soulever une très grande question.

Abel continua, en plusieurs sens, ses études sur l'intégration des différentielles algébriques. Il se proposa, conformément au conseil de Degen, d'étudier plus particulièrement le *cas elliptique,* cas où le degré de R monte à 3 ou 4; dans le cas élémentaire, *cas algébrique et logarithmique,* ce même degré ne dépasse pas le nombre 2. Il se proposa aussi d'approfondir les questions relatives aux intégrales plus générales dont il était parti, les *intégrales hyperelliptiques*, correspondant à un degré quelconque de R, savoir à un degré plus haut que 4. Et s'efforçant toujours de considérer les questions du point de vue le plus élevé, il voulut aborder tous les problèmes accessibles aux investigations, lors même que les *différentielles* à examiner eussent le *caractère algébrique le plus général possible.*

Abel se mit donc à étudier les *transcendantes elliptiques.* Il avait à sa disposition les *Exercices de calcul intégral* de Legendre. Ce fut dans le cours de ces études, mais sans qu'on sache exactement à quelle époque de la période qui finit à son départ pour l'étranger, qu'il acheva une espèce de traité sur les dites transcendantes. Ce traité, intitulé « *Théorie des transcendantes elliptiques* », se trouve inséré, comme un de ses travaux posthumes, dans le second volume des « *Œuvres complètes* ».

Pour certains chapitres, il se contenta de renvoyer aux écrits de Legendre. Ce sont ceux où devait être employée la forme trigonométrique, et ceux où il s'agit de la « comparaison des transcendantes elliptiques », ou de leur « évaluation par approximation ».

Dans les chapitres développés de ce mémoire de début, chapitres non destinés encore à la publication, et hérissés d'une multitude de calculs et de formules, non seulement on reconnaît les premiers germes de travaux *futurs,* mais on y voit très bien, malgré le caractère préparatoire du travail, se manifester déjà la manière de *poser* les questions qui distingue Abel. On y voit utilisée, en quelque sorte, toute une méthode expérimentale, appropriée à l'esprit des recherches analytiques; on y remarque surtout ces réductions à la dernière limite compatible avec la nature des choses, et cet esprit, si rigoureux dans ses classifications, qui ne s'arrête jamais avant d'avoir découvert les vraies lignes de démarcation des choses.

Ainsi il part ici des deux formes, de caractères essentiellement différents, auxquelles on parvient en effectuant seulement une *décomposition* de la fonction rationnelle P : formes dont l'une correspond à une puissance d'exposant positif, l'autre à une puissance d'exposant négatif.

Alors il se propose d'abord, pour chacune des formes du départ, de trouver les *réductions les plus générales possible par voie algébrique,* et, de cette manière, il arrive à quatre formes plus simples, et qui maintenant sont *irréductibles,* c'est-à-dire irréductibles dans le sens indiqué. Il dit lui-même, vers la fin du chapitre dont il s'agit : « Nous avons maintenant épuisé le sujet de ce chapitre, à savoir de réduire l'intégrale,..... autant que possible par des fonctions algébriques. »

Arrivé ainsi à ces quatre formes, il se propose, dans le chapitre suivant, d'établir les *relations* qu'on peut trouver entre elles *par des fonctions logarithmiques.*

Dans ce chapitre, on voit aussi le commencement de son futur *travail de Freiberg,* travail se rattachant à un *problème généralisé,* à celui des *intégrales hyperelliptiques.*

On y voit, de plus, une application continuelle des procédés qui mènent au *principe des transformations pour les fonctions elliptiques.*

Mais quant à l'objet lui-même de ses études présentes, il montre qu'*une* des intégrales est irréductible dans *tous* les cas, et qu'elle constitue ainsi « une transcendante particulière ». En même temps, il donne la formule de réduction pour les autres, en tant qu'une telle réduction est possible, et applique ensuite cette formule à cinq problèmes spéciaux.

Ayant ainsi démontré qu'en principe la réduction logarithmique est impossible et ne peut se faire que dans des cas particuliers, il s'efforce de trouver *toutes les intégrales de telle ou telle forme, susceptibles de s'exprimer logarithmiquement.*

Dans le troisième chapitre, il fait voir, en outre, comment peut s'établir une relation entre les mêmes quatre intégrales, quand on les prend entre certaines limites, etc.

En conséquence, et bien qu'on n'ait encore affaire qu'à un de ces premiers travaux qu'Abel lui-même jugea plus tard si sévèrement et garda par devers lui, sans songer à les publier, on voit cependant déjà quelle pénétration il apportait dans ses recherches. Les résultats auxquels il était arrivé étaient bien ordonnés et importants pour ses investigations futures.

Abel n'en continue pas moins ses recherches plus générales sur les *intégrales hyperelliptiques,* mais de telle sorte que les intégrales elliptiques, ou même des intégrales plus élémentaires encore, ne fussent pas d'abord exclues.

Dans un autre mémoire préalable, « *Propriétés remarquables,* etc. », il fait une *inversion* des transcendantes que représentent les intégrales, et il remarque le caractère *multiplement périodique* de cette fonction inverse.

Pour l'éclaircir, il prend, caractéristiquement, l'exemple à la fois le plus simple et le plus instructif, en considérant l'intégrale élémentaire dont la fonction inverse est sinus. Le choix de ce terme de comparaison permet d'entrevoir qu'il s'agit déjà là des grandes *généralisations de nos fonctions trigonométriques.*

En se bornant de nouveau au cas des *transcendantes elliptiques,* et spécialement à celles *de la première espèce,* et en procédant ensuite ici de même que pour l'intégrale dont la fonction inverse est un *sinus,* il fonda la *théorie des transcendantes elliptiques inverses,* ou, pour parler plus simplement, la théorie des fonctions elliptiques; fonctions qui, à un si haut degré, sont analogues à cette fonction des éléments. Ces fonctions elliptiques (conformément au résultat plus général qu'il venait d'obtenir, mais qui avait aussi besoin d'une explication ultérieure) présentaient la propriété caractéristique d'être *doublement périodiques*.

Dans l'été de 1823, comme nous le savons, cette découverte était déjà faite dans ses grandes lignes, puisque Abel parle, dans une lettre à Holmboe, de ces « fonctions inverses aux transcendantes elliptiques ». On ignore, cependant, à quel point il en était alors arrivé. Il avait été induit à une erreur qui l'arrêta. On ne sait pas davantage si c'est le petit mémoire « *Propriété remarquable,* etc. », auquel il fait allusion en cette occasion (sans en indiquer exactement le titre), ou s'il en vise un autre plus développé (comme nous sommes à présent disposés à le croire), — petit mémoire que l'éditeur des *Œuvres complètes* n'a pas pris en considération, le regardant comme un travail trop inférieur aux chefs-d'œuvre qui l'ont suivi.

Après avoir fait la découverte de l'inversion et posé ainsi une nouvelle base pour l'étude des fonctions elliptiques, Abel dut rédiger, avant la fin de l'année 1823, un autre travail important, au moins relativement à ce temps; mais il ne subsiste plus de ce travail qu'un petit fragment. Il avait été transmis au Sénat de l'Université, et ensuite au ministère du culte.

Sans doute, ce fut un mémoire qui faisait connaître l'état des investigations d'Abel à cette époque; car il l'écrivit dans le dessein de montrer, par un travail soigné, sa reconnaissance pour la subvention qu'il recevait depuis deux années, et qu'il continua encore à recevoir de quelques professeurs. Il avait aussi l'espoir d'obtenir par cette preuve de son habileté une subvention publique; ce qui lui réussit d'ailleurs dès le commencement de l'année 1824.

Sans parler de ce qu'Abel avait déjà découvert l'inversion des transcendantes elliptiques, et en avait tiré des conséquences importantes, il est certain que lorsqu'il présenta son travail, vers la fin de 1823, il était déjà à plusieurs égards un mathématicien distingué. On peut évidemment conclure de ce fait que dans le cours de l'année qui suivit immédiatement (1824), où il put continuer ses études dans des conditions plus heureuses, il arriva à résoudre le problème poursuivi avec tant d'acharnement et par lui et par les plus célèbres savants, le problème relatif à l'insolubilité algébrique des équations générales du cinquième degré.

Qu'il ait eu, en outre, lui-même l'opinion d'être parvenu, dans les dites années, à des résultats importants, c'est ce qui ressort de certaines autres circonstances, circonstances qui paraîtront d'autant plus significatives qu'on les rapproche de certains faits antérieurs. Il est bien caractéristique que, dans l'année 1823, Abel ait écrit en *français* son petit *Mémoire sur les fonctions inverses aux transcendantes elliptiques,* et qu'on ne se borna plus alors à l'aider de la manière ordinaire, mais qu'on le mit en état, au moyen d'une subvention privée additionnelle, de faire un voyage scientifique à Copenhague.

Le second travail dont nous nous occupons maintenant, soit le *Mémoire d'intégral* qui fut transmis à l'Université, était aussi écrit en français, tout comme le travail, de la fin de l'année 1823. L'importance de ce troisième travail, *traitant des équations,* et publié en langue française, dans le cours de 1824 (et cela aux frais du pauvre auteur), est maintenant hors de toute contestation. Ce petit mémoire existe encore, en effet, et se trouve publié dans la nouvelle édition des « *Œuvres complètes* ».

Mais revenons-en au *Mémoire d'intégral.* Il est possible que ce mémoire, aujourd'hui perdu, n'ait pas encore contenu la découverte du grand théorème d'addition, et que cette découverte, dans toute sa généralité, n'appartienne qu'à la fin de l'année 1824 ou à l'année 1825, à l'époque qui précéda le départ d'Abel, au mois d'août. Si les suppositions que nous émettons plus bas sont justes, il est même probable que ce théorème, s'il y était contenu, n'était pas encore arrivé à toute la généralité qui put lui être donnée. Quoi qu'il en soit, le travail dut avoir beaucoup d'importance pour ce temps. Aussi fut-il jugé de la manière la plus favorable par l'Université. Nous avons dit plus haut que, sur les indications de Hansteen, Abel y avait essayé de *traiter le calcul intégral d'après une nouvelle méthode*.

Jusqu'à sa mort — comme on peut le voir dans une note du *Précis* — Abel a attaché un grand prix à cet objet de ses études. Il y dit qu'il avait créé une nouvelle théorie de l'intégration des formules différentielles algébriques; mais que les circonstances ne lui avaient pas permis de la publier. « Cette théorie dépasse de beaucoup les résultats connus; elle a pour but d'opérer *toutes les réductions possibles des intégrales des formules algébriques, à l'aide des fonctions algébriques et logarithmiques*. On parviendra ainsi à réduire au plus petit nombre possible les intégrales nécessaires pour représenter sous forme finie toutes les intégrales qui appartiennent à une même classe. »

On aurait donc pu, sans doute, tirer de l'écrit perdu les renseignements les plus précieux sur le développement des idées d'Abel, depuis leur naissance jusqu'à leur maturité.

Holmboe ne parle pas d'ailleurs de ce travail, qui ne présentait pour lui qu'un intérêt secondaire, pourvu que le contenu (comme c'est vraisemblable), s'en trouvât complètement et sous une forme plus parfaite dans les mémoires postérieurs. Pour Holmboe, l'étude de l'*enchaînement des idées* d'Abel et de leur *naissance* ne présentait pas encore l'intérêt qu'une génération suivante trouve à étudier les œuvres d'un grand homme au point de vue historique.

Dans la première édition des « *Œuvres complètes* » ne fut pas publié davantage le premier mémoire sur les équations du 5e degré : Holmboe s'est borné à mentionner la découverte qui y est exposée, tout inattendue et extraordinaire qu'elle ait été.

Néanmoins, il subsiste, peut-être, un petit fragment de cet écrit, et ce fragment, rédigé pareillement en langue française, est bien caractéristique. L'auteur s'y propose d'examiner *les différentielles algébriques de la forme hyperelliptique*. Et il tâche de les traiter au moyen des *fonctions algébriques* et *logarithmi-*

ques; mais il ajoute (ce qui est bien remarquable) par les *fonctions exponentielles*. Cela semble indiquer qu'il se cache, dans le plan de l'auteur, un emploi de l'inversion, qu'il étudiait alors au moins depuis une demi-année. En tous cas, dans l'indication même du sujet, on découvre la méthode à la fois rationnelle et expérimentale, dont se sert Abel et qu'il explore toujours avec tant de fruit pour ses recherches.

Pendant son séjour à Christiania, *avant son voyage*, entrepris en août 1825, il réussit certainement aussi à *développer* beaucoup *sa théorie des transcendantes elliptiques* et des *fonctions inverses à ces transcendantes*.

En effet, bien qu'il ne se soit pas occupé de ces théories en Allemagne, et qu'il en ait seulement parlé comme des *choses connues* d'Holmboe (ajoutant qu'il rédigerait à Paris ces recherches sur ce point), Abel les mania de telle sorte, ainsi que nous le verrons plus tard, qu'il se révéla soudainement comme un véritable maître.

L'idée de l'inversion étant introduite avec la double périodicité et l'analogie avec les fonctions trigonométriques étant, en outre, bien observée, l'auteur, avec ses études profondes et simultanées de la théorie des équations, pouvait achever un grand travail avec une facilité relative. Car alors plusieurs questions se réduisaient à celles de trouver certaines *racines*, dont la découverte ne présentait pas de difficultés. Il en était ainsi, même quand il s'agissait du problème général de la transformation rationnelle. Celui-ci fut singulièrement facilité par l'introduction de la nouvelle pensée fondamentale. Pour achever la démonstration, il n'y avait qu'à reprendre les procédés qu'Abel avait employés si souvent dans son mémoire préalable sur les « transcendantes elliptiques », et dont il devait se servir de nouveau après son départ, dans le *Mémoire de Freiberg*.

Cependant, nous connaissons seulement avec certitude l'*état général* où se trouvait son esprit ; c'est-à-dire qu'il possédait dès lors les moyens les plus efficaces pour faire les découvertes d'application découlant des principes révélés par lui; mais on ne saurait déterminer exactement à quel *point* il était arrivé pendant cette première époque.

Mais il ne s'arrêta pas, dans ses recherches précoces de Christiania, à l'étude des transcendantes des fonctions elliptiques, ni à l'étude préalable des intégrales hyperelliptiques. Il se mit à méditer *les intégrales des différentielles algébriques dans toute leur généralité;* et il se laissa guider dans ses réflexions par certaines analogies communes à des fonctions d'un rang inférieur.

Dans la préface de son Mémoire de Paris, il raconte lui-même comment il fut amené à faire ces anciennes découvertes; et il complète ainsi, par ses propres explications, nos connaissances sur la marche de ses idées: il fournit, en quelque sorte, lui-même de nouveaux renseignements sur ses *études antérieures à son départ pour l'étranger.*

Il y dit: « Quant aux fonctions dont les dérivées sont rationnelles, la somme d'un nombre quelconque de fonctions semblables s'exprime par une fonction algébrique et logarithmique, quelles que soient d'ailleurs les variables de ces fonctions.

» De même, une fonction elliptique quelconque, c'est-à-dire une fonction dont la dérivée ne contient d'autres irrationalités qu'un radical du second degré, sans lequel la variable ne passe pas le quatrième degré, aura encore la propriété qu'on peut exprimer une somme quelconque de semblables fonctions par une fonction algébrique et logarithmique, pourvu qu'on établisse entre les variables de ces fonctions une certaine relation algébrique. »

« Cette analogie entre les propriétés de ces fonctions », continue-t-il, « m'a conduit à chercher s'il ne serait pas possible de trouver des propriétés analogues de fonctions plus générales ».

Et il était parvenu ainsi à son théorème d'addition général.

Arrivé à Paris, Abel (ainsi qu'il l'avait annoncé) se mit à la rédaction de ses découvertes.

En premier lieu, il reprit ses *recherches d'intégrales,* basées sur la découverte du « théorème d'addition », *théorème relatif à toutes les transcendantes dont les dérivées sont algébriques.* Dans un mémoire composé pour l'Institut, il voulut démontrer et discuter ce théorème, que jusqu'alors il n'avait pas publié lui-même. Plus tard, il voulut en faire des applications. Et, comme il était déjà depuis longtemps maître de son sujet, on croit qu'au lieu de commencer par des recherches préliminaires, il plaça en tête de son travail une ébauche d'introduction, rédigée au courant de la plume, mais fort instructive et très semblable à la préface définitive du Mémoire.

Suivant un ordre naturel, il s'occupa, *ensuite,* des recherches sur les *fonctions elliptiques,* comme formant un premier champ d'application. Ici encore, nous rencontrons le théorème d'addition; mais dans sa forme restreinte, et depuis longtemps connue des savants. Abel voulut, cependant, le présenter cette fois avec une transformation fondamentale, en le liant à l'idée de l'inversion.

Ces travaux finis, il se proposait (ainsi qu'il faut le conclure de l'indication que nous mentionnerons plus bas), de *passer aux applications de la seconde série :* à celles qui se rapportaient aux *plus simples transcendantes hyperelliptiques.* Il exposa, en effet, explicitement et complètement, les propriétés fondamentales de celles-ci, dans une courte communication à Crelle; et, chose à noter soigneusement, il le fit justement le 9 août, jour où il entreprit le Mémoire de Paris.

V.

Abel commence son Mémoire de Paris. Communication à Crelle et son importance pour le futur travail de l'application.

On possède quelques cahiers d'Abel avec des calculs préparatoires et des ébauches pour ses mémoires; mais il n'en existe qu'un seul se rapportant à son séjour à l'étranger; c'est celui dont il se servit à Paris, et plus tard à Berlin.

Ordinairement, pour déterminer l'âge de ses manuscrits ou d'autres débris de papiers laissés par lui, il faut se livrer à des comparaisons fondées et sur leur contenu et sur d'autres indices divers qu'on a recueillis grâce à des études prolongées. Mais ici, tout est immédiatement clair. En effet, le cahier est daté du 9 août 1826, et porte encore la marque du marchand : « Magasin de papier de France et de Hollande : M. Lhermitte, rue de Bussy ». Il est d'ailleurs intitulé : « *Mémoires de mathématiques,* par N.-H. Abel. »

Près du titre, avec une série d'abréviations, sont répétés les mots : « l'Institut ».

Les préoccupations de l'auteur apparaissent ainsi et elles ressortent également de ce que sur la première page on rencontre le nom de Legendre avec l'indication de sa demeure (1). A la vérité, cette célébrité française y figure à côté d'un très humble compatriote d'Abel, le paysan musicien du faubourg du Roule.

Abel se mit donc à rédiger en premier lieu ses « choses intégrales ». Dans cette pensée, il en fit d'abord une ébauche

(1) Rue Saint-Guillaume, n° 9.

complète sur son cahier. Rappelons-nous, du reste, que le jour même de l'achat de ce cahier, il commença par adresser à Crelle une courte communication relative au même sujet et à la *première application* qu'il comptait en faire.

Dans sa lettre, il expose en peu de mots — comme nous l'apprend un extrait publié dans les « *Œuvres complètes* » — (¹) son *théorème d'addition*.

« Une propriété générale », dit-il, « des fonctions dont la différentielle est algébrique consiste en ce que la somme d'un nombre *quelconque* de fonctions peut être exprimée par un nombre *déterminé* des mêmes fonctions. Savoir, etc. »

La formule qu'il écrit est maintenant composée comme il suit. On s'imagine formée des fonctions φ dont il s'agit *une somme de* μ *fonctions* semblables, chacune correspondant à sa propre variable indépendante. On se figure aussi *une somme* formée de n fonctions, chacune correspondant à sa propre variable dépendante; et ces n dernières variables doivent dépendre des premières μ *suivant une certaine loi algébrique*. Alors, *quand on ajoute les deux sommes partielles de fonctions transcendantes, on aura pour résultat une fonction algébrique et logarithmique*.

Abel remarque ensuite que « n est un *nombre déterminé*, indépendant de μ. Si, par exemple, φ est une fonction elliptique, on a, comme on sait, $n = 1$. Si la fonction n'est pas elliptique, on n'en connaît jusqu'à présent aucune propriété. Comme un des cas les plus remarquables, je vais rapporter le suivant. »

Ici la fonction φ, qu'il prend, est l'*intégrale hyperelliptique la plus simple :* c'est-à-dire — en adoptant les notations du chapitre précédent — qu'elle correspond à une fonction R (sous le radical) dont le degré est égal à 6; et, quant à la fonction numérateur, P, elle est choisie comme une *fonction linéaire*.

Cela posé, la dite fonction algébrique et logarithmique v se réduit à une *constante*. Et, pour pouvoir passer à la formule la plus générale, il suffit de montrer comment une somme de

(¹) Ancienne édition, p. 253-254. — Nouvelle édition, p. 267.

trois fonctions φ avec des variables indépendantes, peut être réduite à une somme de *deux* fonctions φ mais avec des variables dépendantes; le nombre caractéristique n est, en effet, alors égal à 2. *Les deux variables dépendantes*, appartenant ainsi à cette somme réduite, sont maintenant racines dans une *équation du second degré;* et les *coefficients* de celle-ci s'exprimeront comme des *fonctions algébriques des trois variables indépendantes* se trouvant dans la somme donnée.

Ces coefficients algébriques sont pareillement exposés en détail dans les formules de cette lettre.

Toute la théorie de la fonction φ, dit enfin Abel, est comprise dans ses formules; c'est-à-dire qu'elle est entièrement donnée par la théorie d'addition relative à cette fonction, car on peut démontrer que par là la fonction sera complètement déterminée.

Abel ne dit rien, dans cette lettre, des plus hautes fonctions inverses; du moins Crelle n'en parle pas. Cela devait d'ailleurs être très peu compréhensible à une époque où l'inversion la plus simple, celle qui se rapporte aux transcendantes elliptiques, était encore inconnue. Rien, en effet, n'avait été publié jusqu'alors sur cette matière.

Mais, maintenant, on voit très clairement les premières conséquences à tirer de ce qu'expose Abel, et nous les rappelons ici à cause de l'importance qu'elles ont, et parce que, à cette place, elles seront plus aisément comprises après la courte exposition du théorème d'addition se rapportant à ce cas spécial.

1° *La somme irréductible composée de deux fonctions semblables* devait être considérée, par Abel, comme *une nouvelle transcendante*, une *transcendante linéaire.*

2° Cela posé, passons du cas fondamental, se rapportant à trois fonctions simples, au *cas voisin ou le nombre de ces fonctions est quatre.* Alors on aura, en même temps, une formule bien symétrique et bien analogue à la formule fondamentale de la théorie des transcendantes elliptiques. On trouve qu'*une somme de deux fonctions binaires données* (quatre fonctions simples) *se réduit à une fonction binaire unique* (deux fonctions simples).

3° Enfin, *les deux coefficients* α *et* β, *dans la fonction numérateur et linéaire* Γ, *ne se présentent pas dans l'équation du second degré* qu'expose Abel. Ils ne peuvent donc se présenter davantage dans la nouvelle équation du même degré, à laquelle on arrive en poursuivant ce premier cas voisin. Mais cette équation détermine comment les variables z_1 et z_2 de la fonction binaire réduite dépendent algébriquement des variables indépendantes x_1 et x_2, y_1 et y_2 appartenant à la somme des deux fonctions binaires données. D'après cela, *on peut donc particulariser de deux manières distinctes* les fonctions que l'on traite, sans exercer d'influence sur les relations algébriques. Et l'on aura un *couple de formules d'addition :* l'une correspondant à une fonction binaire φ_{12} (où par exemple α et β ont les valeurs 0 et 1); l'autre à une fonction binaire φ_{21} (où α et β auront les valeurs 1 et 0).

On aura donc un *parallélisme complet entre la transcendante elliptique et les nouvelles transcendantes hyperelliptiques binaires, transcendantes de deux espèces distinctes.*

Soit φ une *transcendante elliptique.* La somme de deux fonctions semblables, correspondant aux variables indépendantes x et y, se réduit à une fonction pareille, correspondant à une véritable dépendante z. *Cette dernière quantité est donnée par une équation de premier degré, dont les coefficients sont fonctions algébriques des variables données* x *et* y.

Soient, d'autre part, φ_{12} et φ_{21} *deux transcendantes hyperelliptiques et binaires*. Considérons d'abord φ_{12}, et formons la somme de deux fonctions pareilles, l'une correspondant au couple de variables indépendantes x_1 et x_2, l'autre au couple de variables indépendantes y_1 et y_2. La somme peut se réduire alors par la voie algébrique à une nouvelle fonction semblable, correspondant aux variables dépendantes z_1 et z_2. Il en est tout à fait de même quant à la fonction φ_{21}. Or, z_1 et z_2 sont maintenant donnés comme *racines d'une équation du second degré,* et les *coefficients* de cette équation sont *fonctions algébriques des variables indépendantes* x_1, x_2 et y_1, y_2.

Ainsi l'analogie demande que, *si l'on intervertit, dans le cas elliptique, la fonction* φ, *on invertira, dans le cas hyperelliptique, simultanément les fonctions* φ_{12} *et* φ_{21}.

C'est là ce qui ressort des formules d'Abel exposées dans la lettre du 9 août, à Crelle, sans qu'on ait besoin de résoudre de nouvelles difficultés mathématiques. Qu'il se posera des questions philosophiques quand on déviera de la marche que fit entrevoir ici Abel, comme un résultat de longues études, ou quand on ne connaît pas encore quelle est la marche à suivre, cela est une autre chose. Et Abel n'a rien laissé, à ce que l'on sache, d'où l'on pourrait conclure de quelle manière il a raisonné quand il arriva, en premier lieu, à son résultat d'une périodicité multiple, provenant d'une inversion directe des intégrales hyperelliptiques.

VI.

Position d'Abel parmi les savants de Paris.

« Je viens de finir un grand traité sur une certaine classe de fonctions transcendantes pour le présenter à l'Institut, ce qui aura lieu lundi prochain. Je l'ai montré à M. Cauchy, mais il a daigné à peine y jeter les yeux. Et j'ose dire sans me vanter que c'est un bon travail. Je suis curieux d'entendre l'opinion de l'Institut là-dessus. Je ne manquerai pas de t'en faire part. »

C'est en ces termes qu'Abel, dans sa lettre à Holmboe du 24 octobre, raconte la présentation prochaine de son « *Mémoire sur une propriété générale d'une classe très étendue de fonctions transcendantes.* » Nous allons expliquer maintenant, après cette appréciation si peu encourageante, quelle était alors sa position parmi les savants de Paris.

Nous avons déjà dit qu'Abel avait été recommandé par Littrow à Bouvard, directeur de l'Observatoire. Et c'était une très bonne recommandation, dont il se promettait beaucoup pour son séjour à Paris.

Mais il ne s'établit pas de relations étroites entre le jeune mathématicien de Norvège et l'astronome français. Aussi à la fin, ce ne fut pas Bouvard, mais Hachette qui se chargea de le présenter aux mathématiciens de l'Académie.

Comme collaborateur distingué du *Journal de Crelle*, le seul journal mathématique que possédât l'Allemagne, Abel était déjà bien connu parmi ses collègues dans ce pays, et on en sentait, même à Paris, quelques conséquences. Il correspondait avec le mathématicien Külp, de Darmstadt, qui lui avait demandé quelques éclaircissements à l'occasion de certains passages de ses mémoires. Le même jour qu'il écrivit à Holmboe, il lui donna une réponse. Un autre jour, un jeune Prussien l'avait cherché dans sa chambre, croyant qu'Abel fût un de ses compatriotes. C'était Lejeune-Dirichlet. « C'est un mathématicien très fin », dit Abel. « Il a prouvé, avec M. Legendre, l'impossibilité de résoudre en nombres entiers l'équation..., et d'autres fort belles choses. »

Mais, rien ou peu s'en faut, de ce qui se rapportât aux travaux d'Abel n'était encore parvenu à la connaissance des mathématiciens français, du moins de ceux qui jouissaient de quelque autorité. Il avait fait sa visite chez Legendre, « le gentil vieux géomètre »; mais il ne réussit pas, comme Dirichlet, à entrer en rapport avec lui, bien que de grands intérêts eussent dû les réunir. Sa connaissance avec Cauchy ne devait pas lui promettre beaucoup. Il ne restait donc que Bouvard et Hachette. Mais Bouvard ne pouvait pas lui être bien utile, et Hachette ne cultivait que lui.

Telles étaient à ce moment, vers la fin d'octobre, toutes les connaissances d'Abel parmi les académiciens, et, en dehors de ceux-ci, il y avait deux ou trois mathématiciens avec lesquels il avait échangé quelques mots. C'étaient des personnes « très habiles », mais d'un rang inférieur, et il n'en nomme qu'un : M. Saigey, rédacteur du *Bulletin des Sciences*.

Abel ne fut donc pas aussi favorisé de la fortune qu'en Allemagne. Et néanmoins, il lui semblait qu'après avoir obtenu des succès à Berlin (succès qui lui avaient procuré les meilleures réceptions à Vienne), il ne devait pas être exposé à être considéré par ses collègues de Paris comme un homme absolument nouveau et inconnu. Au moment dont il s'agit, il avait déjà paru six mémoires de lui dans le journal de Crelle, et parmi eux, il y en avait au moins deux qui étaient éminemment remarquables; celui sur les équations était même d'une portée extraordinaire.

Toutefois, les publications en allemand n'étaient pas facilement accessibles aux Français, qui connaissaient peu cette langue étrangère, et, en outre, la publication du *Journal de Crelle* était bien trop récente pour que la connaissance de son existence et de son contenu fût alors assez répandue parmi les lecteurs français.

De plus, dans les grands centres tels qu'était déjà alors Paris, on ne se soucie guère de ceux qui viennent et qui s'en vont. Il s'y développe de tout autres mœurs que dans les villes universitaires de l'Allemagne, y compris même le Berlin de ces anciens jours, ville beaucoup moins importante et moins populeuse que la capitale de France. La différence était encore plus grande en comparaison d'un pays aussi lointain et aussi neuf que celui d'où Abel était parti. Il est aussi fort douteux qu'Abel ait su tenir compte des nécessités qui se présentaient à lui; qu'il ait pu, sans gêne, se conformer aux circonstances.

La lettre de recommandation à Bouvard dont nous venons de parler, ne lui procura que l'avantage de voir l'Observatoire, et nous avons vu que la visite chez Legendre ne réussit que médiocrement. De bonne heure, d'après le désir de Crelle, il avait sans doute cherché le baron de Férussac; « mais il n'était pas chez lui », — malheur qui se répète souvent. Enfin, quant à Poisson, « il l'avait vu sur une promenade publique. »

Tel était l'état des premières connaissances d'Abel, un mois après son arrivée. A cette époque cependant, il avait conservé ses espérances; mais il se tenait à l'écart, comme il le dit (peut-être pour s'excuser), à cause de la difficulté de la langue.

Plus tard, vers la fin d'octobre, son cercle de connaissances s'était étendu un peu, comme nous l'avons déjà remarqué; mais très peu. La rencontre avec Cauchy avait été malheureuse et ses rapports avec les jeunes mathématiciens étaient toujours très restreints.

Pour Abel — homme de cœur avant tout, et d'un tempérament tantôt vif et gai, tantôt profondément mélancolique — cet état d'isolement forcé était à un très haut degré déprimant et, de plus, fortement nuisible pour ses intérêts scientifiques. Aussi se plaignait-il très vivement de cette « immense réserve des Français envers les étrangers. » « Il est difficile de faire avec eux des connaissances intimes ; et je n'ose faire compte sur cela. Chacun travaille pour soi-même, sans se soucier des autres. »

Et il ajoute ces mots graves, par lesquels il explique lui-même en grande partie les événements qui allaient lui arriver prochainement : « Tous veulent instruire, et personne apprendre. »

Abel ne possédait pas, du reste, les qualités personnelles qu'il lui aurait fallu pour s'ouvrir un chemin dans le grand Paris, et pour y obtenir au moins une faible et première reconnaissance de sa valeur. Il avait eu besoin de l'assistance de Görbitz pour se tirer d'affaire à l'arrivée, et, par rapport à ses intérêts *scientifiques*, il était certainement trop timide pour pouvoir s'arranger vite et d'une manière satisfaisante, au milieu des conditions nouvelles où il se trouvait. Ni le bienveillant peintre norvégien, ni ce savantasse de mathématicien chez lequel il demeurait, et qui l'accompagna dans sa visite à Legendre, ne pouvaient lui être ici de quelque utilité appréciable. Ce qui lui manquait, à lui qui ne savait ni même ne voulait fortement se faire valoir, c'était de trouver à Paris un autre Crelle ou un autre Littrow, c'est-à-dire des amis plus âgés, et en situation de lui servir d'intermédiaires auprès de leurs collègues français.

Ce rôle eût convenu à Legendre, qui eût mis Abel en avant dans son milieu, comme il le fit plus tard pour Jacobi, et même à la fin pour notre mathématicien absent et oublié. Mais le sort ne voulut pas que le « gentil vieux géomètre » plaidât déjà la cause d'Abel.

Mais il y eut aussi d'autres circonstances plus générales, qui concoururent à rendre sa position difficile, et à l'isoler parmi les savants français. Nous avons fait déjà allusion à ce que nous allons dire, en citant les fortes paroles de regret qui lui échappèrent lorsqu'il comprit combien, pour un étranger « débutant » comme lui, il était difficile de se faire entendre à Paris.

Il y avait une dizaine d'années que la France était sortie de cette période que signalèrent d'abord la grande Révolution et puis de longues et glorieuses guerres. Or, l'exaltation qui était née d'un mouvement puissant dans le monde des idées, avait aussi laissé des traces profondes dans la science entière. Des découvertes fécondes sur certains points, et même fondamentales, venaient d'ouvrir une longue série de travaux d'application, tout comme elles devaient produire aussi de forts ébranlements dans les conceptions traditionnelles.

Les grands événements de toute espèce qui s'étaient accomplis ne pouvaient rester sans influence ni sur l'état de la société, ni sur l'avenir de la science, ni même sur la direction des esprits dans les investigations scientifiques.

Pour ne parler que des mathématiques, la période qui venait de s'accomplir ou qui s'achevait avait rendu célèbres des noms comme ceux de Monge et de Lagrange, ou comme ceux des survivants du temps passé, Laplace et Legendre. A ces grands morts ou à ces illustres vétérans de la science, on pourrait ajouter des savants comme Fourier et Ampère, comme Lacroix, comme Poisson et Cauchy; les deux derniers dans la pleine force de l'âge.

Parmi les plus éminents devait aussi être compté l'illustre Poncelet. Plus que tous les autres, il pouvait être comparé à son jeune collègue de Norvège, ayant été forcé, pendant sa vie solitaire de prisonnier de guerre en Russie, de refaire ses connaissances mathématiques; ce qui l'avait conduit à créer toute une nouvelle géométrie. Mais Poncelet avait aussi à lutter pour arriver à se faire rendre justice, justice qu'il méritait hautement, bien qu'il pût rester des points faibles dans ses grandes conceptions. Écrasé sous l'autorité de Cauchy, le célèbre représentant des études sévères, le futur juge d'Abel, il perdit son prestige et dut renoncer pour longtemps à se faire entendre.

Poncelet se trouvait donc relégué parmi les savants de second ordre. Aussi Abel, qui s'occupait de tout autre chose que de géométrie, ne paraît pas avoir pensé plus à Poncelet que celui-ci ne semble avoir fixé son attention sur Abel, qui ne mentionne pas même son nom.

Au temps dont nous nous occupons, on était donc encore dans

une période éminemment riche en investigateurs et écrivains s'étant illustrés dans les mathématiques. Toutefois, cette richesse était sans doute trop grande pour pouvoir se conserver longtemps, même dans un pays comme la France. En ce qui regarde les *mathématiques pures*, ou, pour parler avec plus de précision, la pure *analyse*, on avait dépassé le point culminant. Telle était du moins l'opinion d'Abel lorsqu'il considérait l'ensemble de la situation, et non pas seulement quelques représentants distingués de la science.

Sauf de rares exceptions, toutes les fortes intelligences qui ne s'occupaient pas de géométrie, comme Poncelet et Hachette, cultivaient les diverses branches des mathématiques *appliquées*. Cet état de choses enlevait tout intérêt d'actualité aux recherches d'Abel, qui appartenaient à un tout autre ordre, et devait devenir un nouvel obstacle au succès du jeune Norvégien. Bien des faits confirment d'ailleurs l'opinion d'Abel. Laplace, devenu très vieux, qui avait maintenant terminé sa grande œuvre et qui n'écrivait plus, s'était surtout occupé des hautes questions de la mécanique céleste. Fourier, Ampère, Poisson, etc., s'intéressaient surtout aux questions physiques. Lacroix était bien mathématicien, dans le sens propre du mot, mais déjà trop âgé pour pouvoir pénétrer avec quelque énergie dans des recherches abstraites aussi nouvelles que l'étaient celles d'Abel; et d'ailleurs, il était plutôt écrivain qu'investigateur profond. Legendre travaillait encore avec une vigueur admirable, et cela dans le même sens qu'Abel; mais la force d'un octogénaire devait bientôt s'épuiser. Aussi lorsque le vieux géomètre connut enfin les travaux du jeune homme — qu'il rencontra par hasard à Paris —, il arriva qu'il lui était très difficile de le suivre : Abel marchait trop vite pour lui. Cauchy, parmi les savants distingués encore dans la pleine vigueur de l'âge, était donc presque le seul qui cultivât alors, avec prédilection, les mathématiques pures ou l'*analyse*.

Mais ici, pour quelque raison que ce soit, il devait y avoir défaut d'entente entre les deux esprits. D'ailleurs, il ne nous étonnerait guère que Cauchy, mathématicien de haute réputation et partisan des progrès lents et rationnels, grand seigneur, en outre, et homme cérémonieux, n'ait reçu, pendant le court entretien qu'il eut avec le jeune Norvégien, l'impression d'avoir affaire à un pauvre utopiste, une tête turbulente qui prétendait avoir résolu des problèmes faux ou absolument inaccessibles. En effet, longtemps après, à une époque où déjà, depuis bien des années, l'Académie des Sciences de Paris avait honoré le mémoire d'Abel, on put constater encore qu'un savant comme Arago, secrétaire perpétuel de cette Académie, s'exprimait comme si la découverte fondamentale du géomètre ainsi honoré (dans la théorie des équations) n'était qu'une chose « fort contestable ».

A un autre point de vue, Abel, au détriment de ses intérêts scientifiques et de ses plans d'avenir, croyait découvrir, dans les études de mathématiques pures en France, des signes d'un mouvement rétrograde et même d'un « bien laid » recul.

Pendant qu'il rassemblait et rédigeait ses recherches, il était toujours en peine de trouver un éditeur. Il lui manquait, surtout, un recueil où il pût insérer ses travaux de *plus grande étendue*, travaux qui convenaient moins au journal tout nouveau de Crelle. Aussi avait-il de très bonnes raisons pour s'être décidé à se faire juger, en France, par la célèbre Académie des Sciences de Paris. En même temps, il espérait arriver à publier, dans le pays qui occupait une place éminente, grâce au nombre et à la supériorité de ses investigateurs, ses *Recherches elliptiques*, recherches qui devaient suivre son *Mémoire de Paris*.

Parmi les journaux sur lesquels Abel pouvait compter, à l'occasion, pour des publications de cette importance, à côté des *Mémoires des savants étrangers*, il y avait, en première ligne, les « *Annales de Gergonne* ». Mais, même pour ces *Annales*, jadis si excellentes, on constatait qu'elles dégénéraient « de jour en jour ». Gergonne aussi était devenu « trop vieux ».

« C'est avec lui », ajoute-t-il, « comme avec v. Zach; mais, à la vérité, celui-ci n'a jamais valu grand'chose ».

S'il y avait donc des côtés faibles, à l'état auquel s'était élevé la science dans la France d'alors, cet état n'en était cependant pas moins remarquable au plus haut degré, et les Français avaient tout lieu d'être fiers de tant d'hommes distingués que leur pays avait produits, qui y avaient vécu récemment ou qui y vivaient encore. Aussi n'est-il pas étonnant qu'on y eût un sentiment de supériorité à l'égard des étrangers, et que, dans les entourages d'Abel, on le lui fît entendre.

« Personne ne peut penser qu'un Français », dit Abel, « est le seul qui puisse produire quelque chose de théorique. » — « L'unique chose que les Français recherchent chez les étrangers, c'est le côté pratique. »

Mais, dans de telles circonstances, la situation d'un étranger qui avait quelque chose à dire au monde, n'était pas toujours des meilleures. Il ne lui servait guère qu'il y eût, à Paris et dans d'autres villes de France, de célèbres recueils, destinés à recevoir les pensées des investigateurs contemporains! Et particulièrement défavorable devait être la position d'un jeune homme, né dans un petit pays du Nord, à peine remarqué en Europe. De ce coin du monde on n'attendait aucune contribution au progrès général.

Et c'était de ces contrées, considérées comme presque barbares, même par des hommes distingués, qu'arrivait maintenant un étudiant, avec quelques idées aventureuses, qu'il désirait soumettre aux illustres savants de la France!

Mais ces préjugés n'étaient pas fondés. Plus d'une fois Abel dut protester contre l'accusation de demi-barbarie adressée à sa patrie, sans méconnaître, d'ailleurs, le rôle modeste qui convient à une population pas plus nombreuse que celle de Paris et répandue sur un vaste territoire.

Si les idées courantes avaient été fondées, il eût été naturel, non de mettre en doute, mais de nier purement et simplement de prétendues découvertes, si extraordinaires, que ni Crelle ni Gauss ne semblent d'abord y avoir attaché aucune foi. Un Abel n'aurait pas pu naître et se développer dans une société qui eût ressemblé à la Norvège, telle qu'on se la figurait généralement. Au contraire, son apparition s'expliquait au milieu d'un peuple régénéré et recouvrant son ancienne indépendance, dès que la passion de la vérité pure s'empara de son esprit, à l'exclusion de toute préoccupation étrangère.

Abel — si imprudent que cela fût — jeta, enfin, un défi public et éclatant aux idées erronées qu'on avait sur son pays, en signant son savant chef-d'œuvre présenté à l'Académie :

N.-H. ABEL, Norvégien.

L'esprit de réaction qui, après tous les bouleversements des dix dernières années, exerça un empire si étendu sur la société française (comme sur presque toute l'Europe), nuisit, lui aussi, dans une certaine mesure, à Abel et au succès de ses découvertes. Un temps, ayant soif de repos et de bon ordre, avait succédé à une époque d'irrégularités et d'agitations; aussi le libre mouvement des idées, comprimé sur un point d'abord, fut-il ensuite gêné sur tous les autres, sous la pression de l'opinion qui désirait le retour à l'ancien état de choses et qui craignait les nouveautés de tout ordre, comme autant de causes de trouble pour la société et pour les systèmes arrêtés.

Cet esprit, fortement conservateur, nous paraît s'être aussi emparé alors, et de plus en plus, de la science. Sans doute il contribua puissamment à assurer les progrès acquis, et il favorisa, à un très haut degré, le tranquille développement des vérités acceptées et amassées comme un tas considérable de matériaux. Mais peut-être les savants du temps ne voyaient-ils pas avec assez de bienveillance les entreprises hardies des penseurs qui essayaient, avec plus ou moins de bonheur, de pénétrer plus profondément dans la nature des choses et de résoudre les grandes énigmes. Or, c'est à cette classe d'investigateurs qu'appartenait Abel.

Parmi les mathématiciens français de l'époque, il en est deux qui auraient dû le comprendre le mieux : Legendre, de l'ancienne école, et Cauchy — plus jeune —, de l'école nouvelle. Et, en effet, le premier, malgré son grand âge et malgré la répugnance que généralement la vieillesse ressent pour les nouveautés, témoigna au moins de la bienveillance à Abel. Mais le second, penseur sévère, qui avait si bien mérité de la science en observant les anciens systèmes, ne sut pas trouver de « *ça prendra* » pour encourager le jeune homme.

Aussi n'est-il pas sans intérêt de relever les opinions de ces deux futurs juges d'Abel. L'un, enthousiaste octogénaire, qui plus tard salua si chaleureusement les progrès de Jacobi et d'Abel lui-même, honora toujours les idées de liberté, idées du temps de sa jeunesse; comme on le voit par une lettre à Jacobi, écrite le 1er octobre 1830, où il parle de « fruits amers pour les partisans des gouvernements absolus. » Au contraire, l'autre grand géomètre, le clérical Cauchy, plus jeune et plus sceptique, suivit son Roi détrôné dans son exil.

Abel, fils d'un pasteur qui avait défendu, par ses actes et par ses paroles, la cause de l'indépendance de son pays, était, même au point de vue politique, plus rapproché de Legendre. Il semble avoir pensé, bien qu'il ne l'ait pas dit expressément, que la réaction énergique qui triomphait alors en France et qui dominait les esprits, finirait par produire une stagnation dans la science. « Les Jésuites veulent gouverner! » s'écrie-t-il, et cela quand il venait d'exprimer son opinion sur la décadence des études mathématiques.

Abel, isolé au milieu de ses collègues parisiens et peu compris d'eux, ne pouvait jouer que le rôle d'un spectateur, contemplant à distance les savants distingués de la France.

Aussi n'avons-nous à citer sur ceux-ci que quelques traits épars, jetés en passant, tels qu'ils se trouvent dans une lettre adressée à Holmboe, juste au moment où Abel allait se rencontrer avec les mathématiciens de l'Académie.

« Legendre », dit-il, « est un homme extrêmement complaisant, mais il est malheureusement *steinalt* » [1].

Après avoir remarqué, comme nous l'avons mentionné déjà, que Lejeune-Dirichlet et le vieux Legendre avaient fait de concert une découverte dans la théorie des nombres, Abel, insérant dans le texte norvégien un mot *allemand* composé pour l'occasion, exprime, d'une manière saisissante, la crainte qu'on n'ait plus grand'chose à attendre de l'illustre et très méritant géomètre.

Par contre, pour peindre Cauchy, il se sert d'un mot *français*, marque d'une sympathie infiniment moindre. On peut même voir, dans le choix qu'il fait tour à tour des deux langues étrangères, pour les mêler à sa langue maternelle, une preuve de colère et d'humeur envers ce dernier, dont il finit cependant par reconnaître la haute valeur.

« Cauchy est fou », dit-il, « et il est impossible d'avoir affaire avec lui. Pourtant c'est lui qui, à présent, est le mathématicien qui sait comment doivent être traitées les mathématiques. Ses travaux sont excellents; mais il écrit obscurément. D'abord je ne comprenais presque rien à ses œuvres; maintenant j'y arrive mieux. Il fait publier une série de mémoires sous le titre d'*Exercices de mathématiques*. Je les achète et les lis assidument. Neuf livraisons en ont paru depuis le commencement de cette année.

» Cauchy », continue-t-il, « est infiniment catholique et bigot. Chose bien singulière pour un mathématicien! D'ailleurs, il est le seul qui travaille les mathématiques pures. Poisson, Fourier, Ampère, etc., etc., s'occupent exclusivement de magnétisme et d'autres parties de la physique. »

Abel parle encore de Laplace, et décrit aussi, avec sa brièveté ordinaire, Poisson, Fourier et Lacroix.

Il dit textuellement de ces personnages :

« Laplace n'écrit plus rien, je crois. Son dernier ouvrage est un supplément à sa « *Théorie des probabilités* ». Lui-même dit que c'est son fils qui l'a écrit; mais, en fait, c'est bien lui-même.

---

[1] Vieux comme les pierres.

Je l'ai vu souvent à l'Institut. C'est un petit homme, très gaillard; mais il a le défaut que le Diable boiteux impute à Zambullo, la mauvaise habitude de couper la parole aux gens. »

« Poisson est un homme court, avec un joli petit ventre. Il porte son corps avec dignité. Il en est de même de Fourier. Lacroix est *terriblement chauve* et *extraordinairement* vieux.

» Lundi, je dois être présenté à plusieurs de ces messieurs par Hachette. »

VII.

Achat de livres. Lettre à la sœur d'Abel. Solitude et gêne.

Keilhau était sur le point d'obtenir une position à l'Université, comme « lecteur » de géologie. Il s'était donc mis en route en prenant pour revenir par le Havre et par la voie de mer. Trois jours après son départ de Paris (qui eut lieu le 16 octobre), il s'embarqua, avec les objets qu'il rapportait du Tyrol et de l'Italie, pour Arendal, ville maritime située sur la côte méridionale de la Norvège. De là, il devait continuer sa route sur Christiania.

Abel profita naturellement de la « bonne occasion » pour renouveler ses envois en Norvège, si commodes par la voie de mer. A son arrivée à Trieste, il en avait déjà fait un premier. Maintenant que son ami partait, il expédia bon nombre de livres de mathématiques et les adressa à Holmboe, exprimant le désir de partager avec lui « le contenu du grand coffre rouge, avec son *inventorium* ». Nous avons vu, en effet, qu'il nourrissait depuis longtemps un projet d'achat de livres, mais qu'il était obligé de chercher quelqu'un qui partageât avec lui une dépense trop forte pour ses moyens. C'était sur Holmboe qu'il comptait principalement alors.

Il avait acheté, disait-il, ce qu'il croyait qu'on ne possédait pas en Norvège. Au printemps il comptait envoyer le surplus.

Parmi ces livres, on remarque le cinquième tome de la *Mécanique céleste*. Ce tome était destiné à Hansteen, qui s'était déjà procuré les quatre premiers.

« La *Mécanique céleste* est donc finie ! » dit Abel. « Celui qui a écrit un pareil livre peut faire avec plaisir un retour sur sa vie scientifique. »

Legendre avait imprimé un remaniement de ses *Exercices*.

Mais au moment du départ de Keilhau, la nouvelle édition n'était pas encore en vente.

Abel profita aussi du départ de Keilhau pour écrire à sa sœur Élisabeth et pour lui transmettre un cadeau de Paris.

Le ton de sa lettre est plus satisfait que celui d'une autre lettre qu'il écrivit la semaine suivante à Holmboe. Mais le temps des grands soucis n'était pas encore venu ; soucis qui devaient coïncider avec le sentiment de solitude et d'abandon qui allait bientôt s'emparer, avec tant de force, de notre mathématicien, trop enclin par nature à la mélancolie. Peut-être aussi n'avait-il pas encore eu sa décourageante entrevue avec Cauchy, ou n'en voulait-il rien dire à sa sœur.

« Le départ de Keilhau », dit-il, « est une occasion que je ne veux pas négliger pour t'écrire quelques lignes. Très souvent, chère sœur, je pense à toi, et je te souhaite toujours le bonheur. Tu te portes bien, n'est-ce pas, chez les excellentes gens où tu te trouves? — Mais comment vont et ma mère et mes frères? Je ne sais rien d'eux. J'ai écrit, il y a déjà longtemps, à ma mère. La lettre est arrivée, je le sais, mais je n'ai rien entendu d'elle. — Où est.....? Vit-il, et comment? Je suis bien inquiet pour lui. Quand je partis, il ne semblait pas devoir se bien porter. Dieu sait combien de fois j'ai eu du chagrin à son sujet. Pour moi, il ne m'a guère témoigné d'affection, et j'en suis bien fâché, car jamais je n'ai fait volontairement quelque chose qui ait pu lui déplaire. Écoute! Élisabeth, écris-moi (ne l'oublie pas) tout ce que tu sais de lui, et de ma mère, et de mes autres frères.

» Ici, à Paris, je mène une vie assez gaie. Je m'applique à l'étude; visite de temps à autre les curiosités de la ville, et prends part aux plaisirs qui me conviennent. Je n'en attends pas moins, avec impatience, le moment où je pourrai m'en retourner, et volontiers je partirais aujourd'hui, si cela était possible. Mais je dois rester encore assez longtemps. C'est au printemps que je reviendrai.

» Il est vrai que je devais rester à l'étranger jusqu'en août prochain; mais je reconnais que je n'ai plus beaucoup à gagner en restant. Je partirai donc pour le pays par mer, ou peut-être par terre en passant par Berlin (que je voudrais bien visiter avant de revenir). Mais je ne sais pas si mon argent y suffira.

» De ma bien-aimée, qui est maintenant à Aalborg chez sa sœur, je n'ai rien entendu depuis assez longtemps. Je commence déjà à en être inquiet. J'espère toutefois qu'elle se porte bien. Elle a sans doute écrit, mais la lettre se sera perdue.

» Et Mme Hansteen, comment se porte-t-elle? Elle se porte bien, n'est-ce pas? N'oublie pas surtout de la saluer de la façon la plus aimable. De même, pour le professeur Hansteen. Je lui écrivis, il y a quelque temps. Tu les visites bien quelquefois?

» Au conseiller d'État et à sa femme, mes compliments les plus respectueux.

» Keilhau a eu la bonté d'emporter un petit cadeau que je t'envoie. J'aurais désiré pouvoir le faire plus considérable, mais mes moyens ne me le permettent pas. C'est une paire de bracelets et une agrafe destinée à être mise à une ceinture, ainsi qu'une petite bague. Ne refuse pas mon cadeau, et pense quelquefois à ton dévoué frère, N.-H. Abel.

» Quand tu écris, il faut écrire à l'extérieur de la lettre, etc. Elle ne doit te rien coûter, ou, du moins, pas plus que 2 skilling.

» Porte-toi bien, ma sœur chérie; et m'écris aussitôt que tu auras reçu cette lettre. Ne l'oublie pas!

» Adieu, solte, sompe, sova. »

Ces mots, qui appartiennent sans doute à une langue enfantine servant à Abel et à sa sœur, terminent la lettre.

Sur l'adresse était écrit : « *A Monsieur, Monsieur Élisabeth Abel, chez M. Treschow, Conseiller d'État, etc., par bonté.* » Mais le double *Monsieur*, écrit par distraction, avait été rayé ensuite et remplacé par un simple « *Demoiselle* ».

Les voyages et les courses onéreuses avaient épuisé les ressources de Keilhau. Pour le mettre en état de revenir et de prendre possession de sa chaire, Abel dut, sur ses ressources déjà trop restreintes, lui prêter une somme de 180 marcs-banco, somme qui devait être remise à Holmboe, dès que Keilhau serait revenu à Christiania.

Les difficultés matérielles recommencèrent dès lors pour Abel. Toutefois elles ne semblaient constituer d'abord qu'un embarras temporaire, résultant du prêt qui devait être remboursé au plus tard dans un espace de deux mois. Mais, indépendamment de cet emprunt, la situation était pénible, et devait aller s'aggravant de jour en jour.

Le grand voyage improvisé avait été singulièrement coûteux et pour Abel, et pour Keilhau, et pour Boeck aussi, dans l'état de leurs ressources. Mais il y avait une différence capitale dans la situation de ces trois compagnons d'étude.

Keilhau, revenant tôt et allant occuper une position dans son pays, n'avait qu'à gagner Le Havre et à y chercher un capitaine retournant en Norvège.

Il en était autrement d'Abel. Il s'était engagé à rester deux ans à l'étranger. Or, il n'était encore qu'au milieu du mois d'octobre, et à la rigueur, il ne devait être libre qu'au mois d'août de l'année suivante.

Sans doute, il y avait aussi des difficultés analogues dans la position de Boeck, qui (nous nous en souvenons) séjourna à Munich après s'être séparé d'Abel en Tyrol. Mais le sort d'Abel était incomparablement plus mauvais. Il appartenait à une famille ruinée et dispersée, qui ne pouvait lui donner la moindre assistance. C'était plutôt à lui d'aider les siens de ses faibles ressources, dans la mesure où il lui serait possible.

De plus, Abel, au moment où il se sépara de Boeck, avait dû lui venir en aide, et, bien que l'avance qu'il lui fit fût peu importante, elle n'en avait pas moins réduit ses minces facultés. Ajoutons que Boeck ne pouvait pas facilement rembourser sa dette : ses obligations étaient identiques à celles d'Abel, quant à la durée de son séjour à l'étranger, et il n'habitait pas le même pays que son créancier.

Et ce fut alors que se fit cet achat de livres, qui priva encore Abel d'une part notable de ses ressources, trop près de s'évanouir. — Il n'en avait pas moins la tentation de se procurer toujours de nouveaux ouvrages.

« Peut-être », écrivit-il à Holmboe, quand il ressentit pour la première fois de graves embarras, « peut-être que je serai contraint de te causer l'ennui de me procurer une traite sur Hambourg pour cette somme » (les 180 marcs-banco qu'il avait prêtés à Keilhau).

« Encore une chose, une seule et modeste demande! Pourrais-tu me prêter 220 m. b.; ce qui ferait en tout 400? Tu me rendrais un éminent service; car je tiendrais diablement à aller à Berlin, avant de revenir, et à acheter quelque chose que je ne puis me procurer chez nous ou qui y coûterait le triple.

» Ne sois pas fâché de ma demande et donne-moi une réponse *au plus tôt; — n'oublie pas : — aussitôt que possible.* Une longue lettre, avec beaucoup de nouvelles! »

« Je regrette », dit-il ailleurs, en parlant de ses embarras et des inconvénients qu'il y avait pour lui à ne pouvoir revenir comme Keilhau, — « je regrette d'avoir fixé à deux ans la durée de mes voyages; un an et demi aurait suffi largement. J'ai un violent mal du pays, et, dès à présent, mon séjour à l'étranger (ici ou ailleurs) ne me portera plus tout le profit qu'on pourrait croire. Je suis au fait de tout ce que les mathématiques pures offrent d'essentiel et d'insignifiant. Il me tarde seulement de pouvoir exclusivement consacrer mon temps à rédiger ce que j'ai recueilli. Il me reste bien des choses à faire! Mais tant que je serai en pays étranger, cela n'ira pas comme cela devrait.

» Ah! si j'étais dans les habits de Keilhau, quant au professorat! Je n'ai pas d'assurance, il est vrai. Mais je n'ai pas peur : car, si cela craque quelque part, cela portera sur une autre. »

Après le départ de Möller et puis de Keilhau, dernier et plus intime compagnon de voyage d'Abel, celui-ci souffrit, plus qu'autrefois, de sa solitude à Paris. Il s'y trouvait maintenant « *blankenborg alene* » et seul jusqu'à la nudité.

Dans ses heures de loisir, après un travail acharné, il n'avait que rarement l'occasion d'échanger des idées avec quelqu'un, surtout avec des personnes dont l'entretien pût l'intéresser. Et ce n'étaient pas les conversations de table auxquelles présidait, avec son « sanglier » d'épouse, le bon mais stupide hôte mathématicien d'Abel, qui devaient parvenir à chasser le sentiment d'isolement dont souffrait le jeune homme.

Toujours il fallait entendre les mêmes discussions sur les secrets du ménage; toujours les mêmes trivialités et les mêmes équivoques, anciennes ou modernes, constamment répétées.

« L'autre jour », raconte-t-il, « il alla si loin, qu'une dame...... Mais nous ne redonnerons pas l'innocent bon mot de la pensionnaire en question. — Parler de vases de nuit, etc., voilà un des sujets les plus décents. — Moi, je bois toujours du café dans mon petit vase de nuit. »

A cela s'ajoutait pour Abel que les embarras de sa situation matérielle commençaient à lui permettre de moins en moins la recherche de ses petites distractions auxquelles il attachait tant de prix, et qui, un moment, lui faisaient oublier, les soucis et les pensées qui l'obsédaient. Si, même quelquefois, dans un accès d'étourderie, au milieu de ses plus grands embarras, il céda à son désir ardent de voir une belle comédie, et surtout d'admirer le grand art qui se déployait sur le Théâtre français, alors il eut à combattre intérieurement le sentiment qu'il avait d'être réduit à l'épargne, et ses plaisirs en étaient gâtés. En effet, bien qu'il soit arrivé à Abel de se laisser entraîner par la vivacité de son esprit et par son insouciance, il était naturellement, au témoignage de ses amis, sagement économe de ses ressources.

« Étudier, manger, boire et dormir », telle fut dès lors sa vie à Paris et à l'étranger; sans parler de quelques visites à la Comédie.

Sa profonde tristesse, on pourrait dire sa peine d'âme, se peint même au début de sa lettre à Holmboe, lettre écrite (on s'en souvient), après le départ de Keilhau, quand Abel avait terminé ce grand travail de Paris, qui fut si mal reçu par Cauchy.

« Tu es un homme brave à garder le silence, cela ne saurait être contesté. Tu ne peux te faire une idée de l'anxiété avec laquelle j'ai attendu quelques mots de toi. L'unique raison pour laquelle tu ne m'as pas écrit doit être que tu n'as pas reçu ma dernière lettre, datée de Botzen (Bolzano). Il y a déjà quatre mois et plus encore, qu'elle a été expédiée.

» Cherche maintenant, mon ami, non pas à me tromper, mais à m'adresser quelques mots de consolation et d'encouragement dans ma solitude. Oui, bien que je sois dans la cité la plus vivante du continent, je me trouve néanmoins comme dans un désert : je ne connais presque personne. »

Abel se préoccupait beaucoup de ses amis absents. Et, naturellement, il pensait à Holmboe et à tout ce qui le concernait d'une façon toute spéciale. En effet, il n'avait pas assez d'amis, ainsi qu'il le fait remarquer, pour qu'il risquât d'oublier ceux qu'il possédait.

« Combien de traitement as-tu? Est-ce que tu es fiancé, et avec qui? Telles sont les questions auxquelles il faut que tu répondes.

» Moi, d'ailleurs, je vis fort sagement. J'étudie, mange, bois, dors; et quelquefois je vais à la Comédie, ce qui est le seul soi-disant plaisir dont je jouisse. Mais c'est aussi un grand plaisir. Je ne connais rien de plus amusant que de voir une pièce de Molière, où joue Mlle Mars. Véritablement alors je suis tout à fait ravi. Elle a quarante ans, et n'en remplit pas moins des rôles très jeunes.

» Écris! Ne m'oublie pas. Écris, au moins huit jours (au plus tard) après la réception de cette lettre, et n'affranchis pas. Je n'ai pas voulu le faire, parce qu'il en coûte moins pour nous deux et que les lettres arrivent plus sûrement. »

VIII.

Derniers travaux de Paris. — Abel prépare la rédaction de ses « Recherches sur les fonctions elliptiques. »

Abel se sentait donc bien découragé par la solitude, par les difficultés matérielles où il se trouvait de plus en plus engagé, et aussi par le peu de succès qu'obtenait un travail qui méritait un tout autre accueil. Il ne se sentait donc pas disposé au labeur régulier et soutenu qu'eussent exigé la composition et la rédaction des matériaux qu'il avait accumulés. Il ne comptait plus en tirer de résultat satisfaisant tant qu'il n'aurait pas terminé son voyage et tant qu'il ne serait pas bien installé chez lui, « si cela doit jamais arriver. »

Mais, à d'autres égards, il continua ses travaux, moins régulièrement sans doute, mais avec une plus grande vigueur dans les moments où il était mieux disposé, et le succès le plus décidé couronna ses investigations. Il ne semble pas avoir beaucoup avancé la *rédaction du second travail capital* qu'il s'était proposé d'élaborer pendant son séjour à Paris, séjour qui, dans ses premiers projets, devait être d'une plus longue durée. En revanche, il élargit très heureusement le cercle de ses *découvertes*, en poursuivant ses « *Recherches sur les fonctions elliptiques* ».

Occupons-nous ici de l'ensemble des travaux qui appartiennent à la seconde période de son séjour à Paris, et surtout de ce qui est relatif au très important mémoire que nous venons de mentionner.

Abel avait terminé son mémoire pour l'Académie quelque temps avant la fin d'octobre; il raconte, en effet, qu'il l'avait montré à Cauchy, le 24 de ce mois, et le 30 il le présentait à l'Institut.

Ce travail fini, il s'occupa, pendant quelque temps, de questions d'une moindre étendue et relativement d'une moindre importance.

Il fit, par exemple, des *études sur les intégrales définies;* et l'on doit remarquer que le premier mémoire qu'il publia alors dans le *Journal de Crelle,* traite aussi d'un sujet qui se rapporte à cet ordre de questions. Ce mémoire, dans la série de ses travaux, précède immédiatement les « *Recherches* ».

On constate encore, en particulier, que, dans les jours de répit qu'il s'accorda entre ces deux grandes entreprises, il s'occupa des écrits de Cauchy, dont il parle dans sa lettre à Holmboe. Il paraît s'être appliqué alors au célèbre et très important travail que le géomètre français a intitulé : « *Mémoire sur les intégrales définies prises entre des limites imaginaires.* » C'est peut-être sous l'influence de Cauchy qu'il fit aussi diverses recherches, bien modernes du reste, sur les *quantités imaginaires,* dont il dit qu'il y avait là beaucoup à faire.

D'ailleurs, il continua ses investigations sur le *calcul intégral,* et surtout sur la théorie des *séries infinies,* « très mal fondée », d'après lui.

Au moment même où il écrivit à Holmboe la lettre précitée, il reprit son thème de prédilection : *la théorie des équations.* Il était arrivé à ce point, explique-t-il, qu'il *voyait le moyen de résoudre le problème général que voici :* « Déterminer la forme de toutes les équations algébriques qui peuvent être résolues algébriquement. » — « J'en ai trouvé, dit-il, un nombre infini du 5e, 6e et 7e degré, qu'on n'a pas flairées jusqu'à présent. J'ai, en même temps, la solution la plus directe des équations des 4 premiers degrés, avec la raison évidente pourquoi celles-ci sont les seules résolubles et non pas les autres. Quant aux équations du 5e degré, j'ai trouvé que, quand une telle équation est résoluble algébriquement, il faut que la racine ait la forme suivante, etc. »

Mais ces travaux ne pouvaient être considérés que comme des travaux accidentels et, en partie, préliminaires, auxquels Abel se livrait avant d'entreprendre la rédaction de ses « *Recherches sur les fonctions elliptiques* ». Si le temps où ils furent achevés ne courut qu'à partir du 30 octobre, jour de présentation du Mémoire à l'Institut, cette période intermédiaire fut de courte durée. Le 2 novembre, en effet, soit *quelques jours après seulement,* Abel envoya à Gergonne, à Montpellier, un petit mémoire intitulé : « *Recherche de la quantité qui satisfait à la fois à deux équations algébriques données.* » C'était pour voir, dit Abel, « s'il voulait l'imprimer. » Dans ce cas, il comptait lui envoyer « *un grand mémoire sur les fonctions elliptiques* ».

Abel s'appliqua alors à un ordre d'idées qui le préparait plus directement à la nouvelle théorie qu'il voulait exposer; et, chose remarquable, il ouvrit ces recherches par *une petite étude relative à la théorie des transformations.*

Pour cela, il répéta les procédés dont il s'était déjà servi si fréquemment dans son ancien travail inédit sur la « *Théorie des transcendantes elliptiques* », et dans son mémoire de *Freiberg;* en d'autres termes, il exposa la série des calculs qui mènent au *principe des transformations.*

Conformément à la *base* de ses études, cela voulait dire pour Abel qu'en commençant, il rappelait ce qui était nécessaire pour *achever la démonstration* du théorème général de la théorie des transformations. Il s'agissait donc pour lui de confirmer une théorie qui était déjà découverte dans ses parties essentielles. Car, nous le répétons, *l'exposition même des formules de transformation* ne présentait pour Abel aucune difficulté, dès qu'il était en possession des idées de *l'inversion et de la double périodicité,* et, en outre de l'idée si naturelle alors, et d'ailleurs déjà employée dans ses précédents mémoires, de se servir de la *forme des produits* dont il resterait à chercher les racines. Cette théorie partielle, sur laquelle il jetait ainsi d'abord un coup d'œil rapide, devait cependant être naturellement placée à la fin d'un mémoire complet, rédigé dans l'ordre le plus simple et le plus rationnel.

Dans son livre manuscrit, on trouve ensuite, d'ailleurs, des calculs se rapportant à la transformation des intégrales de la *seconde espèce.*

Peu de jours après, nous voyons subitement Abel en possession de la nouvelle théorie des fonctions elliptiques, dans tout ce qu'elle a d'essentiel. Il ne peut donc être douteux qu'il se trouvait sur un terrain depuis longtemps connu, et que, pour lui, il s'agissait seulement d'*étendre* et d'*approfondir d'anciennes découvertes.*

Pour s'en convaincre, il suffira toujours de noter le contenu du même livre manuscrit, tel qu'on le trouve analysé dans les indications données aux pages 284 et 285, à la fin de la nouvelle édition des *Œuvres complètes.* Il faut cependant se rappeler aussi ce qui s'était passé auparavant, et, particulièrement, que le *fondement de la théorie était déjà posé.*

Voyons donc, avec quelques détails, les notes qui se rapportent à la fin d'octobre et au commencement de novembre. Les pages 117-118 contiennent une ébauche du mémoire XIII du tome Ier des *Œuvres complètes.* Or, cette ébauche a dû être écrite avant le 2 novembre 1826, jour auquel le mémoire fut envoyé à Gergonne afin de voir « s'il voulait l'imprimer ». L'ébauche était donc finie, au plus tard, peu de jours après la présentation du mémoire composé pour l'Institut. Abel s'était donc déjà décidé alors à entreprendre le « grand mémoire » sur les fonctions elliptiques annoncé depuis six mois, comme un des travaux qu'il voulait achever à Paris.

Immédiatement après, aux pages 119-121, il traite de la *transformation des intégrales elliptiques :* il y rappelle quelques séries de conclusions très importantes, dont nous avons déjà fait mention ci-dessus.

Vient ensuite une courte interruption. Mais elle n'est qu'apparente : ses notes prouvent, en effet, qu'il poursuivait ses recherches, quoique, d'une manière moins directe, en résolvant certains *points difficiles* avant de commencer la rédaction même de son mémoire.

Ainsi, des pages 124 à 127, il traite de la *convergence des séries*. C'était un sujet évidemment utile à approfondir lorsqu'il s'agissait d'exposer avec exactitude les développements des fonctions elliptiques en séries.

Des pages 129 à 133, il s'occupe des *équations abéliennes;* et l'utilité que présentaient ces études pour les investigations sur la division, peut être encore moins contestée.

Tout à coup, à la page 135, *on trouve notés les résultats sur la division de la lemniscate,* résultats du plus haut intérêt pour la nouvelle théorie des fonctions elliptiques.

De ce dernier résultat, si beau et si transcendantal, il ressort que non seulement Abel était, à ce moment, en possession de ses anciennes découvertes, de l'idée de l'*inversion* des transcendantes elliptiques, jointe à celle de *l'analogie de ces fonctions inverses et des fonctions trigonométriques,* et de l'idée de la *double périodicité* de ces nouvelles fonctions, mais qu'en outre il connaissait complètement et était maître des théories de leur *addition,* de leur *multiplication* et de leur *division,* théories qu'il s'agissait dès lors seulement de perfectionner.

Abel ne s'occupe donc, avant de passer à la rédaction, que d'étendre ses découvertes et de résoudre quelques difficultés de détail. Il voulait surtout faire une très intéressante *application* de la *théorie de la division* et il tenait à s'assurer que rien ne manquait pour une complète démonstration des formules de transformation, ni pour bien établir la convergence de certaines séries.

Comme nous l'avons déjà fait remarquer pour Abel, les théorèmes principaux relatifs aux *transformations des fonctions elliptiques* devaient être alors faciles à exposer. Et il en était de même des théorèmes fondamentaux sur le *développement des fonctions*. Il ne s'agissait plus, en effet, que de trouver quelques racines et puis de faire quelques passages à l'infini. Aussi Jacobi dit-il dans sa lettre du 12 janvier 1828, après avoir parlé de la découverte par Abel de la double périodicité et de la division, etc : « Connaissant les racines des équations mentionnées, M. Abel les résout en facteurs; ensuite, dans les formules qui en résultent, il pose $n = \infty$, d'où il tire des expressions très remarquables. Mais cela », ajoute-t-il, « n'a plus aucune difficulté. »

Abel a dit à Holmboe qu'à *Paris* il avait trouvé « l'essentiel de ce qu'il a traité plus tard dans ses écrits sur les fonctions elliptiques »; et l'on voit de ce qui précède que cela se confirme dans les détails par l'examen de son livre-manuscrit.

Les *principes* avaient été déjà trouvés à Christiania. Plus tard, il n'en avait plus été question, jusqu'au jour où il annonça de Vienne qu'il élaborerait à Paris ses recherches sur les fonctions elliptiques. Et, à peine a-t-il commencé qu'on le voit, tout à coup, déjà maître de la théorie dans sa plus grande extension!

Dans ses *lettres* à Holmboe et à Crelle, relativement à ce sujet — lettres écrites toutes les deux en décembre 1826, — Abel ne parle pas de ses découvertes au point de vue général et abstrait. Il se borne à expliquer des choses pratiques, qui résultaient de ses études et qui pouvaient être facilement saisies du lecteur, sans les détails des démonstrations. Mais, de ces communications, on peut conclure à quel point élevé, il était parvenu de très bonne heure, dans ses investigations. Car les résultats obtenus supposent la connaissance de toute une grande théorie fondamentale.

Dans la lettre à Holmboe, il s'exprime de la manière suivante sur la découverte relative à la *division de la lemniscate:*

« *Item,* j'envoie à Gergonne un grand mémoire sur les fonctions elliptiques, où il y a de bien drôles de choses qui piqueront (je m'en flatte) tel ou tel : entre autres quelque chose sur la division de la lemniscate. Tu verras comme c'est gentil. J'ai trouvé qu'au moyen de la règle et du compas, on peut diviser la lemniscate en $2^n + 1$ parties, lorsque ce nombre est premier. La division dépend d'une équation du degré $(2^n + 1)^2 - 1$; mais j'en ai trouvé la solution complète à l'aide des racines carrées. A cette même occasion j'ai éventé le mystère qui a régné sur la théorie de Gauss, de la division du cercle. Je vois clair comme le jour comment il y est parvenu.

« Ce que je viens de dire de la lemniscate est un des fruits de mes recherches sur la théorie des équations. Tu ne saurais t'imaginer combien j'y ai trouvé de théorèmes délicieux, par exemple celui-ci, etc. »

IX.

Fin du séjour à Paris et sort du mémoire présenté par Abel à l'Institut.

Avant que la lettre à Holmboe parvînt à Christiania, celui-ci avait déjà écrit à Abel; mais, dès qu'il l'eut reçue, il s'empressa de lui écrire de nouveau et de lui procurer l'argent demandé, y compris la somme que lui devait Keilhau. Cet envoi donna lieu à la dernière lettre qu'Abel adressa de Paris, celle qui est datée de décembre, et où il fait mention de sa découverte relative à la division de la lemniscate. Dans cette lettre, il exprime à son ancien maître et ami ses meilleurs remercîments; et de ce qu'il dit, ressort une fois de plus combien grand était son embarras et combien il devait lui avoir été pénible d'en être réduit à recourir à la bonté d'Holmboe. Du reste, il avait dû en même temps faire également appel à celle d'un autre ami, ou il était sur le point de le faire.

« Mille remercîments », dit-il, « pour tes deux chères lettres, *item,* parce que tu as été si ponctuel. Si j'avais su que tu m'avais écrit, je n'aurais pas osé te demander tant de sacrifices. Ne sois pas fâché de mon embarras d'argent. J'ai deux amis, à proprement parler, et je suis ainsi forcé de les importuner malgré moi.

» Il est possible que je pourrai l'épargner; mais il est probable que je serai contraint de recourir à ta bonté. Pas encore cependant; mais quand je viendrai à Berlin. Dans peu de temps, en effet, je quitte Paris, où je n'ai rien plus à « pêcher », et d'abord j'irai à Göttingue pour y « bloquer » Gauss, s'il n'est pas trop « fortifié » d'orgueil. « J'aimerais aussi beaucoup à rester quelque temps en Allemagne pour apprendre un peu mieux la langue allemande; ce qui sera de la plus haute importance pour mon avenir. Quant au français, je me tire d'affaire suffisamment pour écrire un mémoire; et je voudrais bien pouvoir en faire autant en allemand. »

C'est dans cette lettre qu'Abel parle pour la première fois et d'une manière *précise* de son projet d'envoyer à Gergonne le grand mémoire sur les fonctions elliptiques, dont il avait commencé à s'occuper. Mais son attention avait été attirée bien plus tôt vers ces *Annales*, à raison des difficultés où il se trouvait, comme nous l'avons dit, chaque fois qu'il désirait publier quelque chose.

Rappelons qu'à l'origine il s'était proposé, en approfondissant et développant ses recherches, d'en faire un traité complet. Il avait espéré d'abord pouvoir trouver un éditeur, alors qu'il avait réussi à se faire un certain renom par ses articles dans le *Journal de Crelle*. Puis, il avait compris toutes les difficultés qui s'opposeraient à la réalisation d'un semblable projet, et il semble qu'il ait pensé quelque temps à l'Académie de Paris. Mais il dut bientôt changer d'idée, en voyant combien étaient minces les résultats de sa première tentative. Se servir du *Journal de Crelle* n'était pas chose bien facile, ainsi que nous l'avons indiqué déjà. En premier lieu, il s'agissait de publier un travail d'une étendue considérable. Or, ce *Journal* en était encore à ses débuts et il était d'autant plus douteux que l'insertion de tout un traité pût y être entreprise sans danger. En outre, on sait que pendant cette première période, le Journal fut rédigé exclusivement en langue allemande, ce qui, à plusieurs égards, était désavantageux pour Abel, habitué qu'il était à se servir du français. Sans doute, Crelle lui-même traduisait en allemand ce qu'il écrivait. Mais pour des travaux d'une très grande étendue, il était singulièrement gênant de procéder de la sorte : soit qu'Abel — il l'avait fait à Freiberg, à la fin de son séjour en Allemagne — essayât d'écrire tout d'abord en allemand, langue qu'il possédait mal, soit qu'il employât, comme précédemment, la langue française, sauf à s'adresser ensuite à Crelle, pour obtenir de sa bonté un concours dépassant ce qu'il était raisonnable d'en attendre.

Il est donc bien naturel que, dans les circonstances où il se trouvait, Abel ne vît d'autres ressources que de chercher à faire publier son travail dans un journal *français,* comme celui de Gergonne, surtout alors qu'il pensait encore devoir rester à Paris jusqu'au printemps.

Il ne pouvait cependant songer à rédiger un mémoire d'une telle étendue et d'une telle importance dans le court délai qui restait à courir avant son départ; d'autant plus que les difficultés matérielles contre lesquelles il luttait, même après avoir obtenu d'Holmboe un prêt d'argent, l'obligeaient à faire hâter l'époque de son retour.

On peut dire qu'Abel resta à Paris tant que cela lui fut humainement possible, espérant toujours qu'on en arriverait au jugement de son mémoire. « Mais rien n'aboutit avec ces hommes lents. »

Legendre raconte dans sa lettre du 8 avril 1829, que lui et Cauchy qui avaient été nommés commissaires, étaient convenus entre eux de demander à l'auteur une copie plus nette et plus facile à lire. Le mémoire, disait-on, n'était presque pas lisible, il était écrit « d'une encre très blanche; les caractères en étaient mal formés. » Depuis, les choses en étaient restées là. Le manuscrit, ajoute Legendre, « n'avait jamais été dans ses mains : il fut gardé par Cauchy » qui ne s'en occupa pas. Et « l'auteur Abel paraît s'en être allé sans s'occuper de ce que devenait son mémoire; il n'a pas fourni de copie, et il n'a pas été fait de rapport. »

Arago, dans sa biographie d'Abel, répète les mêmes choses pour ce qui regarde Legendre. « Ses yeux de près de quatre-vingts ans », dit-il, « ne parvinrent pas à suivre, à déchiffrer avec sûreté des formules écrites avec une encre blanche. » Mais il ne dit rien sur les « caractères mal formés » et ce serait aussi, sans doute, un injuste reproche adressé à Abel, dont l'écriture était très nette et très lisible. Sur ce point, Legendre, qui n'avait jamais eu le mémoire « dans ses mains », doit s'être trompé, d'autant plus qu'à un autre point de vue, la lecture lui en donnait de la peine.

Arago ne dit rien aussi de ce que Legendre et Cauchy se fussent entendus pour demander une nouvelle copie ; et il semble que, d'aucune part, on n'ait attaché beaucoup d'importance à cette demande, puisque ni Arago, défenseur de l'Académie des Sciences, ni Abel, qui était le plus intéressé dans l'affaire, n'en ont eu connaissance. Certainement on n'a rien fait pour prévenir l'auteur qu'il eût à récrire son mémoire.

Abel, nous l'avons dit, resta à Paris tant que cela lui fut humainement possible, toujours dans l'espoir d'apprendre quelque chose sur le sort de son travail. Mais bien qu'il fût d'une nature timide et qu'il craignît beaucoup d'importuner les gens, il n'est guère douteux qu'il ait fait une dernière *tentative* pour se mettre en rapport avec Legendre, ou au moins pour obtenir quelques renseignements par d'autres voies, avant de partir.

« Il est vrai, » écrit-il plus tard de Berlin à Holmboe, « j'aurais dû t'écrire depuis longtemps, seulement je voulais savoir d'abord ce qu'il adviendrait du mémoire que j'ai présenté à l'Institut. Mais rien n'aboutit avec ces « hommes lents ». Legendre et Cauchy ont été chargés de l'examen, Cauchy du rapport. Legendre a dit : « Ça prendra. »

« Et alors », ajoute-t-il immédiatement après, « le voyage à Berlin vint sur moi, comme la veille de Noël sur la commère. »

Ce qui est également remarquable, c'est que dans la lettre d'Abel datée de Paris et du mois de décembre, il n'est pas question du mémoire ni de son sort. Il semble donc qu'au dernier moment, Abel se soit procuré les pauvres renseignements qui viennent d'être rapportés, et qu'il ait eu un court entretien avec Legendre. Mais, s'il en est ainsi, il n'a nullement compris qu'on lui demandât une copie nouvelle. Il est parti avec l'impression que certainement ses hauts juges ne se presseraient pas trop de finir leur tâche ; mais qu'il y avait aussi, parmi eux, un vieillard bienveillant, qui avait eu pour lui quelques mots d'encouragement. Malheureusement, Legendre s'était trop peu occupé des matières du mémoire, et ses courtes rencontres avec le jeune étranger n'étaient pas au nombre des faits qui s'étaient gravés dans sa mémoire.

Arago, en expliquant pourquoi il ne fut pas fait alors de rapport, ne dit donc rien de la demande d'une « nouvelle copie ». Après avoir remarqué que presque immédiatement le mémoire passa aux mains de M. Cauchy, il s'exprime en ces termes :

« L'illustre géomètre ne se hâta pas de faire le rapport. En veut-on l'explication? c'est qu'il se hâtait de compléter et d'imprimer ses propres découvertes; c'est qu'à l'époque dont on parle les cahiers des *Exercices mathématiques* se succédaient avec une rapidité dont le monde savant était étonné; c'est enfin, tranchons le mot, que l'Académie serait bientôt déserte, que ses membres les plus célèbres, les plus laborieux, donneraient leur démission, si les règlements exigeaient qu'à jour nommé chaque académicien abandonnât ses travaux pour discuter les idées de quiconque aurait jeté un chiffon de papier sur le bureau du président. Heureusement, d'aussi absurdes règlements n'existent pas et n'ont jamais existé.

» Je lis dans la lettre d'Abel du 24 octobre, que j'ai si souvent citée :

« M. Cauchy est celui des mathématiciens (français) qui sait le
» mieux comment les mathématiques, pour le moment, doivent
» être traitées. Il y a des choses excellentes, mais sa manière
» manque de clarté. Je ne le compris presque point d'abord,
» mais à présent je suis en train. »

» Faudrait-il s'étonner, si M. Cauchy, à son tour, n'avait pas de premier abord facilement apprécié les idées entièrement nouvelles d'Abel, s'il lui avait fallu aussi quelque temps pour se mettre en train? On doit remarquer qu'Abel était revenu en Norvège. Quand les matières sont abstraites et neuves, les explications verbales des auteurs peuvent seules hâter les rapports. »

Ces explications du célèbre physicien contiennent une part de vérité; mais ne justifient pas un retard de quinze années.

Du reste, bien avant, à la date du 24 juillet 1830, le même

savant, en sa qualité de secrétaire perpétuel de l'Académie, avait déjà eu à proclamer que le grand prix était partagé entre les héritiers de feu Abel et avec Jacobi, et à cette occasion il avait exprimé à la famille du défunt les vifs regrets que la perte de son illustre membre avait inspirés à l'Académie des Sciences.

On aurait donc bien pu espérer que *quatre ans* après la présentation du mémoire, et *un an* après la mort d'Abel, la Compagnie ne tarderait pas à entreprendre la publication de son travail.

Et cependant, il devait s'écouler encore *dix* ans, au moins, à partir de l'année 1830, avant qu'Arago écrivît cette courte biographie d'Abel, qu'on pourrait appeler plutôt une défense de l'Académie. Cette biographie, en effet, est fondée sur celle qu'Holmboe rédigea pour les « *Œuvres complètes* », publiées en l'an 1839. Or, ainsi que nous le verrons plus tard, aucun exemplaire de ces *Œuvres* ne put parvenir en France que dans le cours de 1840. Ne semble-t-il pas qu'à l'expiration de ces dix nouvelles années, on eût dû s'être assez rendu compte de la valeur des travaux d'Abel, pour ne plus s'arrêter aux raisons données par l'académicien français lorsqu'il s'efforce d'expliquer un trop long retard?

De plus, certaines idées que l'on considéra d'abord comme « fort contestables » et qui purent jeter même leur ombre sur d'*autres* investigations d'Abel, de son vivant, auraient dû si tard être regardées d'un tout autre œil par les mathématiciens français, à moins que presque toutes leurs forces ne fussent constamment tournées vers des questions se rattachant à d'autres parties de leur science. Si jadis Abel avait pu, avec quelque raison, apparaître au sévère Cauchy comme un aventurier en mathématiques, il y avait longtemps qu'il ne pouvait plus en être ainsi, pour peu que l'on respectât le jugement que l'on avait rendu antérieurement soi-même.

Sûrement, d'autres raisons que celles qu'Arago expose doivent être prises en considération pour expliquer un regrettable retard. Il dut tenir à certaines situations, à certaines personnalités, à des choses, en somme, que nous ne connaissons pas assez. Mais on ne saurait soutenir, comme le célèbre physicien essaie de le faire à l'occasion de ce retard, dans un autre petit endroit du même petit écrit, qu'on accorde déjà à quelqu'un un grand honneur et un grand avantage en lisant quelques mots sur lui en pleine séance d'Académie, et qu'ensuite on peut, en bonne conscience, mettre de côté, pour une demi-génération, un travail de la portée la plus haute.

Vraiment, c'est là s'exagérer singulièrement la valeur d'une semblable lecture, à laquelle on procède d'ailleurs après un examen bien superficiel. Ce qu'il importe, c'est de constater la date et, par suite, la nouveauté même d'une découverte. Autrement, rien n'est de nature à satisfaire ni le véritable chercheur ni les intérêts de la science elle-même.

Une des vraies raisons du retard et de l'oubli signalés fut peut-être, — bien qu'Arago n'en parle pas — que dans le même mois de juillet 1830, et seulement quelques jours après qu'on eut décerné et partagé le grand prix, la Révolution de juillet éclata à Paris; et que Cauchy, rapporteur du mémoire, et presque le seul, à part quelques vétérans, qui, d'après Abel, cultivât alors avec grand succès la pure analyse, Cauchy suivit le roi détrôné dans son exil.

X.

Second voyage à Berlin. — Six semaines d'embarras.

Vers la fin de décembre, la position d'Abel devint insupportable, et il dut, en conséquence, se dépêcher à partir tandis qu'il avait encore assez d'argent pour faire le voyage de Berlin. Après avoir ainsi prolongé son séjour à Paris, il ne put même être question d'aller à Göttingue, pour faire le « blocus de Gauss ». Le 29 décembre Abel partit donc.

Dans la diligence de Paris à Valenciennes et Bruxelles, il y avait ce jour-là deux voyageurs. C'était le contingent de la grande capitale! Ainsi commença « l'effroyablement maigre voyage » d'Abel à Berlin.

« Bruxelles est une très belle cité », remarque Abel; il y resta une nuit et un jour, parcourant tout le temps les rues. Il continua sa route par Liège, et alla à Aix-la-Chapelle, et puis à Cologne. Vers la fin du trajet, il eut pour compagnon un très bon garçon de Francfort-sur-le-Mein.

A « Cologne-sur-le-Rhin, il s'arrêta de nouveau pendant un jour et deux nuits. Cologne est, dit-il, une ville vieille et laide. »

De Cologne, il se rendit en poste, par Elberfeldt et Arnsberg, à Cassel. « Le paysage passe ici pour être extrêmement joli », raconte-t-il; mais « la nuit et l'hiver » l'empêchèrent de l'apprécier. Un accident se produisit pendant ce voyage : un enfant de sept à huit ans fut écrasé par la voiture qui lui passa sur le corps; il fut tué sur place. « On continua son chemin sans s'arrêter. »

A Cassel, ville très belle, on demeura la nuit. Il y avait là un très beau théâtre, et Abel alla à la comédie, tout gêné qu'il devait se savoir pendant ce voyage subit, ou, pour mieux dire, cette fuite à Berlin, alors qu'il en était arrivé au bout de l'argent qu'il avait emprunté. « On joua très bien. »

« Pendant le séjour à Cologne, je fus aussi au théâtre, » dit-il, « mais mal ! »

Il voyagea ensuite avec un négociant allant à Berlin et à Königsberg.

Pour la première fois, le nom de cette ville apparaît dans l'histoire d'Abel. Nous nous figurons que, pendant le voyage, les deux compagnons parlèrent souvent d'un certain mathématicien Jacobi, qui demeurait dans cette ville. Jacobi, il est vrai, n'avait pas encore un nom. A cette époque (en janvier 1827), il luttait sans doute; mais il n'était pas encore entré dans la voie de ses futures découvertes. Toutefois, il était un collaborateur du *Journal de Crelle,* trop zélé et trop actif pour qu'Abel ne l'eût pas remarqué.

Par une coïncidence curieuse et qui caractérise l'époque, un peu plus tard, Jacobi parle aussi d'un marchand avec lequel il aurait fait un voyage semblable. Il lui avait confié une lettre pour Legendre. Et qui sait? — car on était alors dans le temps des petites villes et d'un commerce relativement très restreint, — qui sait si le marchand de Jacobi n'était pas le même que le compagnon d'Abel?

Avec son « négociant », celui-ci se rendit de Cassel à Magdebourg, en « *Extrapost* » sans s'arrêter à la résidence de Gauss.

Puis, on traversa le Hartz, « où il doit faire fort beau en été. » Mais après Quedlinberg il y avait, dit Abel, « la plus *infâme* route où j'aie jamais passé. » Nos deux voyageurs étaient seuls dans la voiture; et, cependant, c'est à peine si l'on avança, bien qu'on eût attelé quatre chevaux.

A Magdebourg, les deux compagnons de voyage se séparèrent : le négociant avait beaucoup d'affaires dans la ville, et Abel, après y être resté la nuit, continua son voyage dans une voiture de louage.

Tout changea à l'approche de la capitale. Au lieu des routes primitives, on trouva des voies excellentes. Mais la compagnie était « honteuse » : un cordonnier, un gantier et un soldat ayant fini son temps de service, qui buvaient continuellement de l'eau-de-vie. »

Abel s'ennuya dans cette société, et personne ne fut plus heureux que lui, lorsque, après deux jours passés de la sorte en voiture, il entra à Berlin par le *Potsdamer Thor*.

Il descendit au *Kronprinzen*, mais s'installa bientôt dans la *Französische Strasse* (au n° 39 et au second étage), près du *Gens-d'armen Marks*. Un quart d'heure après son arrivée, il était déjà assis à *Königsstädteren*, où il se réjouit en voyant d'anciens visages et en entendant des voix connues.

A son arrivée à Berlin, qui eut lieu le 10 janvier 1827, ses ressources étaient bien réduites. Toute sa fortune consistait en 14 thalers, et il dut s'adresser à des amis et même à des compatriotes, plus ou moins connus, pour se tirer d'embarras.

De Becker il accepta 50 thalers.

Un ancien ami qu'il retrouva alors fut Maschmann, « le permanent porteur de lettres ». Ce jeune homme lui était bien connu depuis qu'étant tous deux à l'école, Abel faisait des visites quotidiennes à la pharmacie du père de son camarade. Celui-ci resta encore quelque temps à Berlin pour s'instruire dans la pharmacie. Il vint sans doute en aide à Abel dans ces circonstances difficiles.

Un autre Norvégien également pharmacien, Monrad, de Bergen, demeurait aussi à Berlin et y habitait avec sa femme et sa mère. Ce fut une famille dont Abel fit maintenant connaissance et chez laquelle il se sentit à l'aise.

Il avait donc tout lieu d'espérer qu'une assistance bienveillante ne lui ferait pas défaut jusqu'au moment où il pourrait obtenir des secours plus efficaces de ses plus intimes amis de Norvège. La situation n'en était pas moins bien pénible. Toutes ses ressources (excepté la petite somme que lui devait Boeck) étaient épuisées. Il ne restait plus rien de l'argent que lui avait remboursé Keilhau, par l'intermédiaire de Holmboe, ni des 220 marks que ce dernier lui avait prêtés de ses propres fonds. Quant à un nouveau subside du gouvernement, il n'en était pas question. Donc il fallait continuer à faire des dettes et à adresser d'humbles prières à un petit nombre d'amis. Abel était, en effet, obligé de séjourner à l'étranger tant qu'il y avait pour lui possibilité de le faire; car ses deux années de voyage ne finissaient qu'au mois d'août.

En toute hâte, il écrivit donc à Munich à Boeck; celui-ci était le moins éloigné de ses amis hors de Berlin; il fallait plus de temps pour obtenir une réponse de Christiania. Il pria donc Boeck de lui rembourser le plus expéditivement ce qu'il lui devait; à la fin de sa lettre, il le somma même une seconde fois de le payer sans retard.

Il ne s'agissait d'ailleurs pas de grand'chose. D'un nombre, à demi effacé, qui se trouve dans une lettre à Boeck, écrite de Paris à la date du 1er novembre, il résulte qu'il était question d'une somme de 75..., mais de 75... quoi? Impossible de le déchiffrer! En tout cas, que l'on eût à évaluer la somme en monnaie de Norvège ou (bien moins favorablement) en monnaie de France, il était de la plus haute importance pour Abel de la recevoir, et de la recevoir au plus vite.

Mais si modestes que fussent les obligations de Boeck, il n'était rien moins que sûr qu'il pût les remplir immédiatement. Aussi bien qu'Abel, Keilhau avait dû l'aider de sa bourse; de même que, plus tard, Abel était venu en aide à Keilhau. Il était, en outre, survenu toutes sortes de complications dans les envois d'argent faits de Norvège à Boeck.

Depuis longtemps on lui avait expédié deux lettres, mais adressées à Paris, où elles étaient restées à la légation suédo-norvégienne. L'une d'elles contenait une traite de 600 francs. Un jour qu'Abel dînait chez le ministre (et sans doute ce jour d'octobre où — à ce qu'il avoue lui-même — l'affaire avait été un peu chaude pour lui, mais « très peu »), Abel prit connaissance des deux lettres, et pria le secrétaire de la légation de les lui remettre pour les faire parvenir à Boeck. Mais le secrétaire oublia la chose: il préférait, d'ailleurs, que Boeck s'adressât directement à la légation. Pour hâter le paiement, Abel avait donc dû inviter son ami absent à écrire lui-même quelques mots, qu'il promettait de remettre sur-le-champ à destination, si Boeck voulait les lui adresser. La traite étant sur Paris, il se ferait ensuite un plaisir d'en toucher le montant, pourvu qu'elle fût endossée à son nom.

Cependant, il s'en fallait de beaucoup qu'Abel en fût arrivé au comble de ses peines et de ses préoccupations d'avenir : il gardait encore de l'espoir, et, aux yeux de ses amis du moins, les difficultés de sa situation semblaient ne devoir être que transitoires. Sans doute, la chaire qui lui eût convenu, Holmboe l'avait obtenue; mais l'Université elle-même avait déclaré, en même temps, qu'il ne fallait pas perdre de vue « l'étudiant Abel ». On songeait donc à le placer à l'Université, et Hansteen s'intéressait à lui, ce qui devait lui être d'un puissant secours. De plus, Abel avait fait de bonnes choses pendant son séjour en Allemagne, et il avait été très heureux avec le mémoire qu'il avait présenté à l'Institut. S'il n'avait pas eu de succès auprès de Cauchy, au moins Legendre l'avait encouragé, et le jugement d'une autorité aussi élevée que l'était l'Académie des Sciences de Paris devait produire beaucoup d'effet en sa faveur dans son propre pays.

Ce n'était donc pas sans raison que Keilhau — bien qu'il eût déjà une chaire à l'Université — croyait que, de tous les compagnons du même voyage, c'était Abel qui finirait par arriver à la situation la plus avantageuse.

Abel ne pouvait pas nier qu'il y eût quelque chose de probable dans cette opinion. Cependant, il avait des doutes : il savait que, même dans les cas les plus favorables, il rencontrerait encore beaucoup de difficultés, tenant à ses embarras et à ses rapports personnels.

« Ma position », écrit-il à Boeck, « deviendra la meilleure, à ce que pense Keilhau. Officiellement, il en sera peut-être ainsi; mais, entre nous, je vois, *privatim,* bien « des laideurs » sur la route que je dois parcourir. En vérité, j'ai grand'peur de l'avenir! Peut-être devrais-je chercher à rester pour toujours en Allemagne, ce qui ne me serait pas bien difficile. Crelle m'a terriblement bombardé pour que je reste ici. Il est même un peu fâché que je dise non. Il ne voit pas ce que je veux faire en Norvège, pays qui lui paraît être une autre Sibérie. »

A son arrivée à Berlin, Abel avait une foule de lettres à écrire : à Boeck, d'abord — et, vu sa situation pécuniaire, c'était alors la plus importante — ; mais, de plus, à sa fiancée, à Hansteen, à Keilhau, à Holmboe, à Miller, etc. En outre, il avait déjà « une damnée besogne » à faire pour le *Bulletin de Férussac* et le *Journal de Crelle.*

Une lettre, avec demande d'argent, à Holmboe ne pouvait plus être ajournée. Mais ce ne fut encore qu'un petit billet, tant Abel était occupé pour lui-même et pour Crelle.

« Bientôt je t'écrirai plus en détail, » dit-il dans ce billet du 20 janvier. « Mais ce que je voudrais surtout, c'est de l'argent. tu as été assez bon pour me promettre de m'aider. Comme je suis diablement à court d'argent, je désire naturellement beaucoup que tu puisses m'en fournir et aussi vite que possible. Quant à la traite, il vaut mieux que tu en parles avec le professeur Maschmann, qui a un commissionnaire à Hambourg. »

Maschmann, le père, pharmacien à Christiania et ayant le titre de professeur, avait, en effet, des relations avec Hambourg et Berlin. Il était, en outre, en rapport avec Hansteen, et, plus tard, il fit la connaissance de Crelle : il joua donc certainement un certain rôle dans les graves événements qui devaient se produire.

« Le fils de Maschmann », dit ensuite Abel, » le fils, qui est ici, a promis d'écrire à son père ; ce qu'il y a de mieux, c'est qu'on envoie tout en « Hamburger Banco. »

» Ne sois pas fâché, mon ami, de ce que je te donne tant de peine. Mais que veux-tu que je fasse, pauvre diable que je suis ! »

Cette petite lettre de demande fut solennellement adressée : « *Seiner Hochwohlgeboren Herrn, Herrn Bernt Holmboe, Lector.* »

Un mois se passa dans cette misère! Abel, depuis son arrivée, n'avait souvent d'autres ressources que de vivre aux dépens de ses compatriotes qui se trouvaient à Berlin. Sa vie était donc généralement bien fastidieuse! Comme à Paris, il ne faisait qu' « étudier, manger, dormir, et d'ailleurs très peu d'autres choses. » Quelquefois, cependant, en dépit de sa pénurie, il ne savait pas résister à son ardent désir d'aller au théâtre; il comptait sur des temps meilleurs. A d'autres moments au contraire, il se laissait aller au désespoir.

Sous certains rapports, la vie à Berlin, quoique bien monotone, était plus agréable que celle de Paris, à condition, toutefois, qu'Abel fît abstraction de sa gêne, de plus en plus pressante, et de sa situation de plus en plus endettée; à tel point qu'il devait lui être bien difficile de s'en jamais tirer.

Abel était souvent chez Crelle, cet homme sympathique, qu'il ne mentionne qu'en ajoutant quelque chose de bon sur son compte. Chaque lundi, il assistait à sa réception, et, de plus, il était en relations fréquentes avec lui.

Il allait surtout dans la famille de Monrad. Deux ou trois fois par semaine, il y jouait aux cartes, en même temps que Maschmann. C'était là une distraction heureuse, qui reposait Abel de ses études continuelles, et qui, pour un habile joueur comme lui, devenait pour lui une petite source de revenus, les seuls qu'il ne dût pas à des emprunts.

Abel, en racontant à ses amis tous ses embarras d'argent, a dit plus d'une fois comment, lorsqu'il était invité à une soirée, il trouvait dans ses gains de jeu un soulagement à ses misères du moment, misères qui devaient se renouveler sans cesse pendant un temps assez long. Sans doute, entre camarades et en famille, les mises étaient modiques; juste ce qu'il fallait pour donner de l'intérêt au jeu. Les profits qu'il réalisait ne pouvaient donc conduire Abel bien loin. Mais les plus petites sommes lui devenaient précieuses alors qu'il n'avait pour vivre que les emprunts minimes qu'il contractait auprès de ses nouvelles connaissances.

Il ne reniait pas, à l'occasion, ses succès de joueur passé maître en son art; il exprime même à Boeck et à Holmboe la satisfaction que lui causaient ses triomphes, en disant étourdiment : « Je plume ces gens; j'en ai besoin, et c'est juste. »

Pendant un mois et jusqu'à la fin de février, Abel avait eu beaucoup à faire, non seulement pour ses travaux scientifiques, mais aussi parce qu'il avait un « nombre effroyable de lettres » à écrire. Combien de ces lettres renfermaient de demandes à des amis, on l'ignore; mais il est sûr qu'Holmboe ne fut pas le seul auquel il s'adressa afin de continuer son séjour à l'étranger jusqu'au moment où il pourrait se considérer comme libre.

En outre, Abel fut malade et alité, mais peu de jours. Vers la fin de février, il était remis. L'hiver était d'ailleurs très rigoureux : il y avait beaucoup de neige, et « il faisait un froid de loup ». A Berlin, on avait eu jusqu'à 18° Réaumur au-dessous de zéro; à Munich, le thermomètre était descendu à 24°.

Quant à la langue allemande, Abel commençait à s'en servir mieux qu'à son dernier séjour. Naturellement, toutefois, il ne pouvait point se mesurer avec Maschmann, qui avait déjà passé à Berlin presque deux années. « Maschmann », dit Abel dans une langue familière, mais assez peu correcte au point de vue grammatical, « Maschmann y est tout à fait devenu un chien qui salue. »

En attendant; était arrivée une lettre du professeur Hansteen et de sa femme. Datée de Christiania et du 25 janvier, elle avait passé par Paris et n'arriva à Berlin qu'un mois après son départ. C'était une grande lettre de six pages pleines in-quarto. Elle ne renfermait guère cependant que des choses qui ne touchaient que Mme Hansteen et Abel.

Peu de nouvelles du pays! Il y est question d'Esmark, professeur de minéralogie à l'Université, prédécesseur de Keilhau et, de plus, disciple fidèle de l'illustre Werner, sous lequel il avait étudié à Freiberg; on en dit qu'il avait été chargé de prononcer un discours en latin à l'occasion du jour de naissance du roi, qu' « il avait sué beaucoup » sur ce discours, détail qui fut ensuite transmis à Boeck.

De Sommerfeld et Ratke (1), il était dit qu'ils étaient en guerre dans le *Magazin;* Hansteen espérait que le professeur s'en tirerait avec les « oreilles coupées ».

Hansteen était devenu membre de deux sociétés savantes : la Société de Copenhague et la Société Wernerienne d'Édimbourg ; mais il ignorait comment un tel honneur lui était arrivé, vu qu'il n'entendait rien aux pierres.

Il y avait aussi dans la lettre un passage qui intéressait personnellement Abel : Hansteen pensait qu'il obtiendrait, à son retour, une place à l'Université. Cependant, il avait été question de le « torturer dans une école », au préalable, pendant un an. — « Si l'on veut cela », disait Abel, « je me dresserai absolument sur les pieds de derrière. »

Peu après l'arrivée de la longue lettre que lui avaient écrite ensemble Mme Hansteen et le professeur, Abel eut enfin des nouvelles de Boeck, qui était aussi en correspondance suivie avec Hansteen. Il reçut de son ami non moins que deux lettres à la fois, toutes deux de Munich. Mais elles avaient passé par Paris et elles étaient parties avant que Boeck eût entre ses mains la lettre où Abel lui avait adressé une demande pressante d'argent. Elles n'apportaient donc pas de fonds.

Abel, bien que déçu dans ses espérances, n'en fut pas moins reconnaissant d'apprendre quelque chose de cet « honnête garçon de Boeck ». Sans doute, il comprit qu'il n'était pas facile à son débiteur de se démunir alors d'argent, vu qu'il devait se passer du temps avant qu'il entrât en possession des 600 francs qui étaient déposés à la légation de Paris.

Boeck, au lieu de retourner directement en Norvège, où il devait revenir à l'automne, s'était maintenant décidé à aller à son tour à Paris, et plus tard à Berlin. Keilhau lui donna une lettre

(1) Ratke, professeur de zoologie, fut le prédécesseur de Rasch, l'ami et le camarade de chambre d'Abel au *Regenssen*.

de recommandation pour Paris, adressée à M. Broquart. De son côté, Abel lui avait fourni des renseignements qui devaient lui servir pendant son séjour dans la même ville. Il ne voulut pas lui recommander la pension de son mathématicien ; et lui conseilla tout au plus d'y dîner. Mais, naturellement, il l'engagea à se mettre en rapport avec Görbitz, l'artiste peintre, autre « honnête garçon ». Il y avait aussi à Paris un jeune Norvégien, Grönvold, également « honnête garçon », qui se ferait un plaisir de guider Boeck à son arrivée.

Bien qu'Abel eût enfin reçu une lettre de Holmboe, il était trop dans la nécessité de rassembler toutes ses ressources propres pour qu'il pût se dispenser d'insister encore une fois auprès de Boeck. Il fallait « absolument » que celui-ci lui remît le peu d'argent qu'il lui devait, et cela avant de quitter Munich. « Je ne suis pas du tout en fonds. Hier j'ai reçu de Bernt Holmboe — qui a été à Stockholm et à Upsala, et qui s'est beaucoup amusé pendant cette excursion — 293 Mark Banco. C'est, pour le moment, le seul argent qui me reste. En mai, je partirai donc d'ici, faute de ressources, mais sans déplaisir. »

XI.

Travaux d'Abel à Berlin. Sa situation au moment du retour au pays.

Jusqu'au 25 février, lorsque après une attente de plus de six semaines, il reçut enfin la lettre de Holmboe — promptement expédiée d'ailleurs comme toujours —. Abel semble donc n'avoir eu pour vivre que les prêts que lui faisaient les compatriotes de sa connaissance qui demeuraient à Berlin.

Il est possible que, pendant ce commencement de séjour à Berlin, Abel ait pu tirer de Christiania quelques fonds en dehors des prêts de Holmboe. On peut supposer qu'il s'adressa, par exemple, à ce Skjelderup, dont il parle dans la lettre du 20 janvier et à qui il avait écrit de Paris; ce dernier, mieux que la plupart des autres personnes auxquelles Abel pouvait songer, était en position de le secourir. Quant à Hansteen, tout porte à croire qu'il ne connut pas, avant Holmboe, la pénurie de notre voyageur et que celui-ci ne lui en avait pas parlé dans ses lettres; ce qu'il put en savoir, il l'apprit de Holmboe et de Keilhau, et il dut penser que les deux prêts consentis par le premier et le remboursement de la dette du second avaient suffi pour parer aux nécessités les plus impérieuses.

Mais tout ce que quelque ami ou quelque ancien camarade a pu fournir d'argent à Abel, pendant les semaines dont nous parlons, n'a pu être grand'chose, si l'on ne tient pas compte des avances que lui firent ses nouvelles connaissances de Berlin. Ce fut sur Holmboe que dut alors, comme plus tard, retomber presque tout le fardeau, et c'était comme un fardeau qu'Abel se considérait lui-même, disant qu' « il était créé pour être à charge à ses amis. »

Ce qui prouve, d'ailleurs, qu'Abel ne reçut presque rien de

Norvège, en dehors de la somme que lui procura son ancien maître, c'est qu'il dit que cette somme était *tout* ce qu'il avait alors à sa disposition. Et c'est avec elle qu'il devait encore vivre deux mois, du moins s'il lui était possible de prolonger aussi longtemps, dans ces conditions, son séjour à Berlin. Il fallait ensuite gagner Copenhague, et puis Christiania.

Le 4 mars, Abel écrivait à Holmboe pour le remercier. « J'ai déjà constaté, depuis plusieurs jours, les suites de ton honnêteté, cher Holmboe, et de mon chiffon de papier, en recevant par Cordes, de Hambourg, 293 By 10 p. Merci bien de ton obligeance! Tu me rends un service d'une importance capitale, car j'étais plus pauvre qu'un rat d'église. Maintenant, je vivrai ici de ton argent aussi longtemps que je le pourrai, et puis» — ajoute-t-il, en parlant de lui-même comme d'un vagabond — « je courrai vers le Nord. »

« Je resterai un peu de temps à Copenhague, où ma fiancée viendra. Ensuite je retournerai au pays, et j'y retournerai si dénué qu'il me faudra sans doute tendre la sébille à la porte de l'église. Pourtant je ne me laisse pas décourager, car je ne suis que trop accoutumé à une vie pitoyable et à la misère. Ca finira bien par passer! »

Telle était la situation matérielle où Abel se trouvait pendant qu'il achevait la première partie de ses *Recherches sur les fonctions elliptiques*. Dans la même lettre à Holmboe, il s'exprime ainsi sur ce travail et sur d'autres dont il s'occupait alors :

« Par Peckel », dit-il, « je t'ai envoyé, depuis un mois, le troisième cahier du *Journal de Crelle* et un peu plus que la moitié du quatrième cahier qui, maintenant, est terminé. »

Le troisième cahier, publié dès le mois d'août 1826, contenait le mémoire de Freiberg, mémoire, nous le rappelons, dans lequel l'auteur discutait les cas où une certaine classe d'intégrales hyperelliptiques peut s'exprimer logarithmiquement.

Ce grand mémoire fut suivi de celui qui est relatif à la série du binôme et qui est inséré dans le quatrième.

La lettre d'Abel prouve que ce dernier cahier était presque terminé pour la publication, ou bien même déjà publié avant le 4 mars 1827.

« Que penses-tu du mémoire de moi qui s'y trouve? » dit-il, à propos du quatrième cahier, sur la série du binôme. « J'ai l'usage d'être si rigoureux qu'aucune objection fondée ne puisse m'être faite. »

Déjà, en octobre, Abel avait parlé de ce dernier mémoire, alors sous presse, et à la fois du précédent, publié pendant son séjour à Paris. A cette occasion, il disait : « J'espère que tu seras content d'un mémoire sur une intégrale, inséré dans le troisième cahier — un très long mémoire. — Mais je suis surtout content d'un autre qui s'imprime, en ce moment, dans le quatrième cahier, sur la série simple. — J'ose dire qu'on a là la première démonstration rigoureuse de la formule du binôme pour tous les cas possibles aussi bien que d'un grand nombre de formules en partie connues, mais mal établies. »

Continuant, dans sa lettre de mars 1827, ses explications sur ses travaux, Abel remarque qu'il y aura bien un petit *arrêt* dans la publication du *Journal*, — Hansteen sait quelle en est la raison, — mais qu'après il sera *publié en français*. Puis il dit :

« J'ai déjà préparé un mémoire bien étendu où il y a » — Abel se sert du présent et non du futur — « beaucoup de drôles de choses » (fonctions elliptiques). « Ainsi », ajoute-t-il, répétant ce qu'il avait dit à Paris, « j'ai trouvé qu'avec la règle et le compas, on peut diviser la circonférence de la lemniscate dans autant de parties égales que Gauss l'a montré pour le cercle, par exemple en 17 parties. »

« Ceci », continue-t-il plus bas, après avoir rappelé que la division de la lemniscate en 17 parties dépend de la solution d'une équation d'un degré « énormément élevé », d'une équation du 288e degré, « ceci n'est qu'une conséquence très spéciale de mes recherches, et l'on en tire une foule d'autres propositions plus générales. Ce sont mes recherches générales sur les équations qui m'y ont amené. Dans la théorie des équations, je me suis proposé et j'ai résolu [1] le problème suivant, qui contient en lui tous les autres : Trouver toutes les équations possibles d'un degré déterminé qui se peuvent résoudre algébriquement. Ainsi je suis parvenu à une foule de théorèmes magnifiques, par exemple, ... Mais le plus brillant, je l'ai dans *la théorie des fonctions transcendantes en général et celle des fonctions elliptiques en particulier.*»

De ces expressions, on voit qu'en dehors des recherches sur les fonctions elliptiques, auxquelles il se livrait alors, il méditait des travaux à venir d'une portée encore plus haute que ces recherches elles-mêmes.

Nous nous étions figuré d'abord que ces paroles faisaient allusion au dernier grand travail d'Abel sur les fonctions elliptiques, travail qu'il publia, sans pouvoir le terminer, sous le titre de *Précis,* etc. Nous supposions, en effet, qu'une certaine ébauche, écrite, par exemple, en allemand (dans le livre manuscrit qui fait suite au registre dont Abel se servait à Paris), datait de son second séjour à Berlin. Mais cette hypothèse ne se soutient plus maintenant qu'il est constaté, comme nous l'avons expliqué ailleurs, que cette ébauche en allemand, premier jet du *Précis,* n'a été écrite qu'à Christiania, pendant l'automne de l'année 1827. Il est donc plus logique et plus conforme au sens même des mots d'admettre que le passage précité vise certaines recherches préalables se rapportant, en général, aux « transcendantes abéliennes », qui allaient entrer dans la science, grâce au Mémoire à l'Institut, et, en particulier, aux transcendantes elliptiques. C'est là ce qu'Abel trouvait « le plus brillant de tout ».

Il semble, cependant, en tenant compte de ses habitudes de langage, qu'il ne s'agisse ici que de ces travaux préparatoires auxquels étaient réservés les livres manuscrits. Nous croyons, en effet, que ces registres lui servaient plutôt pour la rédaction de ses mémoires que comme des cahiers où l'on note une pensée qui vient de naître, avant qu'elle soit devenue claire et simple pour l'auteur. Du reste, Abel décrit lui-même l'état des choses en ces mots :

---

[1] Auparavant, à Paris, Abel avait aussi parlé de ce problème, mais en disant seulement qu'il voyait la manière de le résoudre.

« Mais il faut que je revienne avant de pouvoir t'en faire part. En somme, j'ai fait une « masse informe » de découvertes. Si je les avais seulement mises en ordre et rédigées! car la plupart ne sont pas encore sorties de ma tête. Il n'est pas possible de penser à de telles choses tant que je ne serai pas de retour et tant que je ne serai pas tranquillement installé chez moi-même. Alors, j'aurai à travailler comme un cheval de trait, mais avec plaisir, s'entend. »

Vers la fin de sa lettre, Abel parle de Boeck et dit qu'il partira pour Paris au mois d'avril, et qu'il sera à Berlin en août. Boeck aussi avait été malade et alité. Il était rétabli maintenant, mais attristé de la mort de sa mère.

Abel revient ensuite sur la nécessité d'abréger son séjour à l'étranger. Mais on voit que, tout en attendant avec impatience l'heure du retour, il a des attaches au dehors. La patrie qui le réclame est un pays sévère.

« Il me tarde », dit-il, « de revenir; car je ne vois pas grand profit à prolonger ici mon séjour. Chez soi, on se fait de l'étranger des idées diablement différentes de ce que l'on devrait. Ce n'est pas tellement supérieur! En somme, le monde est fade, mais passablement droit et honnête. Nulle part, il n'est plus facile de faire son chemin qu'en France et en Allemagne. Chez nous, c'est dix fois plus difficile.

» J'apprends que tu as été à Upsal et à Stockholm. Pourquoi ne pas aller plutôt à Paris? Je veux y revenir avant ma mort! »

« La lettre incluse », dit-il en terminant, « je te prie de la faire parvenir au professeur Hansteen, en mains propres. J'ai reçu de lui, il y a quelques jours, une lettre qui avait passé par Paris. — Je n'ose pas te demander de m'écrire; mais si tu veux me sacrifier ton temps, et les frais de port (car on ne peut rien envoyer, tu le sais, sans affranchir), je n'ai pas besoin de te dire que tu me rendras bien heureux. Cependant, alors, il faut te presser; et, du coup, me donner des renseignements sur *le vapeur*. »

Abel avait appris qu'au printemps prochain un bateau à

vapeur allait régulièrement faire le trajet entre Copenhague et Christiania.

Nous ne savons pas ce qu'Abel crut devoir ne pas confier à la famille Hansteen. On avait sans doute appris, à Christiania, quelque chose de la situation difficile d'Abel; il est vraisemblable cependant qu'on ignorait, au moment où partit la lettre du professeur, à quel point cette situation s'était aggravée, et en pays étranger. Hansteen avait toujours et vivement désapprouvé les longs et coûteux voyages. Il n'en est pas moins possible, bien que nous en doutions fort et que la chose dût être pénible à Abel, que celui-ci, pressé par le besoin, ait révélé au professeur une part de la vérité. C'est même ce que semble indiquer une phrase que nous aurons à citer tout à l'heure : « comme vous pouvez bien le penser. »

En dehors même des difficultés matérielles, il ne lui manquait pas, d'ailleurs, d'ennuis à surmonter, et à l'occasion desquels il pouvait être obligé de s'adresser à quelqu'un. C'étaient ses parents dont la misère était extrême et qu'il devait secourir dans la mesure du possible; c'était son plus jeune frère, qui n'en essayait pas moins de faire ses études à l'Université; c'était sa fiancée, qui travaillait pour vivre dans un autre pays. Toutes ces questions étaient de la nature la plus délicate. Certainement, elles n'étaient pas ignorées de la famille qui prit tant de part au sort d'Abel; et, entre lui et sa maternelle amie, Mme Hansteen, il devait y avoir bien des sujets à traiter dans leur échange de correspondance.

On a conservé un bout de papier, faisant partie de la lettre qui fut conservée dans la lettre à Holmboe. L'écriture en est très serrée; et c'est précisément à Mme Hansteen que le morceau est adressé. Mais ce n'est qu'un simple fragment! Impossible de savoir le contenu du reste, qui a été coupé.

Ce fragment commence ainsi, au milieu d'une phrase :

« .... sens chez moi, que j'irai vous voir fréquemment. Vraiment, cela sera un de mes meilleurs plaisirs. Bon Dieu, que de fois n'ai-je pas désiré aller chez vous, mais sans l'oser! Maintes fois, je suis venu près de la porte, et je m'en suis retourné, de peur de vous importuner; car le pis qui pourrait m'arriver, ce serait que vous vous lassiez de moi. Il est heureux que je puisse croire qu'il n'en est pas ainsi....

» Quand je pense au plaisir que vous avez eu, vous et Hansteen, lorsque Mme Fredrichsen et Charite étaient chez vous, je me sens tout jaloux. Toutes les deux me sont, en effet, si chères! Je me réjouis de tout mon cœur de les revoir à mon retour à Copenhague, qui ne tardera plus longtemps. Ma bien-aimée (qui est maintenant à Aalborg) y viendra aussi. A Copenhague, j'ai toujours mené la vie la plus agréable.

» Hier j'ai reçu une lettre de Boeck, » continue-t-il, répétant ce qu'il a raconté à Holmboe. « Il a souffert quelque temps d'un rhume et d'autres indispositions. Maintenant il est rétabli. Sa mère est morte. Au milieu d'avril, il partira pour Paris, et il reviendra par Berlin. D'ailleurs, il n'est guère de bonne humeur. C'est un brave garçon!

» Je suis heureux, plus que je ne puis le dire, de ce que cela aille si bien pour ma sœur chérie. Je l'aime du fond du cœur. Son bonheur et la joie que j'en ressens, nous vous en sommes redevables, chère Madame Hansteen. Saluez-la, je vous en prie, mille fois, quand vous la verrez. Je songe sans cesse à elle.

» Du reste, comme vous pouvez bien le penser, je mène une vie éminemment tranquille et monotone. Toutes mes distractions consistent à aller quelquefois au théâtre et à me rendre, chaque lundi, à la réception de Crelle.

» Et maintenant adieu, très chère et maternelle conseillère! Gardez à votre Abel dans votre cœur une petite place, si petite qu'elle soit. »

Nous ne savons rien de certain sur le séjour d'Abel à Berlin à partir du 4 mars. C'est à cette date (on s'en souvient) qu'il écrivit à Holmboe, en lui donnant des renseignements sur son grand mémoire fondamental, alors déjà bien avancé, les *Recherches sur les fonctions elliptiques*. C'est à cette date aussi qu'il faisait allusion aux choses « les plus brillantes » de la « théorie des fonctions transcendantes en général et des fonctions elliptiques en particulier. »

Par une singulière rencontre, ce fut le même mois que Jacobi, qui se livrait à ses études préparatoires des transcendantes de Legendre, et qui l'avait fait d'abord sans succès, entra dans la voie des découvertes, en trouvant son « principe de transformation ». Collaborateur du *Journal de Crelle*, il avait pris alors depuis longtemps connaissance des procédés d'Abel, surtout grâce au mémoire de Freiberg, où un éminent savant comme lui avait dû puiser des inspirations pour ses propres et audacieuses recherches.

Maintenant Abel allait retourner bientôt en Norvège; mais il devait n'y trouver longtemps qu'abandon et détresse, et y être, par suite, arrêté dans ses travaux réguliers et dans son libre développement. Ici commence la plus pénible période de sa vie, période qu'une lueur ne vint éclairer que vers la fin de l'année. Toutefois, nous ne pouvons pas entrer dans de nouveaux détails, d'autant plus que nous nous heurterions à d'impénétrables mystères. Nous ajouterons donc seulement quelques dernières remarques, et, pour le reste, nous nous bornerons à renvoyer le lecteur à ce que nous avons exposé plus haut.

L'abandon où se vit Abel ne fut pas heureusement du fait de ses amis; sans eux, au contraire, il n'aurait pas eu d'histoire, car il se serait entièrement perdu.

Pour comprendre la situation d'Abel, il ne faut pas songer seulement aux secours que lui fournissait constamment Holmboe, et à l'aide qu'il trouvait dans la famille Hansteen et chez quelques autres amis dont la plupart suffisaient à peine à leurs propres besoins; il faut se rappeler que le malheureux s'endettait de plus en plus; que sa famille était dispersée et ruinée; qu'il n'avait d'autres ressources propres que le salaire de quelques leçons trop rares, et que cependant sa fierté et sa timidité le retenaient et lui imposaient silence.

Comme le dit Boeck, peu de personnes connurent Abel tel qu'il était véritablement. Il cachait ses pensées et ses soucis à ses camarades, sous une apparence de gaîté feinte ou d'étourderie dans les manières et dans le langage; étourderie et gaîté qui trahissaient sans doute une fermentation intérieure et lui servaient de dégagement.

Du reste, malgré sa pénurie, les apparences au moins furent sauvées à Christiania; Abel ne fut jamais réduit à une misère patente : ses amis ne l'auraient pas permis. Bien qu'il n'eût presque rien qu'il pût appeler le sien, il était toujours bienvenu dans les familles; il put inviter parfois ses camarades à venir jouer une partie dans sa chambre; et l'on raconte même qu'après son retour en Norvège, « il était habillé plus conformément à son état. »

Il vivait donc de crédits, d'emprunts successifs, aidé par des amis, et entouré d'une famille dont la plupart des membres, aussi peu fortunés que lui-même, le regardaient comme un de leurs soutiens. Mais ses camarades ne connaissaient que très imparfaitement sa véritable situation. Ce ne fut qu'aux plus intimes qu'il parla de ses difficultés matérielles contre lesquelles il avait à lutter pour se maintenir, sans importuner toujours les mêmes amis. Et ces amis qu'il était contraint d'importuner « à son grand regret », qui l'invitaient chez eux, qui l'aidaient en lui prêtant de l'argent ou en le cautionnant, qui faisaient toute sorte de démarches, restées longtemps vaines, pour lui procurer une situation officielle, ces amis, rassurés par tout ce qu'ils faisaient pour lui, ne se rendirent guère compte de toute la gravité de sa situation.

Il y a des choses que l'on voit, et d'autres que l'on ne voit pas ou que l'on ne comprend pas clairement, si l'on n'a pas quelque peu passé par les mêmes épreuves. Dans les entretiens intimes, ou dans les lettres qui n'étaient pas destinées au public, mais dont quelques fragments subsistent encore, Abel a laissé échapper des paroles qui témoignent d'une lutte silencieuse et de nombreux jours de privation.

XII.

Réunion des œuvres d'Abel dans une première édition, et publication du Mémoire présenté à l'Académie des Sciences de Paris.

Nous ne nous occuperons plus de la vie et des œuvres d'Abel, bien qu'il eût été très intéressant de voir se développer le drame où lui-même, dans son isolement, où Jacobi, et Gauss, et Schumacher, et Legendre jouèrent chacun son rôle et manifestèrent leurs personnalités. Faute d'espace, nous avons dû exposer ce drame, en son temps, sous une forme systématique, et non en racontant les faits dans leur ordre chronologique et en laissant la parole aux acteurs. Il ne serait donc pas possible de revenir ici sur ce sujet sans multiplier les répétitions.

Mais il peut être curieux de savoir comment on se détermina à faire une édition des œuvres d'Abel, et c'est ce que nous allons maintenant raconter en détail.

A la date du 17 juillet 1831, le baron Maurice adressa une lettre à notre ministre de Paris, M. Löwenhjelm. Il commençait par y rappeler qu'il avait fait une visite au comte, lorsqu'il avait eu la douleur d'apprendre que M. Abel, si jeune encore, avait été enlevé à son pays, dont il eût été une des gloires. A cette occasion, il s'était permis de parler du grand intérêt que présenterait pour la science une édition de l'ensemble des écrits de cet éminent mathématicien, et qu'il avait cru remarquer que Son Excellence était disposée à croire que Son Altesse le Prince royal ne refuserait as de favoriser l'exécution de cette entreprise.

Le baron regardait actuellement comme son devoir d'informer

le comte de tout le prix qu'aurait une semblable publication aux yeux des mathématiciens dont les signatures se trouvaient au bas de la Lettre au Roi, lettre que le comte avait eu la bonté de transmettre au mois de septembre précédent (1). Ces mathématiciens étaient convaincus que rien ne serait plus avantageux au progrès de l'analyse mathématique, plus honorable pour la mémoire d'Abel, et plus digne de sa patrie que le soin qu'on prendrait de réunir en un seul volume les travaux du jeune savant, travaux qui, malheureusement, se trouvaient dispersés dans plusieurs journaux, dont l'acquisition complète était toujours difficile et coûteuse. On pensait que, publiés dans un volume in-4° de 400 à 500 pages, les écrits de feu Abel se répandraient commodément dans le monde scientifique. Cette diffusion de ses œuvres assurerait à l'auteur la gloire posthume à laquelle il avait tant de droit, et cette gloire rejaillirait infailliblement sur le pays qui l'avait vu naître.

Rien ne serait, d'ailleurs, plus naturel que de confier le soin de rassembler et de publier les travaux en question aux mathématiciens membres de l'Académie royale de Stockholm. On pourrait même donner au volume projeté la forme d'un supplément aux mémoires de cette Académie. On rattacherait ainsi les brillants travaux d'Abel aux travaux des membres dont la compagnie se composait.

« Si les détails que je viens de vous exposer, Monsieur le Comte, vous paraissent dignes d'attention, je me trouverais heureux d'avoir provoqué une mesure sans laquelle, peut-être, la dispersion des écrits d'un homme de génie préjudicierait à l'éclat que mérite son nom. »

La lettre de Maurice fut communiquée par le ministre à Berzelius, le célèbre chimiste de Stockholm. Mais, naturellement,

(1) Nous ne comprenons pas le sens de cette phrase, d'après laquelle la Lettre au Roi n'aurait été transmise qu'au mois de septembre 1830. Peut-être la première lettre avait-elle été suivie d'une seconde. On en doit aussi conclure que l'Adresse où le Roi était sollicité d'appeler Abel à l'Académie de Stockholm, avait été signée également par Maurice.

celui-ci reconnut trop bien la confusion de nationalité qui ressortait de l'écrit adressé au Roi par les savants étrangers. Il écrivit, en conséquence, le 27 septembre 1831, à Hansteen, en lui envoyant la lettre du savant Français. « L'Académie », disait-il, « n'a pas les moyens de publier une semblable édition, et la gloire nationale qu'on pourrait en acquérir reviendrait incontestablement à la Norvège. Si l'Université de Christiania se chargeait de l'affaire, le Storthing ne refuserait certainement pas de voter les fonds nécessaires. »

Hansteen présenta alors les deux lettres (celle de Maurice et celle de Berzelius) dans une séance du Sénat de l'Université. Il en résulta que, conformément à la proposition du Sénat, il fut décidé que les œuvres d'Abel seraient publiées aux frais de l'État, et l'on confia à Holmboe, comme à celui qui avait été le maître d'Abel, et plus tard, quelque temps, son compagnon d'études, le soin de l'édition.

La tâche de Holmboe était bien plus difficile qu'on ne le croit ordinairement aujourd'hui. Il avait à s'occuper de matières aussi profondes que nouvelles et, entre autres, d'une excessive généralité. La publication ne pouvait donc être terminée qu'après plusieurs années. De plus, malgré les scrupules minutieux que l'ancien maître d'Abel apporta dans sa tâche, pour la remplir dignement, on peut se demander s'il n'y a pas beaucoup de choses qui aient échappé à son attention ou qu'il ait omises, faute de les comprendre, en étudiant les manuscrits. Il est naturellement fort probable qu'il n'a pas pu, en général, deviner le sens de maintes notes ou premières esquisses que l'auteur n'avait pas eu le temps d'élaborer avec soin et de rédiger sous la forme définitive de mémoire.

On ne sait pas davantage dans quelle mesure Holmboe a disposé des manuscrits d'Abel. Un bon nombre de ceux-ci ont été certainement anéantis et dispersés, par suite d'un incendie qui, peu de temps après la mort de Holmboe, menaça la maison où celui-ci demeurait. Ainsi que nous l'avons déjà dit, on n'a guère retrouvé, de temps à autre, que les manuscrits ayant la forme de livres et contenant les recherches auxquelles l'auteur se livrait immédiatement avant de rédiger ses mémoires. La plupart des papiers détachés ont été détruits par l'eau et dispersés, en sorte qu'ils sont bien perdus pour toujours.

Il est aussi difficile de comprendre comment il s'est fait que le mémoire qu'Abel envoya de Paris à Gergonne et dont Holmboe a eu connaissance par une lettre d'Abel, n'ait pas trouvé place dans l'édition. Quant au Mémoire de Paris, il fut fait des tentatives pour en obtenir une copie, mais en vain; et cela, bien que des membres de l'Institut de France s'intéressassent très vivement à Abel, au géomètre dont le travail le plus précieux avait été gardé par leur Académie, sans qu'elle eût encore rien fait pour le publier.

Au milieu de l'année 1839, Holmboe finit sa tâche. Un exemplaire des *Œuvres complètes* (ou plutôt incomplètes) fut transmis à Crelle avec une lettre datée du 15 août. A cette époque, il fallait bien du temps pour qu'un semblable envoi arrivât à son adresse! En effet, Crelle ne reçut son exemplaire qu'au commencement du mois d'avril 1840, et la lettre d'accusé de réception adressée à Holmboe est datée du 15 mai. Il y exprime sa reconnaissance pour le don du livre, si précieux pour lui, de l'homme rare, mort trop jeune, qui l'avait honoré de son amitié et de sa confiance (1).

L'incident du baron de Maurice et des académiciens suédois tomba bientôt en oubli, ainsi que la lettre adressée par les savants Français au « Roi de Suède », afin qu'il appelât Abel à l'Académie de Stockholm : les contemporains ne devaient guère conserver la mémoire d'événements relatifs à un homme qui était mort si jeune et dont les mérites n'étaient pas de ceux que peut apprécier le grand public.

---

(1) Cette lettre, datée de Berlin, 15 mai, fut reçue par Holmboe le 2 juin. Elle prouve, de nouveau (ce qui n'est pas sans intérêt pour l'histoire d'Abel), qu'ordinairement il se passait deux semaines avant qu'une lettre arrivât de Berlin à Christiania, ou réciproquement.

D'ailleurs, d'autres circonstances contribuèrent à ce résultat. L'une des deux affaires que nous venons de rappeler, celle de la nomination à l'Académie de Stockholm, fut regardée par tout le monde comme une chose qui ne touchait pas les compatriotes d'Abel. Les académiciens français avaient, sans doute, agi dans les meilleures et les plus louables intentions; mais presque comme s'ils s'étaient adressés, à cette époque, au roi de la Grande-Bretagne pour qu'il fît entrer un Hanovrien dans la « Royal Society ». Quant à la seconde affaire, qui s'explique naturellement par la première, elle équivalait, dans la même hypothèse, à une demande adressée à la Société savante de Londres, pour qu'elle se chargeât de la publication des écrits d'un jeune et éminent Allemand. Or, la dernière invitation (l'invitation du baron Maurice aux académiciens suédois) est la seule qui, après quelques retards forcés, soit arrivée à destination. Mais on en fit si peu de bruit, que le public qui y était vraiment intéressé, n'en eut presque aucune connaissance. On paraît même s'être arrangé de manière à employer les fonds publics de la Norvège sans qu'on eût besoin de proposer à l'Assemblée nationale l'ouverture d'un crédit spécial. Ainsi, tout fut réglé dans les hautes régions, par la voie diplomatique, ou par une courte intervention de l'Université. Il n'est donc pas étonnant que cette affaire ne contribuât pas beaucoup à augmenter la gloire d'Abel parmi ses compatriotes, ni à éclairer ceux-ci sur la haute estime que professaient pour lui les plus illustres savants de l'Europe. On ne se souvint pas, non plus, de Maurice et des généreux savants français.

La nouvelle que les œuvres d'Abel étaient publiées, se répandit parmi les savants de Paris vers le milieu de l'année 1840. Un peu plus tôt, le premier exemplaire était déjà arrivé à Berlin. Maurice qui désirait ardemment posséder un exemplaire de l'ouvrage, alors, sans doute, que les libraires étrangers ne pouvaient pas se le procurer encore, s'adressa au comte Löwenhjelm. Il en advint que, conformément au désir exprimé par Sa Majesté le Roi, un bel exemplaire lui fut transmis, accompagné d'une lettre de Holmboe, datée du 22 juillet 1840.

La publication des œuvres d'Abel allait être sous peu un fait généralement connu de tout le monde scientifique.

L'année suivante, en 1841, quinze années après la présentation du mémoire d'Abel à l'Académie de Paris, ce mémoire, exclu d'abord de la collection, fut inséré enfin dans les Mémoires des Savants étrangers. Il avait pour titre : « *Mémoire sur une propriété générale d'une classe très étendue des fonctions transcendantes*, par M. N. H. Abel, Norvégien; présenté à l'Académie le 30 octobre 1826. »

XIII.

Remarques finales sur le caractère et la situation de la société d'où sortit Abel. — État de la Norvège pendant sa première jeunesse et à son retour de l'étranger.

Pour mieux comprendre l'histoire d'Abel, il est bon de jeter un coup d'œil sur les grands changements qui s'accomplirent dans sa patrie pendant ses premières années. Nous rapporterons, en outre, quelques traits de l'existence que menaient les classes de la population au milieu desquelles il vécut dans le presbytère de son père. Ainsi nous verrons comment les événements de cette époque, tout en modifiant le sort du pays, exercèrent une influence profonde jusqu'aux foyers des familles; si bien qu'on doit y chercher la cause complexe de bien des choses qui se passèrent alors.

Dans cette exposition, nous introduirons aussi le père d'Abel; Il prit une part, bien que peu apparente, aux événements du temps. Cet homme, qui fut l'instituteur et le précepteur de notre mathématicien, représenta avec distinction une société qui aspirait à regagner et regagna sa liberté, société éprouvée fort durement et contrainte à compter jusqu'au bout avec ses faibles ressources. Pour le futur savant, un semblable milieu compensa, dans une large mesure, quelques-uns des défauts qu'on découvrait aux institutions d'un petit pays renaissant à peine au milieu des circonstances les plus graves. L'influence puissante des premières impressions de sa jeunesse dut se manifester plus tard dans les recherches aussi sévères qu'indépendantes auxquelles il se livra.

Mais les revers de fortune qu'éprouva sa famille, eurent une action non moins profonde sur la vie du jeune Abel; d'autant plus que sa position devait déjà se ressentir péniblement des malheurs qui avaient frappé le pays tout entier. Ces revers de fortune furent la conséquence des grands bouleversements qui agitèrent la société d'alors, mais surtout de quelques contre-coups qui se produisirent dans les contrées où était située la paroisse d'Abel père. Le désastre fut complet quand survint la mort du père, avant que le fils eût quitté les bancs de l'école.

En expliquant toutes ces choses avec un peu plus de détails, nous ferons aussi voir plus clairement quels étaient les risques et périls que courait Abel en revenant dans son pays; et nous ferons sentir combien il avait raison de redouter à Berlin ces « laideurs » qu'il rencontrerait sans doute, même dans le cas où il obtiendrait une place à l'Université.

A la fin du siècle passé, ainsi qu'au commencement du précédent (mais après une courte interruption), il y avait eu une période bien florissante dans ce pays du Nord où naquit Abel. Presque toute l'Europe était impliquée dans de grandes guerres et les Anglais dominaient sur mer. Mais l'État danois-norvégien put d'abord garder la neutralité; et ses côtes étendues (celles de Norvège surtout) étaient admirablement situées pour une navigation profitable. Ce fut là un avantage d'autant plus grand qu'on avait, à l'époque, à pourvoir d'autres pays, fortement gênés dans leurs communications respectives. Aussi la flotte marchande s'accrut-elle considérablement, peut-être même hors de proportion avec le nombre des habitants. De plus, la Norvège, en particulier, obtint de très hauts prix pour les produits de ses forêts.

Et ce n'étaient pas seulement les habitants des districts maritimes ou des villes de la côte qui firent des bénéfices extraordinaires dans ces circonstances; ceux des vallées, dans l'intérieur du pays, furent aussi favorisés par cette liberté de la mer, sans laquelle on ne peut presque pas vivre, encore moins parvenir à quelque aisance, dans ces régions dont une si grande partie ne saurait subvenir à sa propre subsistance.

D'autant plus grand fut le désastre, lorsqu'en 1807 (c'était encore dans l'enfance d'Abel, l'État danois-norvégien, mal dirigé par un gouvernement absolu, sans ressources rassemblées à temps, se vit une seconde fois en guerre avec l'Angleterre, avec laquelle il avait eu un premier conflit au commencement du siècle. D'un seul coup, les Anglais s'étaient emparés de la flotte de guerre à Copenhague, et, par la suite, mille navires marchands (danois et norvégiens) furent capturés. Pour la Norvège, en particulier, les plus importantes ressources de ce pays de pêcheurs, de marins et de montagnards, furent ainsi presque perdues et même toute communication fut sévèrement interceptée avec le Danemark, siège du gouvernement et magasin de blé de la contrée. En même temps, éclata la guerre avec la Suède, qui occupe la partie orientale de la péninsule scandinave et dont la frontière est longée à l'ouest par la Norvège sur une grande étendue.

Dans ces temps extrêmement durs — comme à l'époque de la première guerre avec les Anglais, on dut maintes fois subvenir, dans son isolement, à ses besoins tant bien que mal, avec ce qui vous restait. Pour défendre d'immenses côtes, avec leurs îles, leurs ports et leurs villes, la flotte canonnière et le petit nombre de vaisseaux de guerre dont on disposait encore ne suffisaient pas, alors qu'on luttait contre un ennemi si puissant — sur lequel on remporta, cependant, quelques avantages en s'abritant derrière les nombreux écueils de ces parages. Encore moins put-on faire prendre la mer aux navires marchands. — On raconte, entre autres traits de cette époque et de la précédente, que le père d'Abel, le paisible pasteur, rassembla lui-même ses paroissiens, quand les Anglais menacèrent le pays, et organisa la défense de son île. Pour cette action, il fut décoré de l'ordre du Danebrog.

Des banqueroutes, la misère, et même, pour un grand nombre d'habitants, la famine, telles étaient les conséquences des événements politiques.

Les croiseurs anglais surveillaient les côtes et capturaient les navires à voile qui, par de sombres et orageuses nuits, essayaient de traverser le Skagerak, afin d'aller chercher des céréales et d'autres choses de première nécessité. Quelquefois aussi, en plein hiver, dans quelque port débarrassé de glaces, on essaya de faire de périlleux voyages en bateaux ouverts, sans oser lever la voile, de peur d'être aperçu, et, quand alors on réussissait à revenir, c'étaient deux ou trois tonneaux de blé à partager. Voilà quelle était la situation des côtes.

A l'intérieur, en maints endroits, on fut réduit à remplacer les céréales par de l'écorce, ou bien on recueillit de la mousse sur les montagnes et on la prépara de manière à la mêler à la farine. Et le sort des habitants s'aggrava encore quand, dans ces circonstances critiques, les désastres d'une ou deux années stériles vinrent plus tard s'ajouter à ceux de la guerre et de la fermeture des mers.

On avait été contraint de développer outre mesure la culture du blé. Cependant, il ne fallait pas restreindre le nombre des têtes de bétail. On dut donc, même en hiver, conduire chaque jour, pendant quelque temps les bestiaux chercher leur nourriture dans les bois, où ils vécurent des feuilles en aiguille. Mais, quand vinrent ensuite les années stériles, et que, dans les hautes terres, le blé gela, le mal redoubla, et en bien des lieux la misère alla jusqu'à la famine.

Les finances de l'État avaient été mauvaises même dans les bons temps. Maintenant l'argent n'eut presque plus de valeur. On en arriva même à de telles extrémités qu'on dut payer pour un tonneau d'orge mille écus *dansk kurant*, et un pareil écu devait équivaloir à $\frac{4}{5}$ spd. Il fallut donc des sommes énormes pour les objets les plus nécessaires, surtout dans une telle monnaie; et il arriva en exécution d'anciens marchés, que le prix convenu d'une ferme se payait avec celui d'une vache.

Bien des familles furent ainsi ruinées. Les plus grands bouleversements économiques se produisirent en peu de temps, et tel qui était riche hier, n'avait plus rien aujourd'hui.

Le père d'Abel, pasteur à Findö, — une des innombrables îles de la côte Sud-Ouest de la Norvège — fut envoyé en 1803 à

Gjerrestad ([1]), paroisse où son propre père, récemment décédé, avait exercé le ministère avant lui. Son second fils, notre mathématicien, n'était alors qu'un enfant âgé d'un an.

La nouvelle paroisse formait un district situé auprès de la mer entre le cap Lindesnes (point le plus méridional de la Norvège) et l'entrée du fjord de Christiania. Cette paroisse, par exception à ce qui se voit dans un pays dont la population est clair-semée, confinait à la fois à plusieurs petites villes de la côte. C'étaient Krajerö, Risör, Tvedestrand et, un peu plus vers le sud, Arendal. Dans toutes ces villes, et surtout dans la dernière, s'exportaient les produits forestiers des districts voisins, et, de plus, il s'y faisait d'importantes affaires commerciales avec un grand nombre de navires. On peut même avancer que là s'était concentrée l'activité maritime du pays.

En conséquence, pendant les premières années qui suivirent la prise de possession de la paroisse par Abel, la situation était excellente, au point de vue économique, tant pour ses paroissiens que pour lui-même. Avantageusement connu dans la contrée, il fut reçu avec beaucoup de bienveillance; et il contribua fortement pour sa part au progrès les plus divers, prenant la direction de toutes les réformes utiles : qu'il s'agît d'améliorations relatives à la vie pratique, ou bien d'écoles et de petites bibliothèques communales. Mais soudain éclata la guerre avec l'Angleterre et avec la Suède, et elle jeta partout la confusion. Aucune partie de la côte ne fut surveillée plus rigoureusement par les croiseurs anglais, que la paroisse et les rivages contigus.

Toute activité fut dès lors arrêtée dans les petites villes maritimes qui vivaient presque exclusivement du commerce; et, à part une conséquence inévitable, une stagnation semblable des affaires se produisit dans les campagnes voisines, peuplées de marins, de pilotes et de paysans, vivant tous plus ou moins des villes, où les uns cherchaient des engagements sur les navires, et où les autres écoulaient les produits de leurs bois.

([1]) Ou, plus exactement, à la paroisse de Söndeler, qui ne faisait plus partie de Gjerrestad.

Au bout de quelque temps, le riche armateur, le marchand, le propriétaire de bois, le rentier, se virent bien des fois dans une situation à peine meilleure que l'homme du peuple, et cependant leur argent semblait devoir leur permettre de se procurer plus aisément tous les agréments de la vie, ou du moins les moyens d'existence, alors si rares. L'État ne pouvant plus tenir ses promesses et l'argent ayant perdu presque toute sa valeur, la confusion arriva au dernier degré, et il en résulta les plus extrêmes vicissitudes de fortune pour le riche comme pour le pauvre.

Naturellement, la condition du pasteur Abel se ressentit gravement de tous ces bouleversements, de cette confusion financière, de cette cherté des vivres, de toutes les difficultés, en somme, contre lesquelles ses paroissiens avaient à lutter chaque jour : il suffisait que le temps s'écoulât, et que le nombre de ses enfants s'accrût, pour que sa situation devînt de plus en plus mauvaise.

Quand ces temps pénibles commencèrent, son fils cadet, notre futur mathématicien, était encore un enfant de cinq ans. Cet enfant ne fit donc que trop connaissance avec la gêne, dans la maison paternelle, où il resta pendant toute sa première jeunesse, jusqu'à l'âge de treize ans, époque à laquelle il fut mis en pension à Christiania (1815); et, pendant tout ce temps, il ne vit autour de lui que dénûment et misère.

Telles furent les circonstances au milieu desquelles il reçut ses premières et plus vives impressions et dut aussi commencer à apprendre quelque chose d'une manière régulière.

On ne pouvait point songer alors à se débarrasser de ses enfants, en les plaçant à un âge encore peu avancé dans une école de la ville la plus voisine. On ne pouvait pas davantage, sans une nécessité absolue, se charger de faire vivre chez soi une personne étrangère qui remplirait dans la maison les fonctions de percepteur. Là où c'était possible, il fallait se tirer d'affaire de toute autre façon. Aussi, ce ne fut pas loin du foyer domestique qu'Abel reçut ses premières leçons. Il eut son père pour maître.

Mais c'était un père de très haute capacité! A l'Université de

Copenhague, il avait subi ses examens avec une distinction exceptionnelle, et l'on raconte que le grand'père avait été bien fier d'un tel fils. En outre, Abel père n était pas un homme de routine. Il pensait par lui-même. C'est ce dont témoignent les projets d'améliorations de divers ordres, dont il était toujours occupé. Nous avons mentionné déjà, comme quelque chose de bien caractéristique, qu'il voulut que, dans l'enseignement, tout fût si clair qu'on pût, en quelque sorte, le « toucher des mains ». Peut-être ce que son fils apprit à son école n'était pas conforme en tout point aux connaissances d'un élève ordinaire : il dut y avoir des lacunes dans cet enseignement. Mais si l'on admet que c'est à la *vie* que l'école a vraiment mission de préparer, on jugera que cet inconvénient était bien compensé par l'*esprit* d'une méthode visant toujours à la clarté la plus parfaite, et par des rapports journaliers avec un maître et un père semblable.

On vivait donc, alors, dans un temps où chacun faisait effort pour se soutenir, et on luttait, à cette époque cruelle, non seulement pour l'existence, mais aussi pour conserver les avantages de la civilisation et de l'ordre social.

Entre les deux pays formant le même État, une espèce de séparation avait commencé à se produire par suite de l'interruption des communications. Ce n'étaient plus que de très faibles liens qui rattachaient maintenant la Norvège, possession lointaine de la couronne danoise, au pays où siégeaient l'Université commune et le Gouvernement. Aussi, dans ces circonstances, le besoin de prendre une part plus active à sa propre destinée et à celle de son pays devait se manifester énergiquement dans tout le peuple. On allait bientôt se trouver en présence de nécessités irrésistibles.

Il ne pouvait plus être question de continuer à se rendre dans la capitale, si lointaine et séparée par la mer, pour achever ses études ou pour subir les examens d'entrée au service de l'État. Le désir d'avoir une Université propre prit en Norvège, dans ces jours de danger et d'isolement, une énergie telle qu'il fallut le satisfaire. Le résultat en fut la fondation de l'Université de

Christiania, en l'an 1811. — Hansteen, dont nous avons déjà parlé si souvent dans ces esquisses, appartient à la première série de professeurs. Pour prendre possession de sa place, il dut alors se rendre par mer en Danemark, voyage dangereux à cause des croiseurs anglais.

Quand les longues querelles des puissances de l'Europe furent sur le point de finir, et que le jour de la justice et de la récompense approcha, le pays fut traité comme une marchandise. Il fut séparé du Danemark, mais pour être livré à la Suède, à titre de pays vassal.

Toutefois, les événements que l'on décrète à l'avance ne sont pas toujours ceux que l'histoire enregistre. Souvent il faut compter avec des facteurs que l'on n'a pas pu prévoir. Il en fut ainsi dans le cas qui nous occupe. Mais ce n'est pas le lieu d'expliquer en détail comment la balance finit par s'établir en faveur du plus faible, ni d'essayer de faire voir que ce qui se passa était presque la seule chose possible. Nous verrons, ailleurs, qu'en réalité aucune des deux parties ne gagna ce qu'elle s'était proposé, et que l'une et l'autre durent se contenter d'une transaction. L'accord qui intervint était, du reste, très acceptable et fut heureux par la suite, en dépit des dangers qui devaient naître d'une lutte inévitable entre des intérêts majeurs et opposés.

Le pays qui devait être la proie du plus fort commença par se constituer, après s'être dégagé de ses anciens liens avec le Danemark, en royaume indépendant. Il se donna, au mois de mai 1817, une constitution libre, et choisit comme souverain un prince danois. Par bonheur pour le pays « rebelle », on était trop occupé avec la France pour pouvoir agir contre les Norvégiens. Ceux-ci gagnèrent ainsi un temps précieux, jusqu'au mois d'août.

Cependant la situation du prince danois, héritier de la couronne de Danemark, et homme trop faible de caractère pour diriger un mouvement national si plein de péril, était trop difficile, en présence de l'opposition des grandes puissances alliées, pour se prolonger longtemps. Il n'osa rien et se borna, pendant quinze jours, à des « parades militaires ». On n'eut de succès que là où le prince ne put tout confondre par sa présence. Enfin il céda, et renonça à sa pauvre couronne de Norvège.

Mais cela même fut une nouvelle faveur inespérée de la fortune. On ne pouvait rien faire définitivement en traitant avec un simple rebelle. Il fallait convoquer le « Storthing », l'assemblée nationale. On avait, d'ailleurs, obtenu un grand avantage en forçant le prince à se retirer. De cette façon, les choses traînèrent jusque vers la fin d'octobre. On arriva à la veille de l'hiver.

Pour la Suède (qui elle-même était épuisée par suite des luttes et des malheurs du siècle), la guerre n'était pas encore une guerre nationale, comme elle menaçait de le devenir pour la Norvège. Ce n'était jusque-là qu'une guerre essentiellement politique, pouvant produire de grands avantages pour le pays, dont la frontière occidentale n'aurait plus d'agression à craindre et serait mise en communication avec la mer. Il n'était pas, du reste, si facile de mettre sur pied le nombre de troupes nécessaires pour conquérir le pays révolté et pour le garder en sa possession. Il y avait aussi des difficultés pour se procurer l'argent indispensable à une telle entreprise. Enfin, alors qu'on avait déjà gagné beaucoup, la position du prince royal de Suède, ancien maréchal de France, n'était pas des meilleures aux yeux des princes légitimes de l'Europe.

Il fallait donc se hâter. L'hiver approchait. Une occupation éventuelle de Christiania, avec ses dix mille habitants, n'avait pas une si grande importance, et pouvait même devenir dangereuse plus tard. Les forces norvégiennes étaient intactes, et, si l'on osait entreprendre une campagne d'hiver, le pays à défendre réunissait les avantages d'une Espagne, d'un Tyrol, d'une Russie, et mieux encore; car les Norvégiens pouvaient, de plus, former des corps se transportant partout avec une très grande rapidité.

On comprit, de part et d'autre, qu'il était bon et nécessaire de céder sur quelques points importants pour gagner et conserver respectivement ce qui, pour le moment, était plus important encore. Quand on en fut arrivé là, la situation du Storthing fut la meilleure pendant les dernières négociations, et ce fut aussi lui qui sut le plus souvent faire accepter ce qu'il voulait, lorsqu'il fixa les conditions sans lesquelles la Norvège ne consentirait pas à s'unir à la Suède. Si nous entrons dans ces détails, c'est qu'ils ont rapport à certaines déclarations que nous allons citer et qui émanèrent du père d'Abel, dont il va être de nouveau question.

Ce fut en novembre que fut définitivement acceptée l'union, en vertu de laquelle la Norvège devait former un royaume particulier, libre et indépendant, qui « de sa libre volonté » tendait la main à la Suède, mais gardait ses institutions en tant qu'il n'était pas nécessaire de les modifier, pour les mettre en rapport avec le nouvel état de choses.

Dans les événements de cette année, le père d'Abel, pasteur d'une paroisse maritime qui avait tant souffert du blocus, ne joua aucun rôle marqué; toutefois, député à l'Assemblée nationale qui fut convoquée alors, il sut exprimer fidèlement l'opinion générale, en déclarant les conditions auxquelles il consentait, pour sa part, à l'union éventuelle.

« Nous sommes encore, » dit-il, « grâce à Dieu, un peuple libre et indépendant; et il faut agir comme tel. Ce n'est pas à la Suède, mais c'est à nous de préciser les principes conformément auxquels des libres Norvégiens appelleront les Suédois leurs frères. »

Un nouvel état de choses était maintenant fondé : les deux nations voisines, ennemies depuis plusieurs siècles, se métamorphosaient, comme le dit Abel, en « frères ».

Abel père continua à représenter ses districts à l'Assemblée nationale. Il fut spécialement membre du premier « Storthing ordinaire », celui de l'an 1815; et comme député il s'y joignit à l'opposition qui défendit la cause de la liberté et des intérêts nationaux, contre toutes les tentatives de fusion des deux peuples et de modification de la constitution du pays au profit du pouvoir central.

La même année (1815), son fils Niels-Henrik Abel fut mis à l'école cathédrale de Christiania.

On s'était donc donné une constitution très libre, et on avait fondé des institutions bien conformes certainement à la nature du pays et aux besoins d'un peuple arrivé, par un développement historique, à l'état d'une pure démocratie. Néanmoins les premières années n'en devaient pas moins être critiques. On avait été soumis naguère à un gouvernement absolu, et, aux désastres de la guerre et du blocus, s'était joint le fléau d'années stériles.

Les finances étaient donc fatalement, tout d'abord, dans un désordre très regrettable. On créa, grâce à de grands sacrifices, une banque nationale. Quelques années après, on n'en vint pas moins à une nouvelle banqueroute. C'était la seconde dans le court intervalle qui s'était écoulé depuis le commencement du siècle. La valeur de l'argent descendit cette fois au huitième de la valeur nominale.

Il y avait donc des côtés bien sombres dans l'état social de l'époque, malgré tous les effets bons et salutaires qu'avaient produits les changements politiques. On éprouvait l'action vivifiante de la liberté; mais on ressentit également les contre-coups des terribles événements qui venaient de s'accomplir ou qui s'achevaient alors. En quelques endroits même, une plus grande indépendance contribuait à rendre plus manifestes les conséquences du mal.

Nous ne faisons pas ici allusion à des faits qui ont exercé une influence immédiate et visible sur la société en général. Nous ne parlerons que de petites choses; nous exposerons certaines altérations des mœurs qui se produisirent très fâcheusement dans la paroisse d'Abel, vers la fin de sa vie. Ces circonstances portèrent une rude atteinte aux intérêts du pasteur et de sa famille.

Les événements avaient imposé et imposaient encore à tous les plus courageux efforts pour se tirer d'affaire. D'excellentes conséquences devaient en résulter dans l'avenir. Mais ces appels exagérés à l'énergie individuelle devaient aussi produire, à côté du bien, des résultats inconnus et mauvais, c'est-à-dire des habitudes démoralisantes.

L'ivrognerie et d'autres vices se répandirent avec les soucis, la misère, l'insuffisance de la nourriture surtout, au milieu des vicissitudes extrêmes de la fortune, par suite de l'abandon et du désœuvrement. Ces maux firent même de plus rapides progrès quand la vie commença enfin à reprendre. Dans les districts les plus durement éprouvés surtout, l'état moral ne bénéficia point du nouveau régime, qui, en 1816, supprima d'anciennes entraves, augmenta brusquement la liberté dans un temps critique, et multiplia ainsi, pour les faibles, les occasions de chute.

A Gjerrestad (d'après une description de cette paroisse et de ses pasteurs), la contagion fit de grands ravages pendant les premières années qui suivirent la fondation du nouveau gouvernement de la Norvège. Le fait coïncida avec les dernières années de la vie d'Abel père. Ce réformateur, toujours zélé, toujours actif, avait même fini par se faire des ennemis dans les contrées où il avait été reçu d'abord avec tant de dévouement. Il n'en fut que très affligé, lorsqu'il se vit impuissant à combattre la démoralisation qui croissait sans cesse et qui menaçait même son foyer.

Le nouveau régime avait, en effet, supprimé certains privilèges du temps de la domination absolue, et l'on avait commis la grande imprudence de lâcher soudainement tous les freins. A la campagne, chacun put maintenant utiliser le produit de ses terres comme il le jugeait le plus avantageux pour lui, et, bientôt, l'eau-de-vie du fermier ou de l'habitant d'une simple cabane devint une valeur d'échange. Le dimanche, quand les paroissiens se rassemblaient pour entendre le sermon de leur pasteur, celui-ci put voir de ses yeux ses propres domestiques marchandant la funeste liqueur devant les portes mêmes de son église.

Ces faits déplorables, de grands embarras financiers — qu'augmenta, dans ces moments pénibles, l'accroissement que prit sa famille par la survenance d'un grand nombre d'enfants, — des chagrins, enfin, nés de certaines circonstances domestiques, finirent par miner la santé d'Abel, et tellement qu'il mourut de douleur. Dans un poème composé à l'occasion de sa mort, on fait remarquer que sa vie est une preuve de la grande instabilité de la fortune.

C'est en 1820 que cet événement se produisit, c'est-à-dire alors que le second fils, Niels-Henrick, absent de la maison de son père, n'avait pas quitté l'école de Christiania et n'était pas encore étudiant. Du coup, toute la famille, si nombreuse, composée de la mère, de six fils et d'une fille — un des enfants était même idiot — tomba dans la plus profonde détresse et fut dispersée.

La situation du pays avait changé par l'union des Norvégiens avec un peuple très rapproché d'eux par une commune origine, mais beaucoup plus nombreux et doté d'institutions toutes différentes. D'un côté, un « peuple de paysans », de l'autre, une nation ayant une aristocratie puissante, portant des noms célèbres. Comme roi futur, devant hériter des deux couronnes, on avait un ancien républicain, un glorieux maréchal de France. Mais les intérêts des deux nations étant opposés sur bien des points, on devait, dans le petit pays, être bien en garde contre d'anciens désirs, incomplètement satisfaits, qu'on entretenait de l'autre côté de la frontière. L'on avait à soutenir en même temps une lutte de plus en plus vive contre une réaction très hostile aux nouvelles institutions démocratiques, réaction partant de haut et encouragée par toute l'Europe réactionnaire.

Toutefois, ce n'était pas là tout ce qu'il y avait de plus grave dans la situation, bien qu'on fût obligé de céder sur certains points. Le danger de perdre, en temps de paix et petit à petit, ce qu'on avait tout récemment sauvé avec tant de peine, dans les temps les plus difficiles, ce danger, toujours imminent, maintint mieux que toute autre considération l'union de toutes les forces indépendantes du pays. L'esprit de liberté, source de tant de bonnes et grandes choses, en fut constamment tenu en haleine (1).

Mais ce qui était plus inquiétant — du moins pour un avenir immédiat — ce fut que les finances, dont l'État n'était déjà que trop précaire, furent soudainement compromises de la manière la plus grave. On contraignit, en effet, l'État norvégien à se charger d'une part de la dette du Danemark. Cela se passa en 1821.

Un semblable état de choses ne promettait rien de bon, évidemment, pour l'avenir prochain de la nouvelle Université, ni pour celui d'un jeune savant qui se livrerait à des études très élevées sans aucun rapport immédiat avec les besoins de la vie de tous les jours. Et cependant, c'était le moment où un Abel allait entrer en scène. Il avait bien encore à passer quelques mois à l'école cathédrale; mais, avec toute la fougue de la jeunesse, il s'était déjà jeté dans de grandes entreprises scientifiques. Il

(1) Il régnait alors dans le pays une sorte d'enthousiasme permanent, qui s'était emparé même des gens aisés et des fonctionnaires publics. C'est avec ceux-ci en tête qu'on s'opposa résolument aux propositions du roi faites en vue de refondre complètement « l'œuvre d'Eidsvold ». En cherchant imprudemment à intimider la nation par des démonstrations militaires devant Christiania, et en défendant de célébrer l'anniversaire du « jour de la liberté », le gouvernement n'arriva qu'à exciter davantage un sentiment romanesque, qui, autrement, se serait rapidement éteint au milieu des préoccupations de la vie pratique.

C'est lorsqu'on lutte en commun pour la liberté et pour l'indépendance nationale, qu'on possède le mieux ces nobles biens. En ce sens, il y avait une certaine vérité dans les vers hyperboliques qu'on chantait en chœur : « L'oiseau dans les bois et le flot de la mer du Nord ne sont pas plus libres que l'homme de la Norvège. » On était oublié du grand monde du dehors, considéré par lui comme des barbares Lapons, ou, plus généralement encore, confondu avec les frères de l'autre côté de cette montagne que les géographes ont imaginée sous le nom de « Kjölen » ; on avait, en outre, à veiller sans cesse à une nationalité menacée ; on n'en était que plus fier d'appartenir à sa nation, comme le montre bien le fait d'Abel, faisant suivre son nom du titre de « Norvégien », dans son mémoire à l'Institut.

Il se peut qu'il y eût quelque chose de naïf dans les conceptions et les sentiments de cette époque de trouble. Il n'en est pas moins sûr qu'il en résulta d'excellentes choses, que les progrès les plus louables et les plus marqués furent faits dans tous les sens — même en art, en littérature et en science — par un petit peuple, qui ne comptait alors que 800,000 habitants, et qui vivait dans un pays désolé.

s'occupait, depuis longtemps sans doute, du très haut problème de la résolution des équations du cinquième degré; car, justement alors, il recevait, par Hansteen, la réponse de Degen, et il venait de découvrir la faute qu'il avait commise dans la chaîne de ses raisonnements. Cet échec, qu'il subissait dans une situation si désolante, ne devait pas cependant l'arrêter dans la voie des recherches abstraites; cet échec eut pour tout effet de lui permettre de reprendre le problème à un point de vue nouveau. Bien plus, Abel s'enfonça de plus en plus dans des études si périlleuses. La même lettre lui apportait, en effet, les premières indications et exhortations qui devaient le conduire avant peu à soumettre les fonctions elliptiques de Legendre à une étude approfondie.

Au mois de juillet de la même année (1821), l'année, par conséquent, de la mort de son père, il devint étudiant — mais après un examen très médiocre, qui ne lui servit pas de recommandation pour l'avenir.

L'époque n'était pas, d'ailleurs, favorable à l'augmentation rapide du nombre des chaires, surtout de celles qui seraient réservées aux plus hauts enseignements de l'Université. Quelque précieuse que dût être cette institution à une nation qui longtemps avait lutté en vain pour l'obtenir, il fallait attendre. Il y avait à satisfaire des besoins plus impérieux pour le pays que ne l'étaient les progrès de la plus haute analyse.

Dans une Université organisée sur un pied modeste, fondée dans un temps de misère et de dangers, et n'ayant pas encore plus de dix ans d'existence, si Abel voulait persévérer dans sa voie, il fallait qu'il le fît par passion, sans poursuivre d'autre récompense de ses efforts que la découverte même de la vérité.

L'occasion pouvait se présenter sans doute—vraisemblablement après une longue série d'années — d'obtenir une place vacante de professeur de mathématiques à l'Université. Cela arriva même, en fait, beaucoup plus tôt qu'on n'aurait pu s'y attendre, par suite de la retraite de Rasmussen. Mais alors ce dont on devait se préoccuper en première ligne n'était pas de nommer un homme de grande érudition ou de mérite scientifique exceptionnel.

Naturellement, comme partout, on eût aimé à attacher à l'Université de Christiania des savants de cet ordre, distingués comme professeurs. Mais le besoin le plus pressant était d'avoir, dans les chaires, des hommes possédant de bonnes et solides connaissances, avec ou sans facultés brillantes, mais sachant communiquer les principes essentiels, et faire en sorte qu'ils fussent soigneusement cultivés par leurs propres élèves. On devait donc avoir quelque défiance des étudiants médiocres et des spécialistes, des personnes qui, comme Abel, ne pouvaient se prévaloir d'une série complète de bons examens. Les chefs de l'Université, les hommes érudits, auxquels on confiait l'importante mission d'imprimer une direction déterminée à l'enseignement supérieur du pays, recherchaient, en principe, une plus haute instruction générale et des connaissances classiques plus complètes.

Aucune préoccupation étrangère ne devait donc troubler Abel dans ses recherches pour découvrir le vrai. Il n'avait pas même le moindre espoir qu'elles lui servissent à arriver à une position dans l'Université. En cas de vacance d'une chaire, c'était plutôt son maître Holmboe, qui avait la chance d'être nommé. Aussi Abel était-il plus libre que personne, tant que les circonstances devaient lui permettre de continuer des études qu'il lui eût été si dur d'abandonner avant d'avoir résolu les grands problèmes qu'il méditait. Et cette liberté, si étendue, multipliait en proportion, pour un chercheur très instruit, sincère, indépendant, sans préjugés et sans crainte, les chances de rencontrer sur sa voie quelques profonds secrets de la nature.

S'il fut privé de certains avantages dont jouirent à un plus haut degré des collègues qui étudièrent et préparèrent leurs examens dans des Universités étrangères et plus savantes, il en eut amplement d'autres en compensation. Et ceux-ci, pour un investigateur doué de ses hautes et rares facultés, durent avoir sans doute une bien plus grande valeur. Il ne s'attarda point et ne se gâta pas plus ou moins l'esprit, dans ces études traînantes par lesquelles on prépare une longue série d'examens, conquiert ensuite un savant doctorat et finit par emporter une chaire sur ses concurrents, grâce à des communications minutieuses. Ces épreuves sont nécessaires, dans les circonstances courantes, pour contrôler les capacités et procéder à de bons choix; mais, dans bien des cas, elles arrêtent les meilleurs. Pour Abel, il n'eut pas à étudier, surtout, ses examinateurs, leurs spécialités et aussi leurs faiblesses; à accommoder ses investigations, ses plans de recherches nouvelles aux exigences ni aux désirs d'autrui; à se précipiter sur la première petite lacune transcendantale qu'il pourrait découvrir ou qui lui serait montrée dans telle ou telle œuvre à la mode, ou encore dans l'ensemble des ouvrages de valeur moyenne qui traitent d'un certain ordre de questions.

Dans des conditions toutes simples et toutes naturelles, en quelque sorte, il lut de bons auteurs, les meilleurs qu'on puisse trouver. Bientôt après, un peu étourdiment peut-être, il s'attacha à de grands et vastes problèmes, qu'il s'agit d'abord de circonscrire. Mais, en les traitant, il déploya cette sobriété qu'il admirait dans les œuvres des maîtres, et qu'il avait vue, on peut le dire, pratiquée journellement autour de lui par ceux avec lesquels il avait vécu péniblement depuis sa naissance.

Nous avons essayé de décrire les états successifs que la Norvège traversa pendant la première jeunesse d'Abel, et jusqu'à l'époque où il quitta l'école. Nous avons aussi fait connaître quel fut le triste sort de sa famille.

Dans la suite, soutenu par quelques professeurs d'abord, et plus tard par l'État lui-même, malgré tous les besoins publics auxquels il fallait faire face, il continua les études abstraites qu'il avait entreprises, sur une si vaste échelle avant même d'être admis à l'Université. Il obtint ensuite du Gouvernement une bourse, pour faire un voyage d'études de deux ans à l'étranger. Puis, il retourna dans sa patrie et près de ses pauvres parents. Son retour eut lieu au mois de mai 1827, par conséquent, six ans après qu'il eut commencé ses études universitaires.

Mais il revint très endetté, avec une réputation encore modeste, laissant à Paris son plus beau travail. Lorsqu'il comptait sur un succès, il avait parlé à ses amis de ce travail, qui lui avait réussi si bien; mais maintenant que les plus illustres juges ne semblaient pas l'apprécier de bien haut, il finit par s'en taire.

A une époque où les grandes plaies de l'État n'étaient pas encore guéries, quels étaient les devoirs d'un membre du gouvernement envers un étudiant qui revenait dans les conditions où se trouvait Abel, qu'on avait aidé déjà de son mieux, malgré la pénurie du trésor et qui s'occupait des recherches les plus transcendantes avec ardeur, et aussi avec plus de succès que la masse des jeunes adeptes de la science?

Tant qu'il n'avait pas donné plus de preuves de son mérite, il fallait que ce jeune homme s'aidât lui-même, comme tous les autres; aucune exception ne devait être faite que pour ce qui était vraiment exceptionnel.

Au reste, ne regrettons pas trop que l'existence d'Abel se soit passée si tristement. Celui qui, pendant toute sa vie, a dû aller à une aussi rude école, a le privilège de voir et de penser autrement que la majorité des hommes; et si, par ses efforts et ses études profondes, il a acquis le don de lire les pensées des temps à venir, il ne se fait pas l'illusion d'être compris par les siens ou par ses contemporains. Mais, quand même le bonheur lui échapperait, il n'en a pas moins beaucoup vu, et il sait qu'il n'a pas vécu en vain.

FIN.

TABLE DES MATIÈRES

PRÉFACE I

NIELS-HENRIK ABEL 1

I. L'entrée à l'école et les quatre premières années d étudiant, jusqu'au départ de Christiania en 1825 1-32
II. Difficultés des relations. — Arrivée à Berlin, rencontre avec Crelle et fondation d'un journal mathématique 33-51
III. Nomination de Holmboe. — La colonie norvégienne. Sombres dispositions 52-66
IV. Réflexions et soucis. — Les matériaux amassés. — L'esprit et la méthode des recherches d Abel 67-77
V. Sur les grands travaux qui se préparaient, et sur leurs liaisons avec les recherches antérieures de Legendre et les recherches subséquentes de Jacobi 78-85
VI. Abel et Gauss 86-95
VII. Départ; réunion à Dresde 96-101
VIII. Travaux de Paris. — Retour par Berlin. — Situation d'Abel à sa rentrée dans son pays 102-109
IX. Découverte de Gauss vers le commencement du siècle. Remarques préliminaires concernant l'idée qu'on s'est faite de la situation réciproque d'Abel et de Jacobi 110-123
X. La découverte par Abel des fonctions elliptiques. — Les théorèmes de transformation de Jacobi, et leurs rapports avec les fonctions elliptiques ainsi qu'avec la théorie définitive de Legendre 124-145
XI. La théorie de la transformation d'Abel : elle est complète et remonte à une époque plus ancienne. Comment elle a été préparée, et comment elle prend place organiquement dans un plan naturellement concu; quel intérêt historique offre ce plan pour le développement des recherches de Jacobi 146-154
XII. Théorèmes et problèmes. — Nouveaux travaux qui se préparent, et citation d'un livre manuscrit. — Conclusion à en tirer 155-167
XIII. Résumé de la situation pendant l'année 1827. — Caractère différent des études d'Abel et de Jacobi 168-182
XIV. La lutte et la suite du développement des événements,

jusqu'à l'époque où Abel cède la place, et où paraît le grand ouvrage de Jacobi : les *Fundamenta nova*....... 183-216
XV. Froland et la mort d'Abel.............................. 217-248

APPENDICE.. 249

I. Le départ de Dresde. — Séjour à Prague et à Vienne..... 251-260
II. Abel à Holmboe.. 261-267
III. Voyage à Paris. Séjour dans cette ville............... 268-273
IV. Comment les travaux de Paris forment une série de travaux ayant leur origine dans ceux qu'Abel rédigea à Christiania, antérieurement à son départ.................... 274-284
V. Abel commence son Mémoire de Paris. Communication à Crelle et son importance pour le futur travail de l'application.. 285-289
VI. Position d'Abel parmi les savants de Paris............... 290-301
VII. Achat de livres. Lettre à la sœur d'Abel. Solitude et gêne. 302-398
VIII. Derniers travaux de Paris. — Abel prépare la rédaction de ses « Recherches sur les fonctions elliptiques »........ 309-315
IX. Fin du séjour à Paris et sort du mémoire présenté par Abel à l'Institut... 316-322
X. Second voyage à Berlin. — Six semaines d'embarras..... 322-332
XI. Travaux d'Abel à Berlin. Sa situation au moment du retour au pays.. 333-341
XII. Réunion des œuvres d'Abel dans une première édition, et publication du Mémoire présenté à l'Académie des Sciences de Paris... 342-347
XIII. Remarques finales sur le caractère et la situation de la société d'où sortit Abel. — État de la Norvège pendant sa première jeunesse et à son retour de l'étranger...... 348-365

Bordeaux. — Imp. G. Gounouilhou, rue Guiraude, 11.

Printed in the United States
By Bookmasters